详解
室内外装修施工图
识读与制图

Detailed Interpretation of Interior & Outdoor
Decoration Construction
Drawing Reading & Drawing

歆静　等编著

识读，需要磨砺；制图，需要技巧

案例图解式讲述室内外装修施工图识读与制图方法

从刚踏出校门的菜鸟到呼风唤雨的设计大师，能读会画才有发展

从零基础入门的新手到高阶发展的绘图侠客，手脑协调才是王道

注重专业技术与职业素质培养

强调理论与实践相结合，引入新案例

牢固掌握室内外装修施工图的识读与绘制技能

机械工业出版社
CHINA MACHINE PRESS

本书详细讲解了室内外装修施工图的识读与制图方法，文字表述简明、流畅，深入浅出地分析了室内外装修施工图的绘制原理，并列举大量实际案例作为支撑。本书主要内容包括装修施工图基础、国家制图标准、制图种类与方法、优秀图样解析等11章，其中制图种类与方法又细分为总平面图、平面图、给水排水图、电气图、暖通空调图、立面图、构造详图和轴测图等的绘制方法，图样涵盖面广，绘制精细。本书内容注重国家制图标准与实践经验相结合，主要适合装修设计师、绘图员、项目经理、施工员等装修行业从业人员阅读，是识读与绘制施工图必备的参考用书，同时也可作为大中专院校等相关专业教学辅助参考用书。

图书在版编目（CIP）数据

详解室内外装修施工图识读与制图 / 歆静等编著. —北京：机械工业出版社，2019.12（2024.1重印）
　（施工图设计与识读）
ISBN 978-7-111-64296-1

Ⅰ.①详…　Ⅱ.①歆…　Ⅲ.①工程装修—建筑制图　Ⅳ.①TU767

中国版本图书馆CIP数据核字（2019）第269796号

机械工业出版社（北京市百万庄大街22号　邮政编码100037）
策划编辑：宋晓磊　责任编辑：宋晓磊　李宣敏
责任校对：潘　蕊　封面设计：鞠　杨
责任印制：常天培
固安县铭成印刷有限公司印刷
2024年1月第1版第4次印刷
210mm×285mm·17印张·411千字
标准书号：ISBN 978-7-111-64296-1
定价：69.00元

电话服务　　　　　　　　　　网络服务
客服电话：010-88361066　　机　工　官　网　www.cmpbook.com
　　　　　010-88379833　　机　工　官　博　weibo.com/cmp1952
　　　　　010-68326294　　金　书　网　www.golden-book.com
封底无防伪标均为盗版　机工教育服务网　www.cmpedu.com

编者的话

　　提到室内外装修施工，大多数人其实并没有了解得很透彻，而对于施工图，也没有那么重视。施工图的优劣从某种角度上决定了施工质量，大部分公司的施工人员都是根据施工图和以往的施工经验来进行具体的施工工作。

　　装修行业的特点决定了从业人员接受教育的程度与质量存在着较大的差距，这也导致了他们在施工过程中对于同一项工程会有不同的施工想法，最后得到的施工结果也会有所不同。因此，遵循一定的规范、方法来开展工作就显得十分重要，而《详解室内外装修施工图识读与制图》恰好讲解了关于施工的各种图样的识读与绘制、规范和方法，这些知识会使得施工人员的工作能力与工作效率有所提高。

　　本书从实际情况出发，全面地讲述了室内装修设计图的识读与绘制，包括总平面图、平面图、给水排水图、电气图、暖通空调图，立面图、构造详图和轴测图等。本书重点总结了现代制图与识读特点，结合传统图学精华，提出了当今装修施工图识读的创新方向。

　　本书可作为装修行业设计师与施工员进行快速职业技能培训的教材，使其能快速上手。同时，本书也以简练的语言、直观的图解和典型的装修案例，将室内装修施工图设计的基本方法和规范传授给读者，非常适合装修设计师快速掌握装修施工图的绘制技巧，是施工技术人员快速提升读图、识图能力的一本专业参考书，也能满足一些装修业主进行相关装修施工知识自主学习的需要。

　　参与本书编写的有：黄溜、任瑜景、汤留泉、董豪鹏、曾庆平、杨清、袁倩、万阳、张慧娟、彭尚刚、张达、童蒙、柯玲玲、李文琪、金露、张泽安、湛慧、万财荣、杨小云、吴翰、董雪、丁嘉慧、黄缘、刘洪宇、张风涛、杜颖辉、肖洁茜、谭俊洁、程明、彭子宜、毛颖。

编　者

使用说明

《详解室内外装修施工图识读与制图》内容全面，深入讲解了各种图样的绘制方法，为了提升本书的使用效率，特作以下说明。

1.国家制图标准

本书主要根据近三年开始实施的各项制图标准来编写，图样、图例均严格对照国家标准执行，如仍有不清楚的地方，可参考正式出版发行的国家制图标准，具体名称见书中相关章节正文。

2.章节导读

章节导读位于每章首页标题下，主要用于介绍本章主要内容，章节导读中提出了学习方法和学习目的，让读者带着思考去阅读全文，提高学习效率。同时还在每章首页指出了本章的识图难度与核心概念，帮助读者快速入门。

3.正文

正文主要按章节顺序详细讲解施工图识读方法与步骤，简单的问题简写，复杂的问题详写，真正做到全面覆盖知识点。对于表述绘图步骤的文字内容，本书没有再编写繁琐的细分标题，避免标题过于复杂，导致读者将更多精力放在厘清文字层级关系上，而忽略了插图的重要性。

4.识读制图指南

识读制图指南以段落的形式穿插在正文中，提出与正文内容密切相关的知识点，提升读者对施工图的认知度，扩展装修施工图的知识面，但是识读制图指南中的内容不作为本书重点。

5.插图

本书插图均经过严格审核、修改，保证图样的精度和比例符合出版印刷要求，本书图样均严格按比例绘制、排版、印刷，读者可以用直尺测量本书图中结构，所得出的测量数据，乘以图样下方比例，可以得出实际尺寸。本书在第11章列举了相关案例，配有CAD图样和设计施工现场的实景拍摄图，能满足各类读者深入研究与现场施工需求。

6.PPT与教学视频

本书每章均有PPT与同步教学视频，能帮助读者直观了解装修施工图的识读与制图方法，PPT中的文字、图片为本书的精简内容，适用于辅助本书快速自学，更完整、更全面的内容仍以本书为主。

7.图纸资料

本书各章中所有CAD图样可免费提供给读者学习、参考。凡需要本书配套PPT、教学视频及CAD图样的读者，可发邮件至designviz@ 163.com与作者联系。

本书如有不足之处，望广大读者指正，如有其他建议与合作，请与编者交流，联系电话：15527189808，微信：whcdgr，谢谢！

目 录

第1章

你该知道的施工图基础

识图难度：★★☆☆☆

核心概念：传统图学、施工图、制图规范、绘图工具

章节导读：装修施工图有自身的特点，识读与制图的研究要能够填补国内空白，着实指导设计师与客户交流，设计师与施工员交流。在现有的行业规范体系下，只有开发出更多形式的施工图，并沿用中国传统的图学原理，才能将现代施工图多样化、立体化、唯美化，提高行业水平，发挥设计的影响力和推动力，促进装修设计图的健康发展。

全面了解室内装修施工图，工具与思想具在。

知道要绘制施工图的那一刻内心活动：

"要开始绘制了吗？那么多的施工图，我该怎么画啊？"

"又是拼默契的时候，希望这次的施工图一眼就能看懂。"

章节要点：

在开始学习施工图绘制之前，我们必定要先了解施工图的发展历史，了解古代施工图与现代施工图之间的具体联系，扬长避短。对于绘制施工图所需的工具也要具体了解，绘制时才能得心应手。

　　了解我国传统设计制图与识读的起源和发展，引入中国传统设计图学，规范制图与识读概念，分析现代装修施工图制图与识读原理，能让初学者基本了解装修施工图的发展历程等知识，并为装修施工图的学习奠定良好基础。

1.1.1　施工图的发展

1.图形的演变

　　在文字出现以前，我国古代劳动人民就已经开始使用图形了，随后衍生出象形文字，所以图形一直是人们认识自然、交流思想的重要工具。古代谱牒《世本·作篇》中就提出了最早关于"图"的概念，可见制图是古代劳动人民的早期绘画活动。

　　人类文明成熟以后，制图用于各种工程活动，中国古代有关制图的名词一般分为地图（图1-1）、机械图（图1-2）、建筑图（图1-3）以及耕织图（图1-4）四个方面，其中建筑制图的影响最广，对人类社会发展起到了举足轻重的作用。

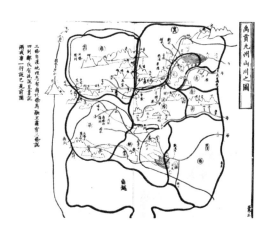

图1-1　禹贡九州山川之图（1185年）

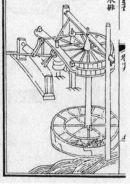

图1-2　《农书》中的水排图（王祯）

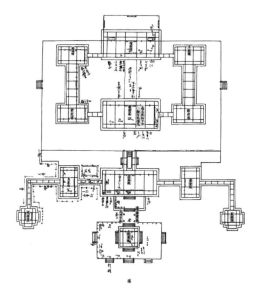

图1-3　圆明园方壶胜境平面图（样式雷）

图1-4　《佩文斋耕织图》（布秧图）

建筑一词的翻译，引自日本现代，而后约定俗成，在西方通称"architecture"，在我国对于建筑一词的解释则是"大匠之学""营造学"，或称为"匠学"或"匠作学"。宋代李诫（1035—1110）奉敕编撰的《营造法式》，包含有各种建筑构造的制作详图，书中的图案不称建筑图而统称图样，并依不同制度称为"壕寨制度图样""石作制度图样""大木作制度图样""小木作制度图样""雕木作制度图样""彩画作制度图样"以及"刷饰制度图样"等，可见，古代建筑分工在图样绘制技术上的表现。

《营造法式》中还记录着有关建筑制图的专业术语，如"正样""图样"（图1-5、图1-6）"侧样""杂样"等，其定义准确，实用性强，在建筑技术工程中一直沿用至今，可见，古代图样定名的科学性。

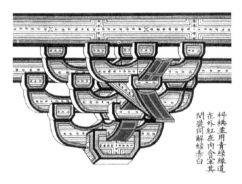

图1-5 《营造法式》中的斗拱图样

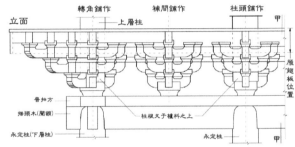

图1-6 《营造法式》中的大木作制度图样

我国古代图样媒介

我国古代制图以绘制媒介分类，可分为壁画、版雕、绢帛画、纸张画等，以壁画留存下来的真迹较多，敦煌壁画中反映古代建筑群落的建筑图（图1-7、图1-8）是盛唐时期壁画的代表作品。唐代柳宗元（773—819）在《梓人传》中写道："画宫于堵，盈尺而曲尽其制，计其毫厘而构大厦，无进退焉。"堵即为墙壁面积单位，将建筑图绘制在墙壁上便于保存，有相当的体量，以供观摩。印刷术推广以后，以版雕印刷形式出现的建筑图可以批量印制，版雕图一般用于表现专著。清代雍正十二年（1734年）颁布工部王允礼等所撰的《工程做法则例》，该书通过印刷出版，作为全国通用建筑施工书籍，因此，绢帛、纸张成为比较普及的制图媒介。

图1-7 敦煌壁画局部（一）

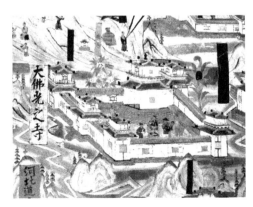

图1-8 敦煌壁画局部（二）

2.古代建筑图样的种类

我国古代一直都在使用图线来表现设计对象，尤其是在建筑工程上应用最为广泛，作为现代装修施工图识读的起源，主要有以下几种形式。

（1）明堂图。明堂图是古代帝王宣明政教所用殿堂的图样。《史记·孝武本纪》和《旧唐书·礼仪志》都有所记载。

（2）兆域图（图1-9）。兆域图为古代墓地设计图样，兆字意为葬地。战国时期中山王墓出土的"兆域图"是至今世界上罕见的早期建筑图样，其线型分粗细，规整划一，开制图使用线型的先河，有关建筑图的名词术语甚多，且分类翔实。

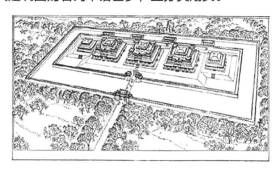

图1-9　根据中山王墓的《兆域图》复原的透视图

（3）宫苑图。宫苑图是古代宫殿园林的设计图样。宋郑樵（1104—1162）《通志略》中就记载有唐代太极大明兴庆三宫、洛阳京城宫苑、长安京城宫苑以及昭陵建陵等的建筑图样。宫苑图在古代属于不可流通之物，《元史·外夷传》就记载有官员贩卖宫苑图而被革职的历史。

（4）小样图。小样图为古代建筑图。宋人刘道醇《圣朝名画评》就描述了刘文通设计宫苑时曾绘制的小样图。

（5）学堂图。学堂图为古代学校建筑图样。

（6）图本。图本为古代图样的名称。

（7）界画。界画又称为界图，是我国绘画很有特色的一个门类，在作画时通常会使用界尺引线来描绘建筑，画风以精确细腻而得名。界画起源很早，晋代顾恺之（348—409）就非常擅长绘制界画，到了隋唐时期，界画已经画得相当好了，而宋代可谓是全民皆画，张择端的《清明上河图》流芳百世，除了使用严谨的尺度来约束建筑形态以外，对人物表情和心态的表现也是惟妙惟肖（图1-10）。

a）　　　　　　　　　　　　　　　　b）

图1-10　《清明上河图》局部（张择端）

界画的主要绘制工具是界尺，在界画和建筑图绘制时用以作出直线和平行线，界尺就是平行尺，是一种平行运动的机构，传统界尺由相等的上下两尺与等长的两条木杆或铜片杆铰接而成。现保存有明代的界尺为铜制，按住下尺移动上尺或改变铜杆与直尺的夹角即可得出平行于下尺的许多直线，这对于绘制有大量平行直线的设计图来说十分方便（图1-11）。

图1-11　明代铜质界尺

识读制图指南

界画

　　界画（图1-12）在我国历史上起到了举足轻重的作用，一直影响着传统绘画的表现形式，尤其是在绘画中加入界尺等操作工具的应用，使其具有较高的技术含量，因而较少画家能够掌握。界画作为国画技法的一种，目前在国内高校很少开设，即使是讲授、宣传也仅仅是辅助训练。但在对现代效果图表现上，尤其是将水彩等西洋画法融入到中国画方面，却大大地扩展了学生的视野。

　　现代建筑设计图以界画为表现形式的并不多，清代样式雷在建筑制图中逐渐以轴测图着色，取代界画的应用。轴测图的绘制需要使用工具，然而仅仅只表现设计对象，尤其是建筑本身，没有界画表现中的配景和材质区分。界画的得道之处就在于即使用了绘图工具界尺，保持了规整严谨的绘图之风，又加入了人文景观和环境氛围，极力地提高了设计对象的审美情调，这与西方设计制图当中所追求的现实主义和超现实主义极为相似，但却大大领先于西方文化。

　　现代计算机三维效果图能全面表达设计对象的结构、材质、色彩等要素，但是画面效果比较生硬，有时配置了过多的环境物件，又会造成喧宾夺主结果。相对于传统界画而言，在反映人文情怀上，还是有一定差距的。界画需要扩大推广，尤其是在设计制图领域，可以重新给它定义，让这种制图表现形式融入到现代设计范畴当中，使它不仅能够在一定程度上取代现代效果图，而且还能作为独立的画种，重现于世。

←界画中用了尺规工具，但是并没有以尺规工具为主，工具只是辅助绘制，没有完全取代徒手制图，并且也没引入严谨的透视学，反而绘制出近小远大的视觉效果，更突出了远处主体建筑的高耸巍峨。

图1-12　《明皇避暑宫图》局部（郭忠恕）

1.1.2 古今施工图

1.古代识读规范及其影响

设计图所传达的信息要能被制图者和阅图者接受，保证信息传达无误，这就需要统一的规范。2000多年来，中国制图学的进步就在于将图形不断精确化，线型不断丰富化，标准不断规范化。

（1）文字体例。中国古代文字的书写体例，一般是自上而下、自右而左的竖写格式。近代以来，开始采用自上而下、自左而右的横写格式。中国书法的创作格式，一直保留了直书的传统，而此传统，可一直追溯到殷商时期甲骨文的书写格式。

1）殷商时期。在殷商的铜器、玉器、石器等铭刻中，或在甲骨的记事刻辞里，都是自上而下、自右而左，这种形式影响到中国古代制图注字的书写。

2）先秦时期。先秦以篆书为主，包括甲骨文、金文、石鼓文、六国古文、小篆等，先秦工程制图的文献与出土实物不多，很难进行比较。战国时代中山王《兆域图》的特点是以"哀后堂""王堂""王后堂"为正面位置，左右对称，而且注字字数也几乎对称，此外，将幅面各部注字逆时针旋转90°，就可看到各边的文字说明，中山王命的文字位于图面的中央，与"王堂"平面成90°的位置，下行而左，只有正中"门"的注字打破了这一注法，与"王堂"的写法一致，秦统一六国后，秦篆则成为全国的标准字体。

3）魏晋后。魏晋以后，隶书逐渐演变为楷书。三国时魏国张揖（227—232）所著《广雅·释诂》中有："楷，法也。"意为楷书的本义就是遵循法则，楷书即是模范的标准，一直延续至今。

4）宋代。宋代盛行版雕印刷，刻书时所选用的字体方正匀称，后人称其为宋体，《营造法式》中所附的图样基本上都有文字标题，均位于图样右侧，自上而下，至右而左（图1-13）。

5）明末。明代末期标注文字演变为横细竖粗、字形方正的印刷体，后又出现了笔画粗细一致，讲究顿笔，挺拔秀丽，适合手写体的仿宋体，方便刻版书写。

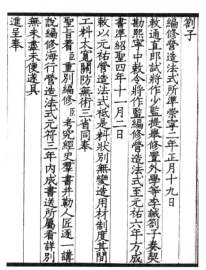

← 竖向书写文字，且从右向左一直都是我国传统的书写体例，在制图中表述文字说明也是如此。

图1-13 《营造法式》中的文字体例

6）现代。现代建筑图的文字体例有国家制定的标准参照，《房屋建筑制图统一标准》（GB/T 50001—2017）中对字体的标注提出"图样及说明中的汉字，宜采用长仿宋体"的要求，并对不同大小文字的长宽比例提出不同标准，使用计算机制图时所用的仿宋体是根据《信息交换用汉字编码字符集　基本集》（GB 2312—1980）设定的，且在建筑制图软件AutoCAD中可以更改标注字体的长宽比例（图1-14）。

↓1980年发布的《信息交换用汉字编码字符集　基本集》，是中文信息处理的中国国家标准，是强制执行的中文编码。通常所说的"仿宋GB-21312"，仿宋是字体名称，GB-2312是字符编码名称，属简体中文编码的一种，简体中文自1980年以来通常使用中华人民共和国国家标准总局公布的《信息交换用汉字编码字符集　基本集》（GB 2312—1980），所以通常说的仿宋就基本上是仿宋GB-2312了。

详解室内外装修施工图识读与制图

图1-14　计算机所绘制的现代建筑图文字体例

（2）线型应用。线条是构成施工图最基本的几何要素之一，图形主要依靠线条来组成，图线按其用途，有不同的宽度和线型。中国古代工程制图所采用的线型一般为细实线和粗实线两种。

1）线型发展。先秦时期的工程制图中可见到两种线型并用的实例；两宋时，制图中多用一种线型，即细实线，这种绘图线型的传统，一直延续到清代末期。中国古代制图线形特点是在同一张图样中，图线的宽度基本相同；粗实线和细实线并用时，线型各自一致，重点突出；为了突出构件的作用，采用涂黑处理。

2）线型宽度。中国古代工程图样中所采用的线型在同一图样中，图线的宽度一致，无论粗实线与细实线都是用来描述建筑、设计器物的轮廓，其他线型不复多见，但也有一些特殊的例子。而如今《建筑制图标准》（GB/T 50104—2010）中对建筑专业、室内设计专业制图采用的各种图线作了明确规定，均以一个粗实线常量b来定制宽度，其余线型按0.5b、0.25b等来定制宽度，图线的宽度b可以根据图纸大小和图面复杂程度来定制，但没有具体指出线型宽度b的定制以及其与图纸大小之间的关系。

（3）幅面安排。图纸的幅面安排，要根据图样本身的大小规格来把握，图样的标题栏，都位于幅面右下方。中国古代工程图在长期实践中，形成了普遍通行的幅面形式，图纸的幅面和图框的尺寸符合书籍的装帧要求。早期的工程图尚有横式幅面，如中山王墓的《兆域图》，而后随着书籍装订的规范化，基本采用立式幅面。图样上所供绘图的范围边线，即图框线多用细实线加粗实线表示。宋代的《考古图》《宣和博古图》（图1-15），以至清代的《西清古鉴》等制图中的幅面形式都是立式幅面。

图形只能表达物体的形状，而物体的大小还必须通过标注尺寸才能确定，制造加工时，物体的真实大小应以图样上所注的尺寸数值为依据，与图形的大小及绘图的准确度无关。中国古代工程制图尺寸的标注方法，多在图样之外，另作说明。除尺寸之外，包括技术要求和其他说明，都在所附文字说明中注明，如宋代《新仪象法要》（图1-16）和元代王祯《农书》中的尺寸，都是在文字说明部分注明的。

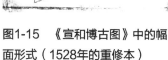

图1-15 《宣和博古图》中的幅
面形式（1528年的重修本）

图1-16 宋代《新仪象法要》

（4）尺度比例。比例尺亦称缩尺，是指图样中图形与物体相应要素的线性尺寸之比。比例是工程制图的基本要素，是制图过程中必须严格遵守的数学规则。应用统一的作图比例绘制图样，是设计制图数学化和精确化的重要标志，也是衡量工程制图这门学科是否达到成熟阶段和衡量其发展水平的重要标尺。

中国古代制图采用比例作图，可上溯到春秋战国时代。战国的《兆域图》为我国古代工程制图应用比例提供了可靠的实物例证，据中山王的诏令和墓地享堂的建筑遗迹，对照兆域图，发现墓地享堂的位置和大小都是根据兆域图所绘的内容按图施工的。图上二堂每边长约为4寸 $\ominus$，堂间距为2寸，而兆域图铜板上对应实际长度的原注为"堂方二百尺"，按出土的建筑遗迹与兆域图上图形校核，可知这是按比例绘制的。

现在，《建筑制图标准》（GB/T 50104—2010）中指出了建筑专业、室内设计专业制图选用的比例要求。虽然建筑设计制图的门类复杂，涉及的图样很广，但在AutoCAD中不需要计算比例，按照实际尺寸绘制即可，但是要根据不同的图面来设置不同比例尺，力求打印出图后达到统一的效果。

中山王墓的《兆域图》

中山王墓出土的"兆域图"铜板，一面有一对铺首，另一面有用金银镶嵌的"兆域"，即中山王墓的建筑平面示意图。此图线条清晰，金银刻嵌，相当规整。"兆域图"铜板幅面长约为940mm，宽约为480mm，铜板厚为10mm，反映了先秦时期中国工程制图利用各种线型的实例，以及当时高超的绘图能力。

中山王墓的"兆域图"上，线条准确地表达了设计者的设计概念和设计思想。幅面上的线型可分为粗实线和细实线，以区分建筑各个不同的部位，如注有"中宫垣"和"内宫垣"的台基，与注有"王堂""哀后堂""王后堂"建筑物地基位置的形状，都是用的粗实线，而注有"丘足"的台基范围，则用的是细实线。粗实线和细实线的应用使"兆域图"幅面重点突出，图面整洁，且线型均匀，交接清楚，实为工程制图使用线型的先导（图1-17）。

$\ominus$ 1寸=3.33cm。

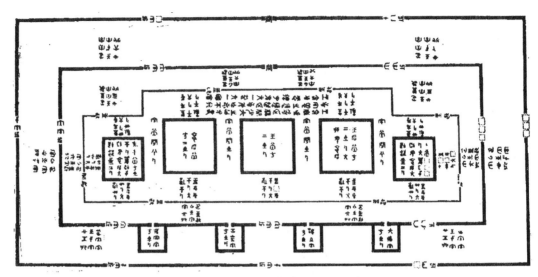

图1-17 《兆域图》（约前310年）

（5）标准图样。样与式是中国古代工程学的表达方式之一，也是现代设计制图的重要组成部分。式样是指格式、样子、形状。样和式是中国古代科学技术与产品制造的重要表述形式，具有形象性和综合性的特点。

1）样与式的作用。古代科学技术中，样式能以三维空间的形式表现工程技术和产品设计，使人们能从各个不同角度看到设计制作的形体空间乃至其周围环境，因而样式能在一定程度上弥补工程图样的局限性。在工程实践中，许多产品与设计仅仅用图样是难以充分表达的，不仅设计者在设计过程中要借助样与式来酝酿、推敲和完善自己的设计，同时在施工生产中，样与式也能起到产品规范和生产标准的作用。

2）样与式的实例。在古代的文献中有大量样与式的记载，如阁样、台样、宫样、殿样、内样、小样、木样、宅样、式样、形式、格式、方式、殿式、样式、法式、新式、旧式等，其中法式指在中国古代工程技术中必须遵循的工艺程序与图样资料，这也体现出古建筑严格的等级制度和质量管理制度。

清代宫廷雷氏家族（样式雷）的设计样式独树一帜。样式雷图档包括的内容，门类丰富，其中最大量的是各个阶段的设计图（图1-18），再就是烫样即模型（图1-19），还有相当于施工设计说明、随工日记等史料。

图1-18 清漪园行宫全图（样式雷）

图1-19 圆明园重修局部（样式雷）

　　无论是界画还是烫样，都体现出设计方案的科学性和艺术性。如《营造法式》共三十四卷，不仅是李诚考究群书，收集工匠实际经验，分列类例，成书之后大家工作相传，经久可用，而且附有图样六卷，体现了古代工程技术的传统由来已久（图1-20）。《营造法式》中的图样界画，工细致密，表现了法式中图的重要地位，无论是机械工程中，如天文仪器、农业机械的制造，还是建筑工程中的设计与施工，都采用样和式作为设计与生产施工的依据。

↓《营造法式》是宋崇宁二年（1103年）出版的图书，作者为李诚，是其在两浙工匠喻皓《木经》的基础上编成的。《营造法式》是北宋官方颁布的一部建筑设计、施工的规范书，是我国古代最完整的建筑技术书籍，标志着中国古代建筑发展到了较高阶段。

a）　　　　　　　　　　　　　　　　　　b）

图1-20　《营造法式》图样

　　3）现代样与式的应用。现今我国针对建筑设计的细部构造出版了一系列相应的标准设计图集，对建筑的局部重点构造设计进行了严格控制，同时也大大减轻了设计师的工作负荷。大量图样只需标明标准图样的来源即可，再由施工和监理人员去查阅。

　　（6）制图规范的表现形式。我国传统制图受到的限制很多，从设计者的个人素质到所处社会的人文环境，都直接影响到制图规范的宣传和普及。从历史记载文献上看，在宋代以前，还没有一个朝代是通过官方机构来统一制图规范。一直以来，制图作为一种技能存在于社会中，尤其是在我国古代，工匠的社会地位很低，世代相传的绘图技法不被人重视，工匠的绘图形式、绘图技法都只为突出设计对象的构造，和在逻辑上清晰地表达层次结构。

　　古代制图不同于绘画创作，仅仅属于少数人掌握的专项技能，绘图的工序很复杂，需要运用界尺等工具，并且绘图的时间也很长，主要设计构造使用图样来表现，辅助设计构造就配置文字来说明，图文结合。以文字说明来取代的内容在一定程度上会出现理解错误，尤其是表现方位和数量的术语，容易出差错。图样在交流中不仅要让人达成共识，共同读懂制图，同时人们也要学习其专业术语，并且世代相传，以免发生混淆。针对大型施工项目，古代制图规范中还设定法式、冠定名称，如正样图、侧样图、分样图等。这些名称在一定程度上方便了工匠之间的沟通，通过名称来理解图样的表达对象，使人一目了然。

2.装修施工图的现状

我国的建筑制图和机械制图大多从国外引进，出现了制图规范不完整，缺少很多细节的问题，这些细节全凭我国设计师与绘图员自主定制，影响面窄，且没能与本土特色联系起来。很多设计师、绘图员长期从事单一性设计、制图工作，往往会造成习惯性错误，既不便修改，也不便传阅，由此长期影响本行业其他人员。

（1）常见制图问题。在现在装饰制图过程中，通常会遇到图样结构复杂，制图形式单一，设计师与施工员之间缺少沟通等问题，要保证施工顺利进行，就必须解决这些问题。

1）图样结构复杂。每张图纸虽然包括1或2个施工立面，但是构造节点图、大样图等需另附图样，查阅时要考虑图样的逻辑顺序，不利于深入理解设计创意。对于业务素质不同的项目经理和施工员而言，正确、完整地阅读图样就有很大困难，及易发生理解错误。

2）制图形式单一。现有的装饰设计图基本上是白纸黑线图，少数制图软件虽然提供色彩与纹理配置，但操作复杂，绘图效率低，没有形成广泛的经济效益。除了设计师、项目经理、施工员，现在有更多的受众对象，如使用者、投资者及广大群众，希望能读懂图样，从而发表自己的意见（图1-21）。

3）图面内容繁琐。图样上的尺度标注、文字标注十分机械，标注引线和文字在图样中相互穿插，容易影响正确识图，审核者和阅读者需要消耗大量的时间和精力来读懂图样，这对使用者的耐心是一种严峻的考验（图1-22）。

4）甲乙双方沟通困难。专业性很强的设计制图只限定在少数设计师与施工员之间沟通，有设计需求的消费者很难读懂，往往需要提高设计成本，另附多张彩色效果图。

→现代装修施工的核心是平面布置图，又称为方案图，是后期各种图样设计绘制的基础，因此在平面布置图中应当尽量绘制详细各种形体，标注尽量细致的文字与数据，方便后期施工图能持续且深入绘制。

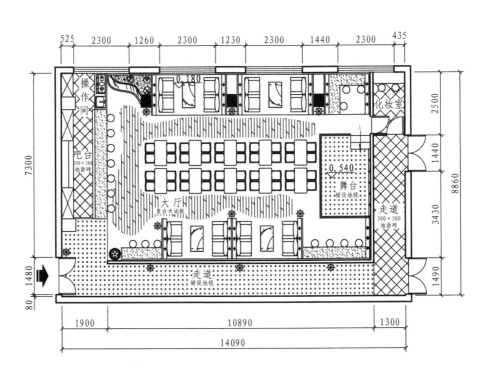

图1-21　咖啡厅设计平面布置图（1:150）

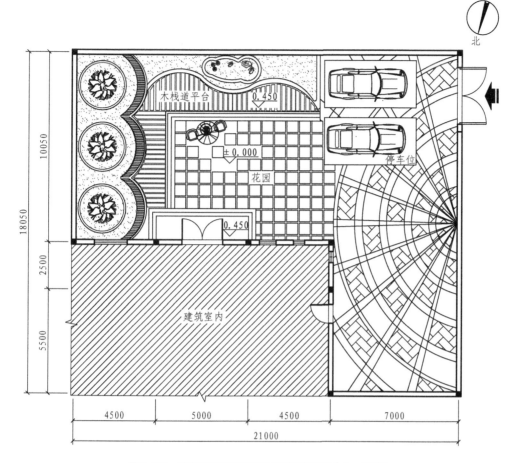

北

←建筑庭院景观设计方案在图样中主要表明平面整体布局状况、地面铺装与功能区划分，标出地面与构造的高度，对绿化景观详细绘制。标明建筑外墙门窗，室内无需设计空间可以采用斜线概括表现。此外，还要标明整体建筑的朝向方位。

图1-22 建筑庭院景观设计平面布置图（1：200）

（2）装修施工图的研究。现代室内装饰装修制图要求施工图既要丰富表现效果，还需要绘出设计构造的具体形态。装修施工图的特征应该是清晰表达设计构造，采用简洁的图示图标，渲染设计对象的色彩和质感，图面美观多样，通俗易懂，绘制成本低，操作方便快捷，容易修改，能为大多人群所接受。目前，装修施工图按应用方面，可总体分为方案图、施工图和竣工图三种。

1）方案图。方案图是用于初步表达设计理念及风格样式的图样，表现较为简洁，视觉效果明确。方案图在装修施工图中属于前期图样，图样所表达的设计内容需要得到主管部门或客户的认可，要求图面美观、新颖，能遵循大众的审美特点，这一类图样一般包括三视图和透视效果图。

目前在国内发达城市提出设计方案不再局限于二维图样，通过计算机软件制作出与二维图样相对应的三维模型、动画，配置语音介绍和动态文字说明，设计方案的效果立竿见影，在商业招标投标中，屡屡胜出，甚至不少从事专业设计的企业、个人都纷纷转行，投身于方案图表现。

2）施工图。施工图可以认定是方案图的深入，用于指导工程施工实施的图样，绘制详细，全面表达了局部的构造设计。施工图的绘制典型、传统，白纸黑线所表达的构造非常清晰，图量大，配套全面，能很好地应用于工程施工，也可以认为施工图是工程实施的说明书（图1-23）。

↓施工图，是表示工程项目总体布局，建筑物、构筑物的外部形状、内部布置、结构构造、内外装修、材料做法以及设备、施工等要求的图样。施工图具有图样齐全、表达准确、要求具体的特点，是进行工程施工、编制施工图预算和施工组织设计的依据，也是进行技术管理的重要技术文件。一套完整的施工图一般包括建筑施工图、结构施工图、给水排水施工图、采暖通风施工图及电气施工图等专业图样，也可将给水排水、采暖通风和电气施工图合在一起统称设备施工图。以下是公共卫生间外部洗手台的施工图，其细致绘制了洗手台的正立面与两个方向的剖面，能细致表现出洗手台的装修构造尺寸与工艺做法，在常规装修中，对复杂程度不一的构造，施工图的深入程度也是不同的，这个洗手台造型比较简单，形式比较大众化，是目前装修业中的主流造型，因此，施工图也属于中等复杂程度，能满足正常施工参考使用。

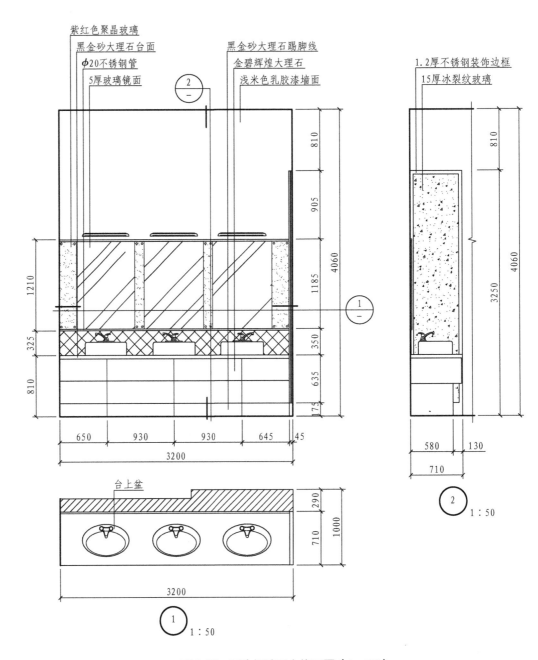

图1-23　卫生间洗手台施工图（1：50）

目前，国内绘制施工图主要采用AutoCAD制图软件，设计师或绘图员在绘制这类图样时需要消耗大量时间来将线条与尺度完美结合，施工图的识图也需要经过专业培训（图1-24）。

↓立面图大多会延伸出剖面图，甚至构造详图，这能全方位表现设计、施工计划，也要求绘图者熟悉装修施工工艺与材料搭配。

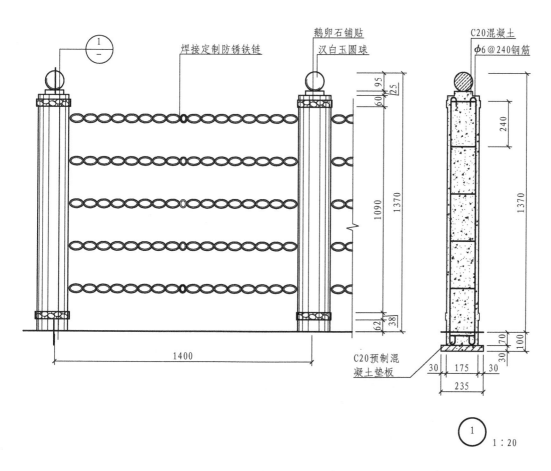

图1-24　景观水岸护栏施工图（1∶20）

3）竣工图。竣工图是工程完成后根据实际完工的形态绘制的图样，用于存档和工程的后期维护使用，在工程完工后，需要对最终形态和使用方法作出详细规定，一方面可以指导工程的受众者正确使用设计成果，另一方面也是工程双方的责权申明。

装修施工图有自身的特点，一贯延续土木建筑图样，难以发挥自身的特色。制图的研究要能够填补国内空白，着实指导设计师与客户交流，设计师与施工员交流。在现有的行业规范体系下，应开发出更多形式的施工图，并沿用中国传统的图学原理，将现代施工图多样化、立体化、唯美化，提高行业水平，发挥设计的影响力和推动力，促进装修施工设计的健康发展。

1.2

施工图的种类

施工图的目的是为了解决施工实施时出现的具体问题，对需要说明的部位就应该绘制图样，对于设计方、施工方与投资方等能达成一致和共识的问题，就无须绘制图样了。室内装饰装修要表明创意和实施细节，一般需要绘制多种图样，针对具体设计构造的繁简程度，可能会强化某一种图样，也可能会简化或省略某一种图样，但是不能影响图样的完整性。

在初学制图过程中，了解相关图样的种类等理论知识至关重要，读者应先对图样种类进行了解，学习过程中也需多加练习，可临摹一些具有代表性的图样。当然，要准确且熟练地绘制各种图样，还需要了解装饰装修过程中材料的选用和施工的构造，这些才是制图的基础。

1.2.1　总平面图

总平面图是表明一项设计项目总体布置情况的图样，它是在施工现场的地形图上，将已有的、新建的绘图要素按比例绘制出来的平面图（图1-25）。

↓总平面图主要表明室内外空间的平面形状、层数、室内地面标高、排水以及管线的布置情况，并表明原有室内外空间内部结构之间的相互关系。

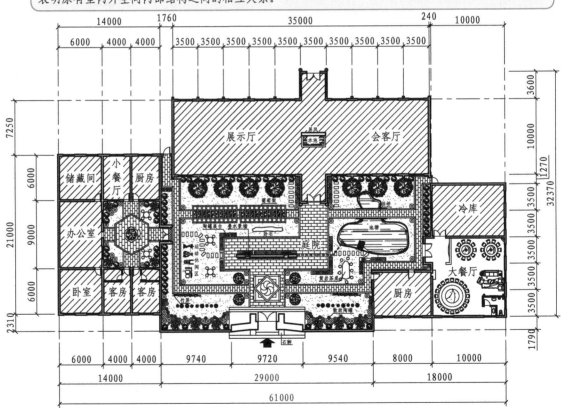

主要图例：

桂花树
花台香樟
广玉兰
金边黄杨

木桩凳
800mm×400mm芝麻灰花岗石
240mm×120mm煤矸石砖

鹅卵石
喷泉叠水池

600mm×300mm芝麻灰花岗石
马尼拉草坪

图1-25　住宅建筑室内与庭院总平面图（1:500）

总平面图是所有后续图样的绘制依据,一般要经过全面实地的勘测且作详细的记录才能绘制,或向投资方索取原始地形图或建筑总平面图。由于具体施工的性质、规模及所在基地的地形、地貌不同,总平面图所包括的内容有的较为简单,有的则比较复杂,对于复杂的设计项目,还需仔细划分(图1-26)。

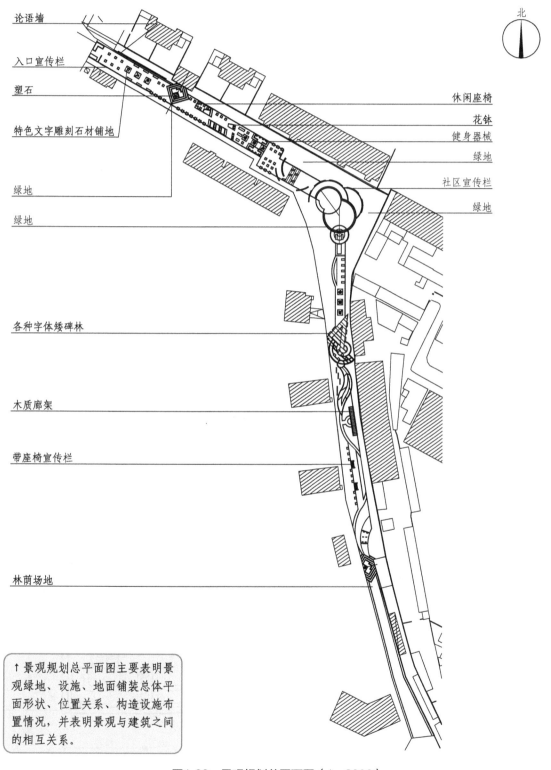

论语墙
入口宣传栏
塑石
特色文字雕刻石材铺地
绿地
绿地

休闲座椅
花钵
健身器械
绿地
社区宣传栏
绿地

各种字体矮碑林

木质廊架

带座椅宣传栏

林荫场地

北

↑景观规划总平面图主要表明景观绿地、设施、地面铺装总体平面形状、位置关系、构造设施布置情况,并表明景观与建筑之间的相互关系。

图1-26 景观规划总平面图(1:2000)

1.2.2 平面图

平面图是建筑物、构筑物等在水平方向上投影所得到的图形，投影高度一般为普通建筑±0.00m高度以上1.5m，在这个高度对建筑物或构筑物作水平剖切，然后分别向下和向上观看，所得到的图形就是底平面图和顶平面图。在常规设计中，绝大部分设计对象都布置在地面上，因此，也可以称底平面图为平面布置图，称顶平面图为顶棚平面图，其中底平面图的使用率最高，因此，通常所说的平面图普遍认为是底平面图（图1-27）。

平面图运用线条、数字、符号和图例等有关图示语言，来表示设计施工的构造、饰面、施工做法及空间各部位的相互关系。在装修施工图中，平面图主要分为基础平面图、平面布置图、地面铺装平面图和顶棚平面图。这类图样也有其自身的绘制特点，如造型上的复杂性和生动感，以及细部艺术处理的灵活表现等。识读的根本依据仍然是土建工程图样，尤其是平面图，其外围尺寸关系、外窗位置、阳台、入户大门、室内门扇以及贯穿楼层的烟道、楼梯和电梯等，均需依靠土建工程图样所给出的具体部位和准确的平面尺寸，来确定平面布置的设计位置和局部尺寸（图1-28）。

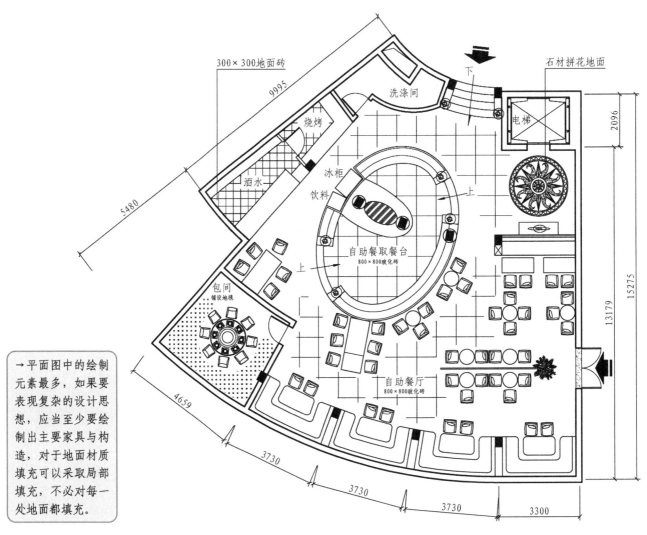

→平面图中的绘制元素最多，如果要表现复杂的设计思想，应当至少要绘制出主要家具与构造，对于地面材质填充可以采取局部填充，不必对每一处地面都填充。

图1-27　自助餐厅平面图（1:150）

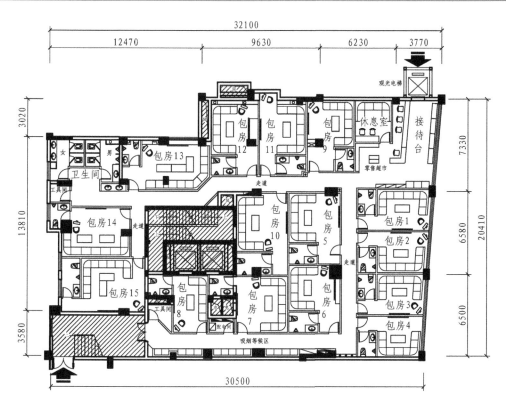

图1-28 KTV平面图（1:300）

1.2.3　给水排水图

给水排水图是装修施工图中特殊专业制图之一，它主要表现设计空间中的给水排水管布置、管道型号、配套设施布局、安装方法等内容，使整体设计功能更加齐备，保证后期给水排水施工能顺利进行（图1-29）。

在实际工作中，由于绘制给水排水图比较枯燥，对于多数小型项目而言，很多水路施工员能凭借自身经验，在施工现场边设计边安装，因此很多设计者不够重视，一旦需要严格的图样交付使用时，就很难应对。

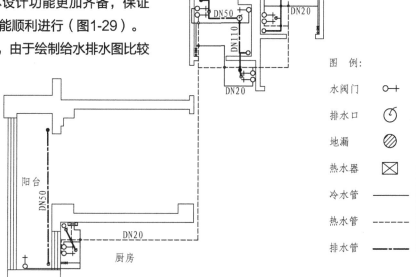

图1-29 住宅给水排水平面图（1:100）

1.2.4　电气图

电气图是一种特殊的专业技术图，涉及专业、门类很多，能被各行各业广泛采用，既要表现设计构造，又要注重图面美观，还要让各类读图者看懂。因此，绘制电气图要特别严谨，相对给水排水图而言，思维需更敏锐、更全面（图1-30）。

装修设计施工电气图主要分为强电图和弱电图两大类。一般指交流电或电压较高的直流电称为强电，如220V；弱电一般指直流通信、广播线路上的直流电，电压通常低于36V。这些电气图一般都包括电气平面图、系统图、电路图、设备布置图、综合布线图、图例、设备材料明细表等。

> ↓电气平面图需要表现各类照明灯具，配电设备（配电箱、开关），电气装置的种类、型号、安装位置和高度等安装所应掌握的技术要求。为了突出电气设备和线路的安装位置、安装方式，电气设备和线路一般在简化的平面布置图上绘出。图上的墙体、门窗、楼梯、房间等平面轮廓都用细实线严格按比例绘制，但电气设备如灯具、开关、插座、配电箱和导线并不按比例画出它们的形状和外形尺寸，而是用中粗实线绘制的图形符号来表示。导线和设备的空间位置、垂直距离应按建筑不同标高的楼层地面分别画出，并标注安装标高、文字符号和安装代号等信息。

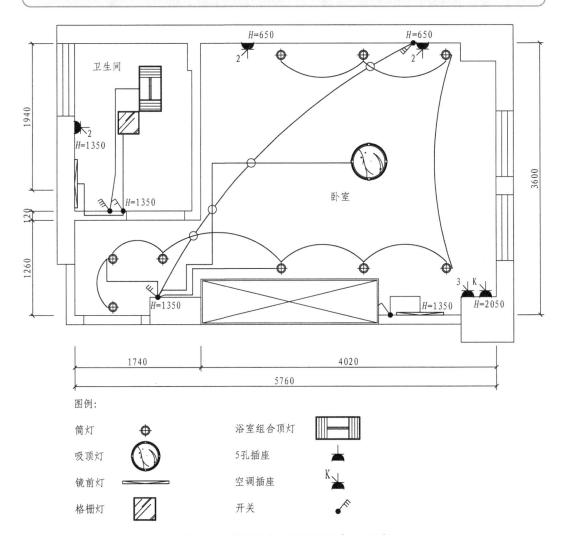

图1-30　住宅卧室电路平面图（1：50）

1.2.5 暖通空调图

暖通与空调系统是为了改善现代生产、生活条件而设置的，它主要包括采暖、通风、空气调节等内容。我国北方地区冬季温度较低，为了提高室内温度，通常采用供暖系统向室内供暖。此外，室内的空气需要直接或经过净化后排出室外，同时向室内补充新鲜的空气，更高要求的暖通与空调系统还能调节室内空气的温度、湿度、气流速度等指标。

除了日常生活中使用的空调器、取暖器等单体家用电器，在大型住宅和公共空间设计中需要采用集中暖通、空调系统，这些设备、构造的方案实施就需要绘制相应的图样。虽然暖通、空调系统的工作原理各不相同，但是绘制方法相似，在设计图绘制中仍需要根据设计要求分别绘制（图1-31、图1-32）。

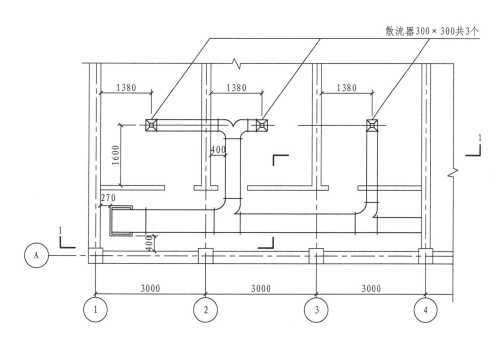

←暖通管道平面图根据设备种类来绘制，对设备的尺寸要熟悉，本书第7章会详细介绍，对于这种图可以参考生活中经常去的大型超市卖场与地下车库，这些场所都有这类设备，方便理解。

图1-31 室内新风管道平面图（1：100）

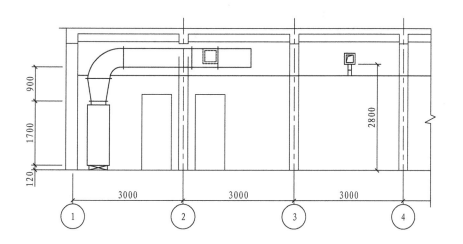

←暖通管道剖面图根据平面图来绘制，主要表明管道高度，对于工程技术复杂的暖通设计方案才需绘制。

图1-32 室内新风管道1-1剖面图（1：100）

1.2.6 立面图

立面图是指主要设计构造的垂直投影图，一般用于表现建筑物、构筑物的墙面，尤其是具有装饰效果的背景墙、瓷砖铺贴墙、现场制作家具等立面部位，也可以称为墙面、固定构造体、装饰造型体的正立面投影视图。立面图适用于表现建筑与设计空间中各重要立面的形体构造、相关尺寸、相应位置和基本施工工艺。

立面图要与总平面图、平面布置图相呼应，绘制的视角与施工后站在该设计对象面前要一样，下部轮廓线条为地面，上部轮廓线条为顶面，左右以主要轮廓墙体为界线，在中间绘制所需要的设计构造，尺寸标注要严谨，包括细节尺寸和整体尺寸，外加详细的文字说明（图1-33）。

→立面图由平面图延伸而来，将平面图中各个面竖立起来后就可以得到相对应的立面。

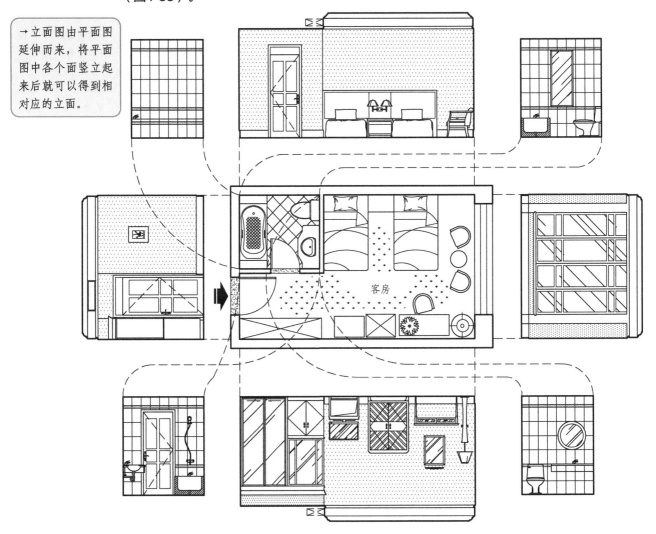

图1-33 平面图与立面图的对应关系（1：100）

在一套设计方案中，立面图的数量可能会比较多，这就需要在平面图中署名方位或绘制标识符号，与立面图相呼应，方便查找。为了强化平面图与立面图之间的关系，整体建筑物、构筑物的立面表现一般以方位名称标注图名，如正立面图、东立面图等。如果涉及复杂结构，也可以采用剖面图来表示。而表示室内立面在平面图上的位置，应在平面图上用内视符号注明视点位置、方向及立面编号。符号中的圆圈应用细实线绘制，根据图面比例，圆圈直径可选择8～12mm，立面编号宜用拉丁字母或阿拉伯数字（图1-34）。

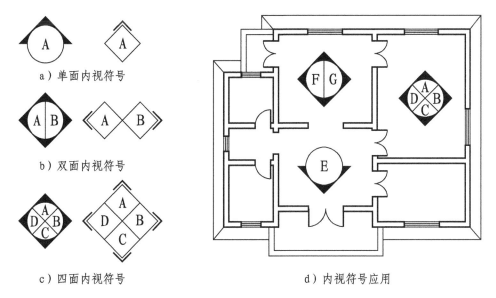

a）单面内视符号

b）双面内视符号

c）四面内视符号

d）内视符号应用

图1-34 平面图上内视符号应用示例

←左侧两种内饰符号均可使用，注意一套图样中内饰符号应当统一，符号中可选用字母或数字，但是在逻辑上要统一，不能随意混淆。

立面图画好后要反复核对，避免遗漏关键的设计造型或含糊表达了重点部位，绘制立面图所用的线型与平面图基本相同，周边形体轮廓使用中粗实线，地面线使用粗实线，对于大多数构造不是特别复杂的设计对象，也可以统一绘制为粗实线。在复杂设计项目中，立面图可能还涉及原有的装饰构造，如果不准备改变或拆除，这部分可以不用绘制，以空白或用阴影斜线表示即可（图1-35、图1-36）。

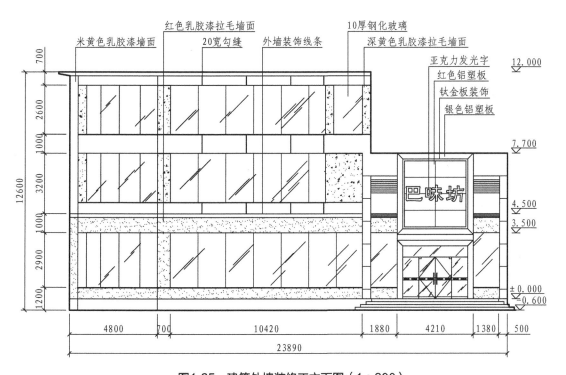

图1-35 建筑外墙装修正立面图（1∶200）

←建筑外墙装修正立面图主要表明装饰构造的形体结构与材料配置，应标注尽量详细的尺寸。

→立面图与下部的平面图对应，识读更直观。

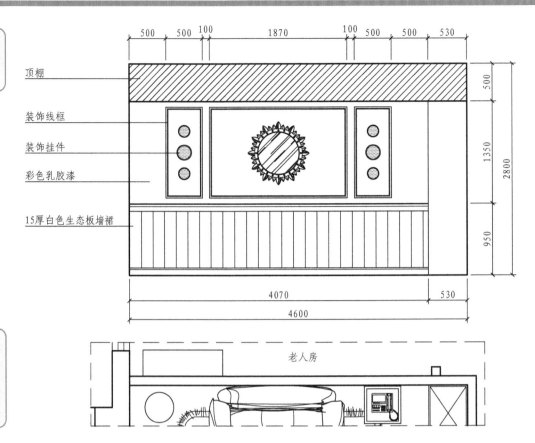

顶棚

装饰线框

装饰挂件

彩色乳胶漆

15厚白色生态板墙裙

→绘制对应的立面图可以将平面图的局部截取出来，放置在立面图下方并与立面图对齐。

老人房

图1-36　住宅沙发背景墙立面图（1∶50）

1.2.7　构造详图

在装修施工图中，各类平面图和立面图的比例一般较小，导致很多设计造型、创意细节、材料选用等信息无法表现或表现不清晰，不能满足设计、施工的需求。因此需要放大比例绘制出更加细致的图样，一般采用1∶20、1∶10，甚至1∶5、1∶2的比例绘制。

构造详图一般包括剖面图、构造节点图和大样图，绘制时选用的图线应与平面图、立面图一致，只是地面界线与主要剖切轮廓线一般采用粗实线（图1-37、图1-38）。

↓复杂的节点构造详图在正式绘图之前可以采用三维软件制作基本模型，然后根据三维空间逻辑来绘制构造详图。

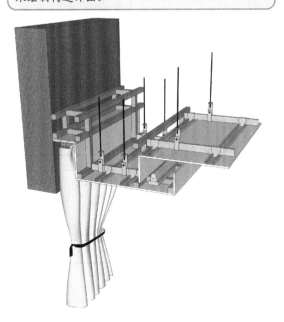

图1-37　吊顶节点构造三维详图

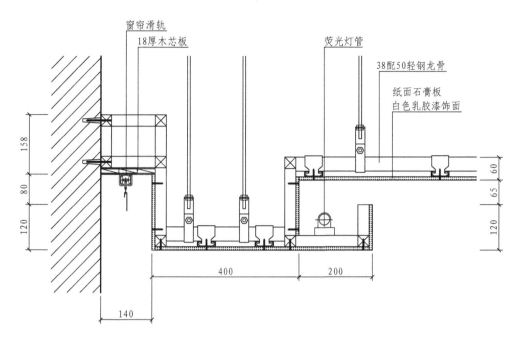

窗帘滑轨
18厚木芯板
荧光灯管
38配50轻钢龙骨
纸面石膏板
白色乳胶漆饰面

←构造详图主要表明材料装配的局部形态。仔细标注文字与尺寸，要求具备全面的空间设计能力，并对材料与构造有深刻了解。

图1-38 吊顶节点构造详图（1：10）

1.2.8 轴测图

常规平面图、立面图一般都在二维空间内完成，绘制方法简单，绘制速度快，掌握起来并不难，但是在装修施工设计中适用范围较窄，非专业人员和初学者不容易看懂。对于设计项目的投资方更需要阅读直观的设计图样，而轴测图就能权衡多方的使用要求。轴测图是一种单面投影图，在一个投影面上能同时反映出物体三个坐标面的形状，并接近于人们的视觉习惯，表现效果形象并富有立体感。在设计制图中，常将轴测图作为辅助图样，来说明设计对象的结构、安装和使用等情况。在设计过程中，轴测图还能帮助设计者充分构思，想象物体的形状，以弥补常规投影图的不足（图1-39~图1-41）。

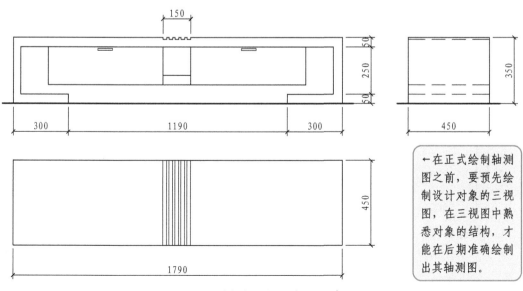

←在正式绘制轴测图之前，要预先绘制设计对象的三视图，在三视图中熟悉对象的结构，才能在后期准确绘制出其轴测图。

图1-39 电视柜三视图（1：20）

→ 正面斜轴测图绘制最简单，以正立面图为依据，先后部延伸出空间感，绘制侧立面纵深线条即可，是最简单、最直观、最实用的轴测图。

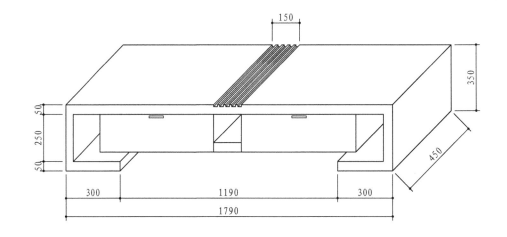

图1-40　电视柜正面斜轴测图（1：20）

↓ 正斜轴测图一般用来表现复杂的设计构造，也适用于装配图，这类图识读简单，但是绘制时要具备强大的逻辑空间思维能力。

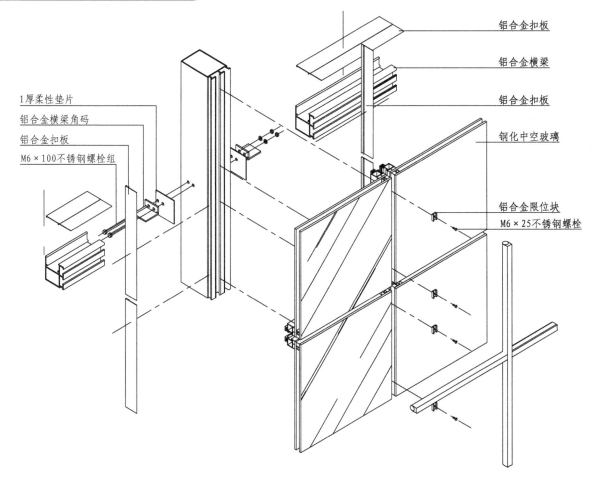

图1-41　隐形玻璃幕墙斜轴测图（1：10）

1.3.1 材料的熟悉与运用

毕业生刚刚走出校门，进入企业，往往会感到迷茫，在学校里获得的理论知识，包括环境心理学、设计理论、家具灯具及装饰设计、建筑热环境与节能等理论，运用不起来，其根本原因就在于对材料不熟悉，从而不知如何下手。

近年来，科技不断地进步，技术不断地更新，潮流不断地变化，新型材料不断地推出，作为设计师必须先了解这些材料的物理特性、经济性、使用范围、施工方法，以及如何搭配以达到最好的效果，还需在制图中灵活地运用这些材料的图例，清楚在何处可运用此类材料，并且要做到在识图制图时严格遵循相关规范及标准。

材料多种多样，能相互替代的产品很多，而不同材料必定存在差价，表面处理工艺的进步，能够使用价格相对便宜的材料取代价格昂贵的材料。本着客户利益至上的原则，设计师要对材料的经济性充分了解，才能更好地做到在保证装饰效果、使用安全的前提下，选择使用施工工艺简单的材料，从而有效地控制工程造价。

同时，设计师要对材料的使用范围有很好的认识。熟悉材料如何应用，应用于什么位置，这样可以有效控制造价，延长成品的使用寿命，如大理石运用于室外空间，容易出现变色，出现锈迹、风化等现象，而花岗石则不易发生上述情况。

另外，设计人员要经常深入工地，丰富现场施工经验，同时不断接触国内外新的工艺、材料、技术。材料的熟悉并不是材料抄袭，而是材料的运用。只有真正做到熟悉工艺、材料，才能使我们的图样真正地成为指导施工的依据。

1.3.2 规范的熟悉与运用

目前，我国正在使用的制图标准很多，如《房屋建筑制图统一标准》（GB／T 50001—2017）、《总图制图标准》（GB／T 50103—2010）、《建筑制图标准》（GB／T 50104—2010），这三套标准为室内外设计识读与制图常用标准，它们的内容基本相同，但是也有很多细节存在矛盾。在日常学习、工作中一般应该以《房屋建筑制图统一标准》（GB／T 50001—2017）为基本标准，认真分析所绘图样的特点，在国家标准没有定制的方面进行灵活、合理地自由发挥，不能被标准所限制，影响设计师表述思想。制图学的进步就在于将图形不断精确化，线型不断丰富化，标准不断规范化。为了方便学习和工作，应该将国家标准时常带在身边，遇到不解或遗忘时可以随时查阅，保证制图的规范性和正确性。

1.3.3 各个不同工种之间的协调

装修设计所涉及的工种很多，技术要求各有不同。装修设计与其配合的工种可归纳为：建筑结构；管道设备类空调、水、电、采暖、消防；艺术饰品类；厨具、办公类家用电器、办公设备等。种类繁多，正因为这些因素，要求装饰设计过程中必须要多沟通，多了解，根据上述工种的特点，与其使用要求，这样才能把设计完善。

1.3

施工图特点与编排

在项目设计时，特别是大型公用建筑设计的时候，尤其需要大量相互协调的工作，牵涉到业主、施工单位、经营管理方、建筑师、室内设计师，结构、水、电、空调工程师以及供货商之间方方面面，相互配合，充分合作，解决复杂工程中的问题，达到各个方面都能满意的结果。

在实际设计工作中，设计师只有不断地通过工程的实践，收集资料阅读，对自己设计的反思，对国内外优秀设计的学习，改变现状，真正认识到施工图的重要性，把握施工图的各项要求，领会设计意图，才能使工程设计真正达到较好的艺术效果，满足各方的需求。

1.3.4　装修施工图的特点与编排

1.装修施工图的特点

虽然现代装修施工图与建筑施工图在绘图原理和图示标识形式上有许多方面基本一致，但由于专业分工不同，图示内容不同，还是存在一定的差异，其差异反映在图示方法上，主要有以下五个方面。

（1）由于建筑装修工程涉及面广，它不仅与建筑有关，与水、暖、电等设备有关，与家具、陈设及各种室内配套产品有关，而且还与钢、铝、铜、木等不同材质有关。因此，装修施工图中常出现建筑制图、家具制图和机械制图等多种画法并存的现象。

（2）装修施工图所要表达的内容多，它不仅要标明建筑的基本构造，还要标明装饰的形式、结构与构造。为了表达翔实，符合施工要求，装修施工图通常都是将建筑图的一部分放大后进行图示，所用比例较大，因而有建筑局部放大图之说。

（3）装修施工图图例部分无统一标准，多是在流行的图例中互相沿用，各地大同小异，有的还不具有普遍意义，需加文字说明。

（4）标准定型化设计少，可采用的标准图不多，致使基本图中大部分局部和装饰配件都需要画详图来标明其构造。

（5）装修施工图由于所用的比例较大，又多是建筑物某一部位或某一装饰空间的局部图示，笔力比较集中，有些细部描绘比建筑施工图更细腻，如将大理石板画上石材肌理，玻璃或镜面画上反光，金属装饰饰品画上抛光线等，使图像真实、生动，并具有一定的装饰感，让人一看就懂，这构成了装修施工图自身形式的特点。

2.装修施工图的编排

装修工程图由效果图、建筑装修施工图与室内设备施工图组成。其实，效果图也应当是施工图。在施工制作中，它是形象、色彩、材质、光影和氛围等艺术处理的重要依据，是建筑装修工程中所特有的、必备的施工图。装修施工图简称饰施，室内设备施工图简称设施，也可以按工种不同，分别简称为水施、电施与暖施等，这些施工图都应在图样标题栏内注写自身的简称图别，如饰施1、设施1等（图1-42）。

装修施工图也可分为基本图与详图两部分，基本图包括装修平面图、装修立面图及装修剖面图，详图包括装饰构配件详图与装饰节点详图。装修施工图也要对图样进行归纳和编排，一般将图样中未能详细标明或者图样不易标明的内容写成设计说明，将门、窗与图样目录归纳成表格，并把这些内容放于首页，由于装修工程是在已经确定的建筑实体上或者其空间内进行的，因而图样首页一般均不安排总平面图。

装修工程图样的编排顺序原则为：表现性图样在前，技术性图样在后；装修施工图在前，室内配套设备施工图在后；基础图在前，详图在后；先施工的图样在前，后施工图的图样在后。

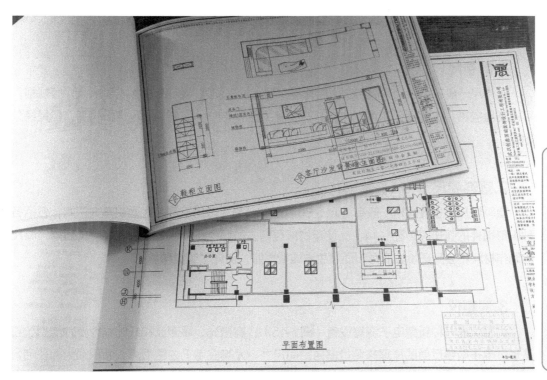

←装修施工图装订完毕后要在图样上统一盖上出图专用章，以表明设计权威性与法律效应。拥有设计资质的企业才有出图专用章，章上信息有企业名称、资质编号、有效期限等信息。

图1-42　装修施工图册

识读制图指南

施工图的概念与应用

设计人员按照国家的建筑方针政策、设计规范、设计标准，结合有关资料以及项目委托人提出的具体要求，在经过批准的初步设计的基础上，运用制图学原理，采用国家统一规定的符号、线型、数字、文字来表示拟建建筑物或构筑物以及设备各部分之间的空间关系及其实际形状尺寸的图样，并用于拟建项目的施工建造和编制预算的一整套图样，叫作施工图。施工图通常需要的份数较多，所以必须复制。由于复制出来的图样一般为蓝色，因此通常又把施工图称作蓝图。

用于装修施工的蓝图称作装修工程施工图（装修施工图）。装修施工图与建筑施工图是不能分开的，除局部部位需要另绘制外，通常都是在施工图的基础上加以标注或说明。

装修施工图不仅是建筑单位（业主）委托施工单位进行施工的依据，同时，也是工程造价师（员）计算工程数量、编制工程预算、核算工程造价、衡量工程投资效益的依据。

1.4 常用的制图工具

制图是一项传统的行业，所需的工具和设备非常复杂，但是随着商品经济的发展，现代制图工具的品种更多样，使用起来也更方便。这里将制图工具分为测量工具、绘图工具和计算机制图工具三大类，涵盖现代设计制图的全部工具。

1.4.1 测量工具

装修设计制图的前提是测量，只有经过仔细的测量得到精准的数据，才能为制图奠定完美的基础。要在设计、施工现场进行实地测量首先要配置必要的工具。

1.钢卷尺

钢卷尺一般在普通文具店和杂货店都能买到，价格便宜，长度有3m、5m、8m等规格，可以随身携带，主要用于测量室内空间的尺度（图1-43）。优质钢卷尺价格较高，但是经久耐用。

2.塑料卷尺

塑料卷尺的长度规格一般有15m、30m、50m等。可用于测量大面积室内空间，包括各种圆形构件的弧长等（图1-44），使用时需要两人协同操作且需要手动收展。优质塑料卷尺的制作材料不会受环境温度影响而发生收缩或膨胀，保证了测量精度。

3.测距仪

测距仪是一种新型电子测量设备（图1-45），有激光、超声波和红外线等多种类别，它是通过电子射线反射的原理来测量室内空间尺寸，尤其应用于内空很高、面积很大的住宅，测量起来很方便，但是操作要平稳。若是低端质量的产品难免会造成一定的误差，影响后期的设计、施工。

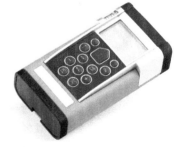

图1-43 钢卷尺　　　　　　　图1-44 塑料卷尺　　　　　　　图1-45 测距仪

4.测量方法

现场测量是绘图的基础，只有通过测量得到了准确的数据才能精确绘图。测量是一项很严格的技术工作，需要很专业的技术动作来完成，在房屋实地测量时要注意以下要点。

（1）对齐尺端。单人测量时，要脚踏实处，一个数据一个数据地来测量，先测量后记录，临时记在头脑中的数据不要超过两个，否则容易造成混淆。前后、左右要平整，对齐尺的首端和末端。两人测量比较方便，一人握着卷尺，到墙体末端，读出数据；另一人在墙体首端定位卷尺，并做书面记录。无论哪种测量方式，都要将卷尺对齐精确，保持水平或垂直状态。

（2）分段测量。对于过高过宽的墙壁，不能一次测量到位时，就需要使用硬铅笔分段标记，最后再将分段尺寸数据相加，记录下来。分段相加而得的尺寸数据要审核一遍，分段测量时卷尺两端也应对齐平整，否则测量就不到位。

（3）目测估量。对于横梁等复杂的顶部构造就不好测量了，除非临时借来架梯等辅助工具，这些结构可以通过眼睛来估测，如先测量一下自己的手机长度，一般为100mm左右，将手机的长度与横梁的长度作比较，仔细比较它们之间的倍数，就可以得出一个比较准确的估量值。

（4）注意边角。墙体或构造转角处和内凹部分一般容易被忽视，在测量的时候千万不要漏掉，这些边角部位最终会影响到细节设计。除了长宽数据以外，还要测量至横梁的高度，因为这些复杂的转角部位一般上方都会有横梁交错，情况很特殊。

（5）设备位置。对水电路管线的外露部分进行实地测量，此外门窗的边角也需要精确测量，尤其是将来会包裹门窗套的部位，将这些数据在图样上反映出来将对后期设计很有帮助。

绘制草图

经过测量而得到的数据，经过核对后就可以绘制草图了，绘制草图的目的在于提供一份完整的正式制图依据。测量完毕后可以在设计现场绘制，使用铅笔画在白纸上即可，线条不必挺直，但是空间的位置关系要准确，边绘草图边标注测量得到的数据，并增加一些遗漏的部位，做到万无一失（图1-46）。

图1-46 草图绘制

1.4.2 绘图工具

传统手工绘图工具门类复杂，熟练操作需要花费大量的时间来掌握，现代手工绘图一般是为后期计算机制图打基础，用于绘制草图或较完整的创意稿，其中圆形和弧线都为徒手绘制，这就大大简化了工具的选用。

1.铅笔

铅笔是绘图的必备工具（图1-47）。笔芯的质地从硬到软可依次分为10H、9H、8H、

7H、6H、5H、4H、3H、2H、H、F、HB、B、2B、3B、4B、5B、6B共18个硬度等级，其中2H和H型比较适合绘制底稿。太硬的铅笔不方便削切，太软的铅笔浓度较大，不方便擦除。削切2H和H型绘图铅笔最好选用长转头的卷笔刀，使其笔尖锐利，能长久使用。为了提高工作效率，也可以使用自动铅笔以替代传统木质铅笔，一般应选用规格为0.35mm的H型笔芯（图1-48）。

无论是哪种铅笔，作图时要将笔向运笔方向稍倾，并在运笔过程中轻微地转动铅笔，使铅芯能相对均匀地磨损，避免铅芯的不均匀磨损，保证所绘线条的质量。铅笔的运笔方向要求，画水平线为从左到右，画垂直线为从下到上。作图过程中，应保持稳定的运笔速度和用力程度，使同一线条深浅一致。同时要避免划伤纸面，因其难以被绘图笔遮盖或被橡皮擦除。

2.绘图笔

传统绘图笔又称为针管笔，基本工作原理和普通钢笔一样，需要注入墨水，但是笔尖是空心的金属管，中间穿插引水通针，通针上下活动可以让墨水均匀地呈现在纸上，线条挺直有力。为了保证绘图质量和效率，一般应选用专用墨水，使绘出的线条细腻、均匀且能快速干燥。但是传统绘图笔操作要求很严谨，且其配件和耗材也很难购买。现在一般都选用一次性水性绘图笔，这类产品的规格为0.01~2.0mm，每0.1mm为一种规格，制作工艺精致，使用流畅（图1-49）。

在设计制图时至少应备有粗、中、细三种不同粗细的绘图笔，如0.1mm、0.3mm、0.7mm。绘制线条时，绘图笔笔身应尽量保持与纸面呈80°~90°夹角，以保证画出粗细均匀一致的线条。作图顺序应依照先上后下、先左后右、先曲后直、先细后粗的原则，运笔速度及用力应均匀、平稳。用较粗的绘图笔作图时，落笔及收笔均不应有停顿。绘图笔除了用来作直线段外，还可以借助附件和圆规配合作圆周线或圆弧线。平时宜正确使用和保养绘图笔，以保证其有良好的工作状态及较长的使用寿命。绘图笔要保持运笔流畅，特别注意在不使用时应随时套上笔帽，以免针尖墨水干结、挥发。

图1-47 绘图铅笔

图1-48 自动铅笔

图1-49 绘图笔

3.尺规

丁字尺、三角尺、直尺、比例尺、曲线尺、模板和圆规是传统绘图的标准工具，配合使用方法要正确，且操作熟练，才能绘出各种曲直结合的图样。

（1）丁字尺、三角尺、直尺（图1-50）。丁字尺要配合专用绘图板来使用，专用绘图板用于固定图纸，作为绘图垫板，最好购买成品专用绘图板，不宜使用其他板材代替，制图时板面的平整度和边缘的平直度要求很高。使用时，丁字尺要紧靠绘图板的左边缘，上下移动到需要画线的位置，自左向右画水平线。三角尺可以配合丁字尺自下而上绘出垂线，此外，丁字尺和三角尺还能绘制出与水平线呈15°、30°、45°、60°和75°的斜线，这些斜线都是自左向右的方向绘制（图1-51）。当然，绘制其他角度的斜线也可以使用三角尺中的量角器。直尺的功能界于丁字尺与三角尺之间，一般在图纸上只作长距离测量、校对或辅助之用。

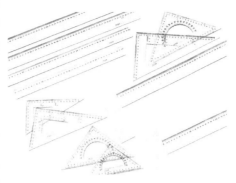

图1-50　丁字尺、三角尺、直尺

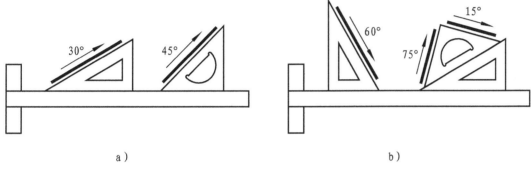

a）　　　　　　　　　　　　　　　　b）

图1-51　丁字尺与三角尺的使用方法

（2）比例尺。比例尺用于快速绘制按比例缩放的图样，常见的比例尺为三棱形，其六个边缘上分别刻有1∶100、1∶200、1∶250、1∶300、1∶400、1∶500共6种比例（图1-52）。如果长期使用某一种比例，也可以使用透明胶将写有尺度的纸片贴在直尺上，这样使用会更方便些。

（3）曲线尺。曲线尺（图1-53）又称云形尺，是一种内外均为曲线边缘的薄板，曲线形态、大小不一，用来绘制曲率半径不同的非圆形自由曲线，尤其是绘制少且短的自由曲线。在绘制曲线时，在曲线尺上选择某一段与所拟绘曲线相符的边缘，用笔沿该段边缘移动，即可绘出该段曲线。曲线尺的缺点在于没有标示刻度，不能用于曲线长度的测量。除曲线尺外，也可用由可塑性材料和柔性金属芯条制成的柔性曲线尺，通常称为蛇形尺（图1-54），它能绘制连贯的自由曲线。使用曲线尺作图比较复杂，为保证线条流畅、准确，应先按相应的作图方法确定出拟绘曲线上足够数量的点，然后用曲线尺连接各点而成，并且要注意曲线段首尾应作必要的重叠，这样绘制的曲线会比较光滑。

图1-52　三棱比例尺

图1-53　柔性曲线尺

图1-54　蛇形尺

（4）模板（图1-55）。模板在制图中起到辅助作图、提高工作效率的作用。模板的种类非常多，通常有专业型模板和通用型模板两大类。专业型模板主要包括家具制图模板、厨卫设备制图模板等，这些专业型模板以一定的比例刻制了不同类型家具或厨卫设备的平面、立面、剖面形式及尺寸，通用型模板则有圆模板、椭圆模板、方模板、三角形模板等多种样式，上面刻制了不同尺寸、角度的图形。绘图时要根据不同的需求选择合适的模板，用模板作直线时，笔可稍向运笔方向倾斜。作圆或椭圆时，笔应尽量与纸面垂直，且紧贴模板。用模板画墨线图时，应避免墨水渗到模板下而污损图纸。

（5）圆规（图1-56）。圆规为画圆及画圆周线的工具，其形状不一，通常有大、小两类。圆规一侧是固定针脚，另一侧是可以装铅笔及直线笔的活动脚。另外，有画较小半径圆的弹簧圆规及小圈圆规或称点圆规。弹簧圆规的规脚间有控制规脚宽度的调节螺钉，以便于量取半径，使其所能画圆的大小受到限制。小圈圆规是专门用来作半径很小的圆及圆弧的工具。此外，套装圆规中还附带分规，它是用来截取线段、量取尺寸和等分直线或圆弧线的工具。分规有普通分规和弹簧分规两种。分规的两侧规脚均为针脚，量取等分线时，应使两个针尖准确落在线条上，不得错开。普通的分规应调整到不紧不松、容易控制的工作状态。在画圆时，圆规应使针尖固定在圆心上，尽量不使圆心扩大，否则会影响到作图的准确度，应依顺时针方向旋转，规身略可前倾。画大圆时，针尖与铅笔尖要垂直于纸面。画过大的圆时，需另加圆规套杆进行作图，以保证作图的准确性。画同心圆时应先画小圆再画大圆。如遇直线与圆弧相连时，应先画圆弧后画直线，圆及圆弧线应一次画完。

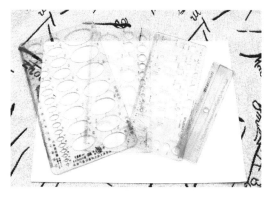

图1-55　模板

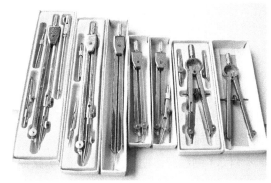

图1-56　圆规

4.纸张

现代绘图专用纸张很多，一般以复印纸、绘图纸、硫酸纸为主（图1-57）。

（1）复印纸。打印店里经常使用的普通白纸就是复印纸，它采用草浆和木浆纤维制作，超市、计算机耗材市场都有出售，是现代学习、办公事业中最经济的纸张。用于绘制设计初稿和小型打印稿的规格有A3、A4两种，质地有70g和80g两种，大型图纸打印机也有采用A0、A1、A2卷轴式纸张，幅面大的纸张质地能达到100g或120g。复印纸的质地较薄，但白度较高，一般用来绘制草图或计算机制图打印输出。

（2）绘图纸。绘图纸是供绘制工程图、机械图、地形图等用的纸，质地紧密而强韧，无光泽，尘埃度小，具有优良的耐擦性、耐磨性、耐折性。它采用漂白化学木浆或加入部分漂白棉浆或草浆，经打浆、施胶、加填（料）后，在长网造纸机上抄造，再经压光而得，质地较厚，一般有120g、150g、180g等规格。绘图纸适用于铅笔、绘图笔绘制，使用时要保持尺规清洁，避免在绘图时与纸面产生摩擦从而污染图纸。

（3）硫酸纸。硫酸纸又称制版硫酸转印纸，是由细微的植物纤维通过互相交织，在潮湿状态下经过游离打浆、不施胶、不加填料，在72%的浓硫酸中浸泡2～3s，清水洗涤后以甘油处理，干燥后形成的一种质地坚硬薄膜型物质。硫酸纸质地坚实、密致而稍微透明，具有对油脂和水的渗透抵抗力强，不透气，且湿强度大等特点，主要有65g、75g、85g等多种规格。硫酸纸用于计算机制图打印、静电复印等。使用硫酸纸绘图、打印可以通过晒图机（图1-58）复制为多张，成本较低，是当今最普及的图样复制媒介。

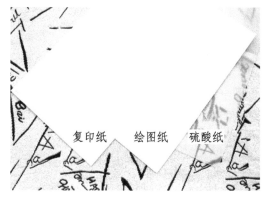

图1-57　复印纸、绘图纸、硫酸纸　　　　　　　图1-58　晒图机

5.其他绘图工具

要提高绘图效率和设计品质，就需要配置更齐全的工具，除上述绘图工具外，还会用到擦线板、橡皮、墨水、蘸水小钢笔、美工刀、透明胶带及图钉等（图1-59）。

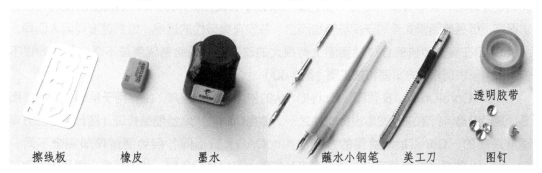

图1-59　其他绘图工具

（1）擦线板。擦线板又称擦图片，是擦去制图过程不需要的稿线的制图辅助工具。擦线板是由塑料或不锈钢制成的薄片。由不锈钢制成的擦线板因柔软性好，使用相对比较方便。使用擦线板时应用其上适宜的缺口对准需擦除的部分，并将不需擦除的部分盖住，用橡皮擦去位于缺口中的线条。用擦线板擦去稿线时，应尽量用最少的次数将其擦净，以免将图纸表面擦伤，影响制图质量。

（2）橡皮。橡皮要求软硬适中，一般应选择专用的4B绘图橡皮，以保证能将需擦去的线条擦净，并不伤及图纸表面和留下擦痕。使用时，应先将橡皮清洁干净，以免不洁橡皮擦图纸越擦越脏。用橡皮应选一顺手方向均匀用力推动橡皮，不宜在同一部位反复摩擦。

（3）墨水。常用的墨水分为碳素墨水和绘图墨水，碳素墨水较浓，而绘图墨水较淡，最好选用能快速干燥的高档产品。

（4）蘸水小钢笔。通常墨线图上的文字、数字及字母等均用蘸水小钢笔来书写，这样会使笔画转角部位顿挫有力。蘸水小钢笔一般有多种粗细笔尖可换用，满足不同幅面图纸的要求。

（5）美工刀。美工刀主要用来削铅笔及裁切图纸，对于绘制错误的线条也可以轻轻刮除，但使用时要格外小心。

（6）透明胶带及图钉。将图纸固定在图板上时，应采用透明胶带或图钉，对于绘制错误的线条也可以使用透明胶带粘贴清除，操作需格外谨慎，避免影响制图质量。

1.4.3　计算机制图工具

现代设计制图以运用计算机为主流，选购、配置一台能流畅运行各种制图软件的计算机非常重要。计算机制图质量和效率关键还在于制图软件和打印输出设备。

1.制图软件

制图软件主要包括AutoCAD、CorelDraw、SketchUp。

（1）AutoCAD。AutoCAD是由美国Autodesk公司开发的绘图程序软件包，经过不断的更新，现已经成为国际上广为流行的绘图工具。它可以绘制任意二维和三维图形，并且同传统的手工绘图相比，用AutoCAD绘图速度更快、精度更高，而且便于个性的展示。AutoCAD具有实用的用户界面，通过交互菜单或命令行方式便可以进行各种操作。它的多文档设计环境，让非计算机专业人员也能很快地学会使用。AutoCAD对尺度的精确程度要求很高，但是绘图模式相对于传统手绘而言，并没有突破性的进展，绘制速度要因人而异。AutoCAD在模拟传统的立体轴测图上有很大的改观，但是绘制速度却不高，着色效果不佳，只用于表现基本方案图和施工图（图1-60）。

（2）CorelDraw。在我国，CorelDraw的使用率也相当高，主要用于绘制彩色矢量图形，是目前最流行的矢量图形设计软件之一。使用CorelDraw绘制装修设计图是最近三五年逐渐兴起的，CorelDraw绘图的方法与AutoCAD大致相同，但绘制逻辑却完全不同。CorelDraw的最大特点是可以着色，在设计构造上可以区分色彩，体现质感，操作上也很简便，绘制的图面很精美。CorelDraw的通用性很广，同时也用于平面设计、广告设计、工业设计等多个领域，可以与建筑设计图相互借用。但是CorelDraw在三维制图上存在缺陷，很难表达出尽善尽美的透视效果图（图1-61）。

（3）SketchUp。SketchUp是一个表面上极为简单，实际上却蕴含着令人惊讶且功能强大的构思表达工具，它可以极快的速度很方便地对三维创意进行创建、观察和修改。传统铅笔草图的优雅自如，现代数字科技的速度与弹性，都能通过SketchUp得到完美结合。SketchUp与AutoCAD不同的是，SketchUp使得设计师可以根据设计目标，方便地解决整个设计过程中出现的各种修改，即使这些修改贯穿整个项目的始终。SketchUp的界面比较有亲和性，操作时有赏心悦目的感觉，它绘制速度快，对所有设计构造都以透视彩色立体化形态表现，是目前最流行的装修设计软件（图1-62）。

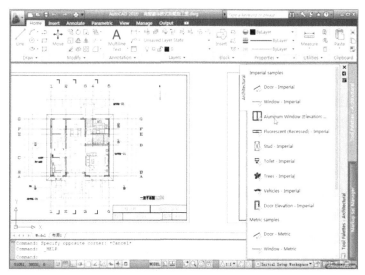

图1-60 AutoCAD界面

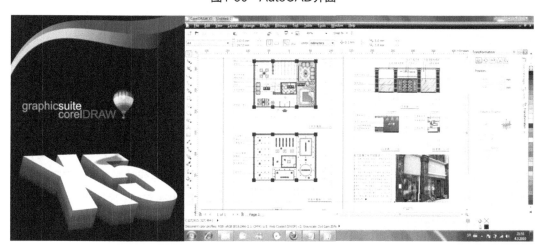

图1-61 CorelDraw界面

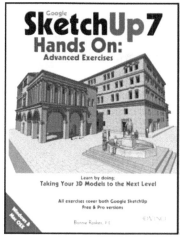
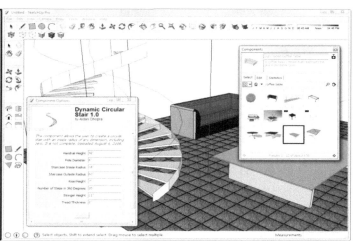

图1-62 SketchUp界面

2.打印输出设备

（1）打印机。打印机是将计算机的运算结果或中间结果以人所能识别的数字、字母、符号和图形等，依照规定的格式印在纸上的设备。打印机正向轻、薄、短、低功耗、高速度和智能化方向发展。

打印机的种类很多，用于计算机制图输出的主流产品为激光打印机。激光打印机分为黑白和彩色两种，其中低端黑白激光打印机的价格目前已经降到了几百元，达到了普通用户可以接受的水平。它的打印原理是利用光栅图像处理器产生要打印页面的位图，然后将其转换为电信号等一系列的脉冲送往激光发射器，在这一系列脉冲的控制下，激光被有规律地放出。与此同时，反射光束被接收的感光鼓所感光。激光发射时就产生一个点，激光不发射时就是空白，这样就在接收器上印出一行点来。然后接收器转动一小段固定的距离继续重复上述操作。当纸张经过感光鼓时，鼓上的着色剂就会转移到纸上，印成了页面的位图。最后当纸张经过一对加热辊后，着色剂被加热熔化，固定在了纸上，就完成打印的全过程，这整个过程准确而且高效。相对于喷墨打印机而言，激光打印机的使用成本要低很多。一般用于打印输出A3、A4等小幅面图纸（图1-63）。

（2）绘图仪。绘图仪是一种优秀的输出设备，与打印机不同，打印机是用来打印文字和简单的图形的。如果需要精确地绘图，并且绘制大幅面图纸，如A0、A1、A2等幅面或各种加长图纸，就不能用普通激光打印机了，只能用这种专业的绘图输出设备。

在计算机辅助设计（CAD）与计算机辅助制造（CAM）中，绘图仪是必不可少的，它能将图形准确地绘制在图纸上输出，供设计师和施工员参考。如果将绘图仪中出色使用的绘图笔换为刀具或激光束发射器等切割工具就能完美地加工机械零件。从原理上分类，绘图仪分为笔式、喷墨式、热敏式、静电式等，而从结构上分，又可以分为平台式和滚筒式两种。平台式绘图仪的工作原理是，在计算机输出信号的控制下，笔或喷墨头沿X、Y方向移动，而纸在平面上不动，从而绘出图来。滚筒式绘图仪的工作原理是，笔或喷墨头沿X方向移动，纸沿Y方向移动，这样，可以绘出较长的图样。绘图仪所绘图也有单色和彩色两种。目前，彩色喷墨绘图仪绘图线型多，速度快，分辨率高，价格也不贵（图1-64）。

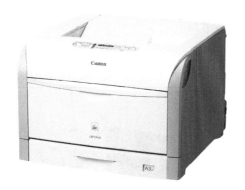

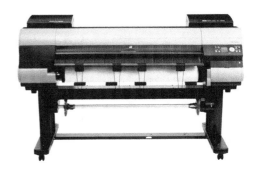

图1-63　激光打印机　　　　　　　　图1-64　喷墨绘图仪

第2章
严格规范的国家制图标准

识图难度：★★☆☆☆

核心概念：国家标准、制图规范、识读要点

章节导读：室内外装修施工图的识读与制图，应以国家标准为依据，以保证图纸与基础建筑制图相衔接，便于识读、审核和管理。由于室内外设计工程涉及专业范围较广，所以在施工图中常出现建筑制图、家具制图、机械制图和装饰性图案等多种画法并存的现象。设计师不仅要具备良好的绘图功底，更要能很精准地识别这些图，以能确切地将设计思想、设计理念完美地融合到设计图中，与实际操作完美契合。

只有规范才能让大家统一图纸的识读与绘制。

从接触装修施工图开始就应当熟悉国家制图标准:

"枯燥的规范理论很难懂么?"

"本章将各套国家制图规范结合起来,以图例说明为主,文字介绍为辅,简单明了。"

章节要点:

首先,要了解有哪些关于制图的国家标准,这些标准的用途都是不一样的,彼此之间相互依托、相互补充,针对不同图纸专业门类来表述制图规范,其次,要理解虽然规范很严格,但是目的却很明确,就是要让更多的设计师、施工员能通过图纸所表达的设计信息来达成工作的一致性。

装修施工图图纸所传达的信息应该能被绘图者和读图者接受，保证信息传达无误。这样就需要统一的规范。构成图纸的基本要素，主要有图纸幅面规格、图线、字体、比例、符号、定位轴线、图例和尺寸标注等。这些元素应符合《房屋建筑制图统一标准》（GB／T 50001—2017）的有关规定，该标准可适用于三大类工程制图：新建、改建、扩建工程的各阶段设计图及竣工图；原有建筑物、构筑物和总平面的实测图；通用设计图和标准设计图。

一般选用图纸的原则是保证设计创意能清晰地被表达，此外，还要考虑全部图纸的内容，注重绘图成本。图纸的幅面规格应符合表2-1的规定，表中b与l分别代表图纸幅面的短边和长边的尺寸，在识读与制图中需特别注意。

2.1 图纸的幅面规格

表2-1　幅面及图框尺寸　　　　　　　　　　　（单位：mm）

尺寸代号	幅面代号				
	A0	A1	A2	A3	A4
$b\times l$	841×1189	594×841	420×594	297×420	210×297
c	10			5	
a	25				

需要微缩复制的图纸，其一个边上应附有一段准确米制尺度，四个边上均应附有对中标志，米制尺度的总长应为100mm，分格应为10mm。对中标志应画在图纸各边长的中点处，线宽应为0.35mm，伸入框内应为5mm。图纸的短边一般不应加长，长边可以加长，但应符合表2-2的规定。

表2-2　图纸长边加长尺寸　　　　　　　　　　（单位：mm）

幅面尺寸	长边尺寸	长边加长后尺寸						
A0	1189	1486	1635	1783	1932	2080	2230	2378
A1	841	1051	1261	1471	1682	1892	2102	
A2	594	743	891	1041	1189	1338	1486	1635
		1783	1932	2080				
A3	420	630	841	1051	1261	1471	1682	1892

注：有特殊需要的图纸，可采用$b\times l$为841mm×891mm与1189mm×1261mm的幅面。

图纸以短边作为垂直边称为横式，以短边作为水平边称为立式，一般A0～A3图纸宜横式使用，必要时可立式使用（图2-1、图2-2），A4幅面也可用立式图框（图2-3、图2-4）。在同一项设计中，每个专业所使用的图纸，一般不宜多于两种幅面。

图纸标题栏与会签栏是图纸的重要信息传达部位，标题栏通常被简称为"图标"，它与会签栏及装订边的位置一般要符合横式图纸与立式图纸两种使用需求，标题栏应根据工程需要选择确定。标准提供了两种标题栏尺寸，分别是200mm×（30~50mm）和240mm×（30~40mm），涉外工程的标题栏内，各项主要内容的中文下方应附有译文，设计单位的上方或左方，应加"中华人民共和国"字样。

会签栏的尺寸应为100mm×20mm，栏内应填写会签人员所代表的专业、姓名、日期（年、月、日）。一个会签栏不够，可以另加，两个会签栏应并列，不需会签栏的图纸可不设会签栏（图2-5、图2-6）。

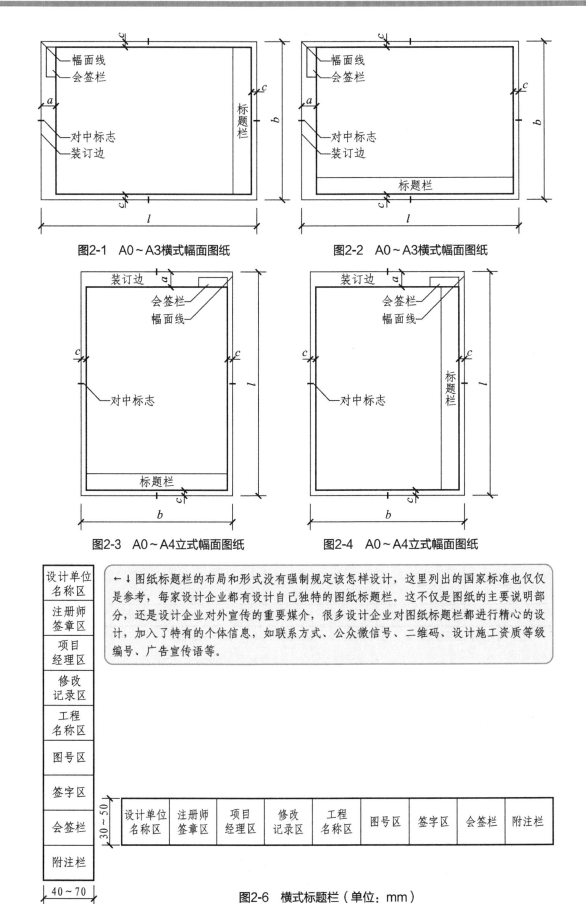

图2-1 A0～A3横式幅面图纸

图2-2 A0～A3横式幅面图纸

图2-3 A0～A4立式幅面图纸

图2-4 A0～A4立式幅面图纸

←↓图纸标题栏的布局和形式没有强制规定该怎样设计，这里列出的国家标准也仅仅是参考，每家设计企业都有设计自己独特的图纸标题栏。这不仅是图纸的主要说明部分，还是设计企业对外宣传的重要媒介，很多设计企业对图纸标题栏都进行精心的设计，加入了特有的个体信息，如联系方式、公众微信号、二维码、设计施工资质等级编号、广告宣传语等。

图2-6 横式标题栏（单位：mm）

图2-5 立式标题栏（单位：mm）

图线，是一种连接几何图形的方式。设计图即通过形式和宽度不同的图线，让使用者能够更加清晰、直观地感受到设计师的设计意图。所有线型的图线，其宽度（称为线宽）应按图样的类型和尺寸大小相互形成一定的比例。一幅图纸中最大的线宽（粗线）宽度代号为b，其取值范围要根据图形的复杂程度及比例大小酌情确定。

定了线宽系列中的粗线宽度为b，则中线为$0.5b$、细线为$0.25b$。图线的宽度b，宜从0.5mm、0.7mm、1.0mm、1.4mm的线宽系列中选取。对于每个图样，应根据其复杂程度、比例大小和图纸幅面来确定，先选定基本线宽b，再选用表2-3中相应的线宽组。

表2-3　图线的线宽组　　　　　　　（单位：mm）

线宽比	线宽组			
b	1.4	1.0	0.7	0.5
$0.7b$	1.0	0.7	0.5	0.35
$0.5b$	0.7	0.5	0.35	0.25
$0.25b$	0.35	0.25	0.18	0.13

　注：1. 需要微缩的图纸，不宜采用0.18mm及更细的线宽。
　　　2. 同一张图纸内，相同比例的各图样，应选用相同的线宽组。
　　　3. 同一张图纸内，各不同线宽中的细线，可统一采用较细的线宽组的细线。

一般制图，应选用表2-4所示的图线。图纸的图框、标题栏和会签栏，可采用表2-5的线宽。相互平行的图线，其间隙不宜小于其中的粗线宽度，且不宜小于0.7mm。

表2-4　图线　　　　　　　（单位：mm）

名　称		线　型	线　宽	一　般　用　途
实　线	粗	——————————	b	主要可见轮廓线
	中粗	——————————	$0.7b$	可见轮廓线、变更云线
	中	——————————	$0.5b$	可见轮廓线、尺寸线
	细	——————————	$0.25b$	图例填充线、家具线
虚　线	粗	- - - - - - - -	b	见各有关专业制图标准
	中粗	- - - - - - - -	$0.7b$	不可见轮廓线
	中	- - - - - - - -	$0.5b$	不可见轮廓线、图例线
	细	- - - - - - - -	$0.25b$	图例填充线、家具线
单点长画线	粗	—·—·—·—·—	b	见各有关专业制图标准
	中	—·—·—·—·—	$0.5b$	见各有关专业制图标准
	细	—·—·—·—·—	$0.25b$	中心线、对称线、轴线等
双点长画线	粗	—··—··—··—	b	见各有关专业制图标准
	中	—··—··—··—	$0.5b$	见各有关专业制图标准
	细	—··—··—··—	$0.25b$	假想轮廓线、成型前原始轮廓线
折断线	细	———/\/———	$0.25b$	断开界线
波浪线	细	～～～～～	$0.25b$	断开界线

2.2

图线的应用规范

表2-5　图框线、标题栏和会签栏的宽度　　　　　　　　　　（单位：mm）

幅　面　代　号	图　框　线	标题栏外框线对中标志	标题栏分格线幅面线
A0、A1	b	0.5b	0.25b
A2、A3、A4	b	0.7b	0.35b

　　虚线与虚线相交、虚线与点画线相交时应以线段相交；虚线与粗实线相交时，不留空隙。虚线、点画线如果是粗实线的延长线，两线相交时应留有空隙（表2-6）。同一图样中同类图线的宽度应基本一致，虚线、点画线及双点画线的线段长度和间距应各自大致相等。

　　线的首末两端应是线段，而不是短画，点画线、双点画线的点不是点，而是一个长约为1mm的短画。在较小图形上绘制点画线或双点画线有困难时，可以用细实线代替。此外，图线的颜色深浅程度要一致。图线不得与文字、数字和符号重叠、混淆，不可避免时，应首先保证文字等的清晰。

表2-6　图线相交的画法

序号	图线相交情况	正　　确	不　正　确
1	两粗实线或两虚线相交		
2	虚线与虚线或其他图线相交		
3	虚线是实线的延长线		
4	两单点长画线相交		

图纸上所需书写的文字、数字和符号等，均应笔画清晰、字体端正、排列整齐。字宽为字高的2/3h（图2-7），标点符号应清楚正确。图纸上书写的文字的字高，应从3.5mm、5mm、7mm、10mm、14mm、20mm中选用。如需书写更大的字，其高度应按2的比值递增。

2.3.1　汉字

图样及说明中的汉字，宜采用长仿宋体。大标题、图册封面、地形图等所用汉字，也可书写成其他字体，但应易于辨认。汉字的简化字书写，必须符合国务院公布的《汉字简化方案》及其有关规定（表2-7）。

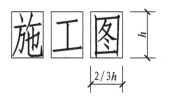

图2-7　长仿宋体字

表2-7　长仿宋体字的高宽关系　　　　　　（单位：mm）

名　称	尺　寸					
字　高	20	14	10	7	5	3.5
字　宽	14	10	7	5	3.5	2.5

2.3.2　字母和数字

拉丁字母、阿拉伯数字与罗马数字的书写与排列，应符合表2-8的规定。拉丁字母、阿拉伯数字与罗马数字如果需要写成斜体字，其斜度应是从字的底线逆时针向上倾斜75°。斜体字的高度和宽度应与相应的直体字相等。拉丁字母、阿拉伯数字与罗马数字的字高，应不小于2.5mm。

数量的数值注写，应采用正体阿拉伯数字。各种计量单位凡前面有量值的，均应采用国家颁布的单位符号注写。单位符号应采用正体字母。分数、百分数和比例数的注写，应采用阿拉伯数字和数学符号，如四分之三、百分之二十五和一比二十应分别写成3/4、25%、1:20。当注写的数字小于1时，必须写出个位的"0"，小数点应采用圆点，齐基准线书写。

表2-8　拉丁字母、阿拉伯数字与罗马数字的书写规则　　　　（单位：mm）

书　写　格　式	一　般　字　体	窄　字　体
大写字母高度	h	h
小写字母高度（上下均无延伸）	$7/10h$	$10/14h$
小写字母伸出的头部或尾部	$3/10h$	$4/14h$
笔画宽度	$1/10h$	$1/14h$
字母间距	$2/10h$	$2/14h$
上下行基准线最小间距	$15/10h$	$21/14h$
词间距	$6/10h$	$6/14h$

2.4 比例的应用规范

图纸的比例，应为图形与实物相对应的线性尺寸之比。比例的大小，是指其比值的大小，如1：50、1：100。比例宜注写在图名粗横线右侧，基准线应与粗横线取平；比例的字高宜比图名的字高小一号或二号（图2-8）。绘图所用的比例，应根据图样的用途与被绘对象的复杂程度，并优先采用常用比例（表2-9）。

一般情况下，一个图样应选用一种比例，根据专业制图需要，同一图样可选用两种比例，特殊情况下也可自选比例，这时除应注出绘图比例外，还必须在适当位置绘制出相应的比例尺。

↓图名下的粗横线一般出现在一张图纸中的总图名下方，如果在一张图纸中有多个图样，多个图样的图名下不用加粗横线。

↓特别注意比例数字之间的符号是比例号（：），而不是冒号（：）。

平面图 1：100

a）

⑥ 1：20

b）

图2-8　比例的注写

表2-9　绘图所用的比例

常用比例	1：1、1：2、1：5、1：10、1：20、1：50、 1：100、1：150、1：200、1：500、1：1000、1：2000
可用比例	1：3、1：4、1：6、1：15、1：25、1：40、1：60、1：80、 1：250、1：300、1：400、1：600、1：5000、1：10000、1：20000、 1：50000、1：100000、1：200000

2.5.1 剖切符号

在剖面图中，剖切符号用于表示剖切面剖切位置的图线，由剖切位置线及剖切方向线组成，均应以粗实线绘制。剖切位置线长宜为6～10mm；剖切方向线应垂直于剖切位置线，长度应短于剖切位置线，宜为4～6mm（图2-9），即长边的方向表示切的方向，短边的方向表示看的方向。绘制时，剖切符号不应与其他图线相交叉。剖切符号的编号宜采用阿拉伯数字，按顺序由左至右、由下至上连续编排，并应注写在剖切方向的端部。需要转折的剖切位置线，应在转角的外侧加注与该符号相同的编号。建（构）筑物剖面图的剖切符号，宜注在±0.00m标高的平面图上。

断面的剖切符号应只用剖切位置线表示，并应以粗实线绘制，长度宜为6～10mm。断面剖切符号的编号按顺序连续编排，并应注写在剖切位置线的一侧，编号所在的一侧应为该断面剖视方向（图2-10）。剖面图或断面图如与被剖切图样不在同一张图内，可在剖切位置线的另一侧注明所在图纸的编号，也可在图上集中说明。

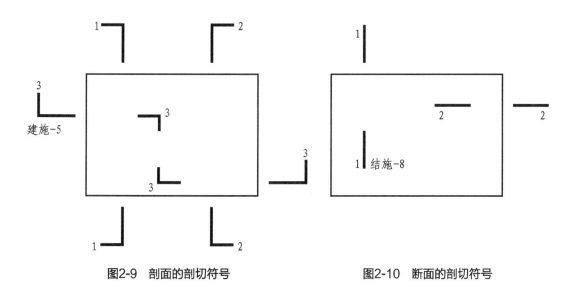

图2-9 剖面的剖切符号　　　　　　图2-10 断面的剖切符号

2.5.2 索引符号和详图符号

图样中的某一局部或构件，如需另见详图，应以索引符号索引。索引符号由直径为10mm的圆和水平直径组成，圆及水平直径均应以细实线绘制（图2-11a）。索引出的详图，如果与被索引的图样同在一张图纸内，应在索引符号的上半圆中用阿拉伯数字注明该详图的编号，并在下半圆中间画一段水平细实线（图2-11b）；如果与被索引的图样不在同一张图纸内，应在索引符号的上半圆中用阿拉伯数字注明该详图的编号，在索引符号的下半圆中用阿拉伯数字注明该详图所在图纸的编号（图2-11c），数字较多时，可加文字标注；如果采用标准图，应在索引符号水平直径的延长线上加注该标准图册的编号（图2-11d）。

索引符号如用于索引剖视详图，应在被剖切的部位绘制剖切位置线，并以引出线引出索引符号，引出线所在的一侧应为投射方向（图2-12）。

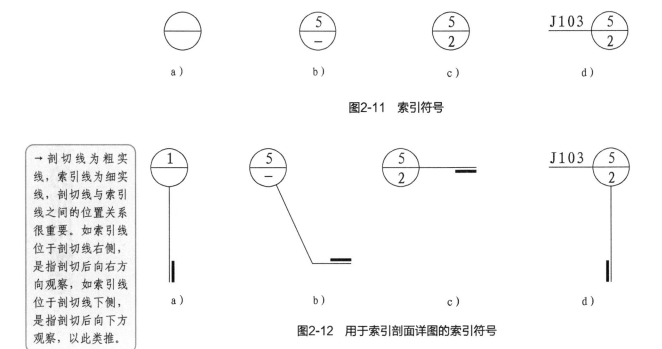

图2-11　索引符号

→剖切线为粗实线，索引线为细实线，剖切线与索引线之间的位置关系很重要。如索引线位于剖切线右侧，是指剖切后向右方向观察，如索引线位于剖切线下侧，是指剖切后向下方观察，以此类推。

图2-12　用于索引剖面详图的索引符号

零件、钢筋、杆件、设备等的编号，以直径为4～6mm（同一图样应保持一致）的细实线圆表示，其编号应用阿拉伯数字按顺序编写（图2-13）。

详图的位置和编号，应以详图符号表示。详图符号的圆，应以直径为14mm的粗实线绘制。详图与被索引的图样同在一张图纸内时，应在详图符号内用阿拉伯数字注明详图的编号（图2-14）。

详图与被索引的图样不在同一张图纸内，应用细实线在详图符号内画一水平直径，在上半圆中注明详图编号，在下半圆中注明被索引图纸的编号（图2-15）。

图2-13　零件、钢筋等的编号　　　图2-14　与被索引图样同　　　图2-15　与被索引图样不
　　　　　　　　　　　　　　　　　在一张图纸内的详图符号　　　在同一张图纸内的详图符号

2.5.3　引出线

引出线线宽应为0.25b，宜采用水平方向的直线，或与水平方向成30°、45°、60°、90°的直线，并经上述角度再折成水平线。文字说明宜注写在水平线的上方，或注写在水平线的端部。索引详图的引出线，应与水平直径相连接（图2-16）。

同时引出几个相同部分的引出线，宜相互平行，也可画成集中于一点的放射线（图2-17）。

多层构造或多层管道共用引出线，引出线应通过被引出的各层。文字说明宜注写在水平线的上方，或注写在水平线的端部；说明的顺序应由上至下，并应与被说明的层次相互一致；如层次为横向排序，则由上至下的说明顺序应与自左至右的层次相互一致（图2-18）。

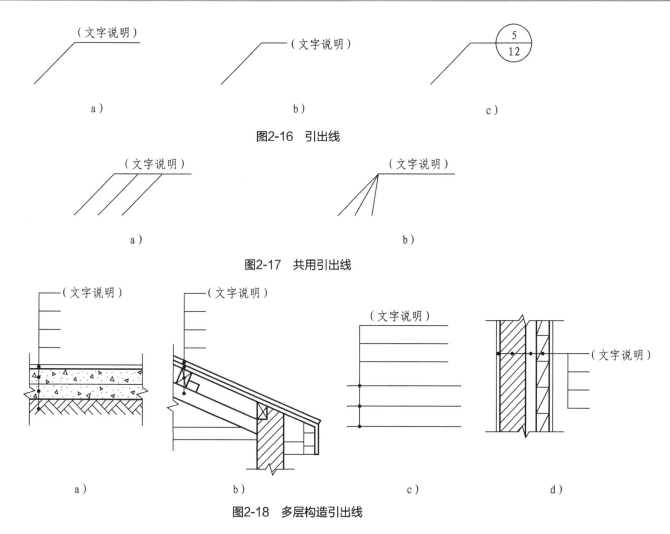

图2-16　引出线

图2-17　共用引出线

图2-18　多层构造引出线

2.5.4　其他符号

这里主要包括对称符号、连接符号和指北针。对称符号（图2-19）由对称线和两端的两对平行线组成，对称线用细点画线绘制，平行线用细实线绘制，其长度宜为6～10mm，每对的间距宜为2～3mm，对称线垂直平分于两对平行线，两端超出平行线宜为2～3mm。

连接符号应以折断线表示需连接的部位（图2-20），两部位相距过远时，折断线两端靠图样一侧应标注大写拉丁字母表示连接编号，两个被连接的图样必须用相同的字母编号。

指北针其圆的直径宜为24mm，用细实线绘制，指针尾部的宽度宜为3mm，指针头部应注"北"或"N"字（图2-21）。需绘制较大指北针时，指针尾部宽度宜为直径的1／8。

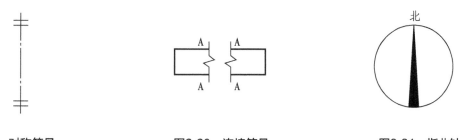

图2-19　对称符号　　　　　图2-20　连接符号　　　　　图2-21　指北针

定位轴线应用细点画线绘制，一般应编号，编号注写在轴线端部的圆内，圆应用细实线绘制，直径为8~10mm。定位轴线圆的圆心，应在定位轴线的延长线上或延长线的折线上。

2.6.1 定位轴线的编号

平面图上定位轴线的编号，宜标注在图样的下方与左侧。横向编号应用阿拉伯数字，按从左至右的顺序编写，竖向编号应用大写拉丁字母，按从下至上的顺序编写（图2-22）。拉丁字母的I、O、Z不得用做轴线编号，如字母数量不够使用，可增用双字母或单字母加数字注脚，如A_A、B_A…Y_A或A_1、B_1…Y_1。组合较复杂的平面图中，定位轴线也可采用分区编号（图2-23），编号的注写形式应为"分区号－该分区编号"，分区号采用阿拉伯数字或大写拉丁字母表示。

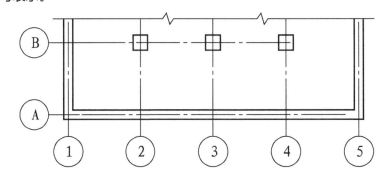

图2-22　定位轴线的编号顺序

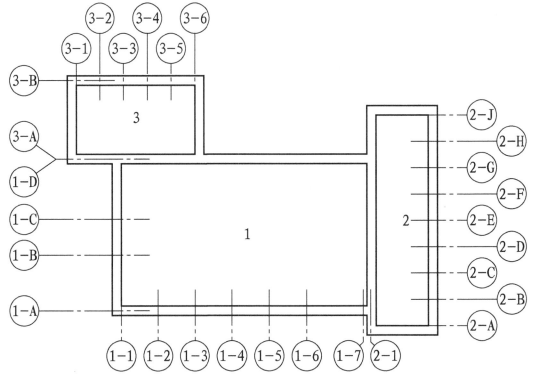

图2-23　定位轴线的分区编号

2.6.2　附加定位轴线的编号

附加定位轴线的编号应以分数形式表示，并应按下列规定编写。两根轴线间的附加轴线，应以分母表示前一轴线的编号，分子表示附加轴线的编号，编号宜用阿拉伯数字顺序编写。例如：

$\dfrac{1}{2}$ 表示2号轴线之后附加的第一根轴线；$\dfrac{3}{C}$ 表示C号轴线之后附加的第三根轴线。

1号轴线或A号轴线之前的附加轴线的分母应以0A或01表示。例如：

$\dfrac{1}{01}$ 表示1号轴线之前附加的第一根轴线；$\dfrac{3}{0A}$ 表示A号轴线之前附加的第三根轴线。

2.6.3　其他图样轴线的编号

一个详图适用于几根轴线时，应同时注明各有关轴线的编号（图2-24）。通用详图中的定位轴线，应只画图，不注写轴线编号。圆形平面图中定位轴线的编号，其径向轴线宜用阿拉伯数字表示，从左下角开始，按逆时针顺序编写；其圆周轴线宜用大写拉丁字母表示，按从外向内的顺序编写（图2-25）。折线形平面图中定位轴线的编号，按图2-26的形式编写。

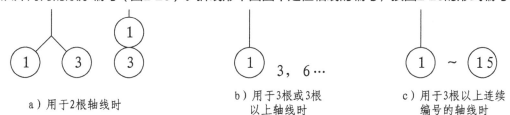

a）用于2根轴线时　　　b）用于3根或3根　　　c）用于3根以上连续
　　　　　　　　　　　　以上轴线时　　　　　　　编号的轴线时

图2-24　详图轴线编号

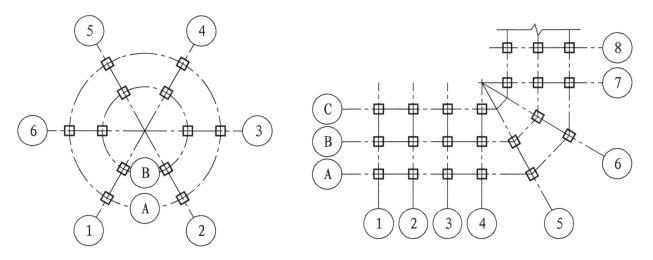

图2-25　圆形平面定位轴线的编号　　　　　图2-26　折线形平面定位轴线的编号

2.7.1 尺寸界线、尺寸线及尺寸起止符号

图样上的尺寸组成包括尺寸界线、尺寸线、尺寸起止符号和尺寸数字（图2-27）。尺寸界线应用细实线绘制，一般应与被注长度垂直，其一端应离开图样轮廓线不小于2mm，另一端宜超出尺寸线2~3mm。

图样轮廓线亦可用作尺寸界线（图2-28）。尺寸线应用细实线绘制，应与被注长度平行。图样本身的任何图线均不得用作尺寸线。

尺寸起止符号一般用中粗斜短线绘制，其倾斜方向应与尺寸界线成顺时针45°角，长度宜为2~3mm。半径、直径、角度和弧长的尺寸起止符号，宜用箭头表示（图2-29）。

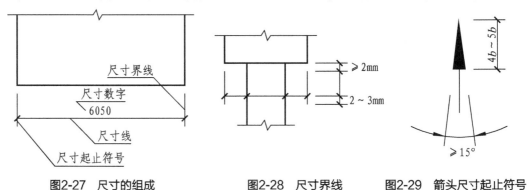

图2-27 尺寸的组成　　　　图2-28 尺寸界线　　　图2-29 箭头尺寸起止符号

2.7.2 尺寸数字

图样上的尺寸应以尺寸数字为准，不得从图上直接量取。图样上的尺寸单位，除标高及总平面以米（m）为单位外，均以毫米（mm）为单位。尺寸数字的方向，按图2-30a规定注写。若尺寸数字在30°斜线区内，宜按图2-30b的形式注写。

尺寸数字一般应依据其方向注写在靠近尺寸线的上方中部。若没有足够的注写位置，两端的尺寸数字可注写在尺寸界线的外侧，中间相邻的尺寸数字可错开注写（图2-31）。

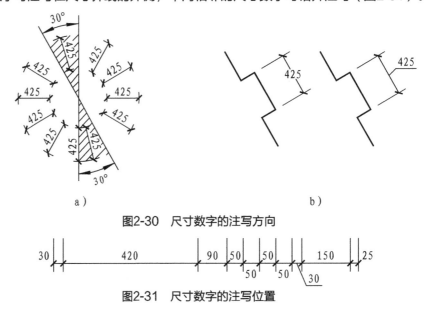

a)　　　　　　　　　　　　　　　　　b)

图2-30 尺寸数字的注写方向

图2-31 尺寸数字的注写位置

2.7.3　尺寸的排列与布置

尺寸宜标注在图样轮廓以外，不宜与图线、文字及符号等相交（图2-32）。

互相平行的尺寸线，应从被注写的图样轮廓线由近向远整齐排列，较小的尺寸应离轮廓线较近，较大的尺寸应离轮廓线较远。图样轮廓线以外的尺寸界线，距图样最外轮廓线之间的距离，不宜小于10mm。平行排列的尺寸线的间距，宜为7～10mm，并保持一致。总尺寸的尺寸界线应靠近所指部位，中间的分尺寸的尺寸界线可稍短，但其长度应相等（图2-33）。

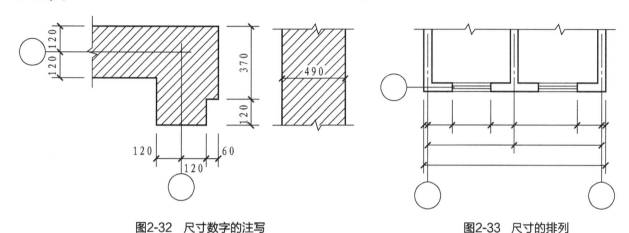

图2-32　尺寸数字的注写　　　　　　　　　　　　图2-33　尺寸的排列

2.7.4　半径、直径、球的尺寸标注

半径尺寸线应一端从圆心开始，另一端画箭头指向圆弧。半径数字前应加注半径符号"R"（图2-34）。

较小圆弧的半径，可按图2-35的形式标注。较大圆弧的半径，可按图2-36的形式标注。标注圆的直径尺寸时，直径数字前应加直径符号"ϕ"。

图2-34　半径标注方法　　　　　图2-35　小圆弧半径的标注方法

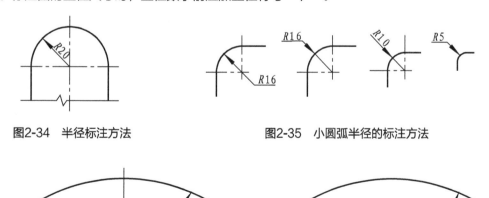

图2-36　大圆弧半径的标注方法

在圆内标注的尺寸线应通过圆心，两端画箭头指至圆弧（图2-37）。

较小圆的直径尺寸，可标注在圆外（图2-38）。标注球的半径尺寸时，应在尺寸数字前加注符号"SR"。标注球的直径尺寸时，应在尺寸数字前加注符号"Sφ"。注写方法与圆弧半径和圆直径的尺寸标注方法相同。

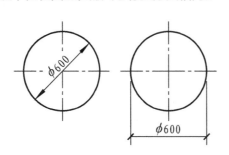

图2-37　圆直径的标注方法　　　　图2-38　小圆直径的标注方法

2.7.5　角度、弧度和弧长的标注

角度的尺寸线，应以圆弧表示，该圆弧的圆心应是该角的顶点，角的两条边为尺寸界线。起止符号应以箭头表示，若没有足够位置画箭头，可用圆点代替，角度数字应按水平方向注写（图2-39）。

标注圆弧的弧长时，尺寸线应以与该圆弧同心的圆弧线表示，尺寸界线应垂直于该圆弧的弦，起止符号用箭头表示，弧长数字上方应加注圆弧符号"⌒"（图2-40）。

标注圆弧的弦长时，尺寸线应以平行于该弦的直线表示，尺寸界线应垂直于该弦，起止符号用中粗斜短线表示（图2-41）。

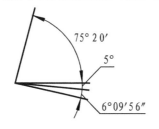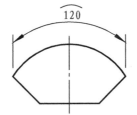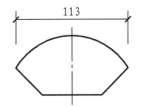

图2-39　角度标注方法　　　图2-40　弧长标注方法　　　图2-41　弦长标注方法

2.7.6　薄板厚度、正方形、坡度、曲线等的标注

在薄板板面标注板厚尺寸时，应在厚度数字前加注厚度符号"t"（图2-42）。

正方形的尺寸标注，可用"边长×边长"的形式；也可在边长数字前加正方形符号"□"（图2-43）。

坡度标注时加注坡度符号"→"（图2-44a、b），该符号为单面箭头，箭头应指向下坡方向。坡度也可用直角三角形的形式标注，如（图2-44c）所示。

外形为非圆曲线的构件，可用坐标形式标注尺寸（图2-45）。

复杂的图形，还可以采用网格形式标注尺寸，网格的大小根据实际情况来划分，一般以正方形为单元（图2-46）。

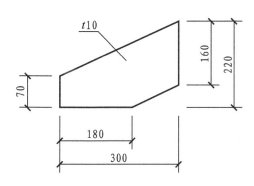

图2-42 薄板厚度标注方法

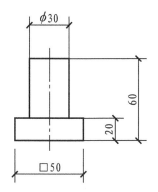

图2-43 标注正方形尺寸

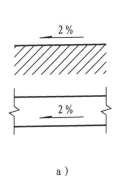

a)

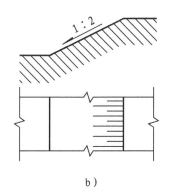

b)

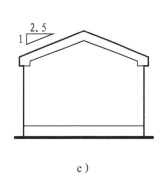

c)

图2-44 坡度标注方法

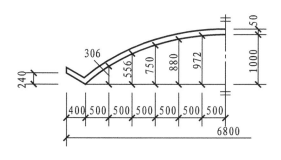

图2-45 坐标法标注曲线尺寸

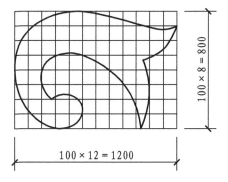

图2-46 网格法标注曲线尺寸

尺寸数据标注要点

　　尺寸数据标注是现代室内外装修施工图的灵魂，没有尺寸数据的图纸是无法用于施工的，在标注过程中应当注意以下三点：

　　（1）标注的尺寸数据应当真实可靠，数据来源于真实测量与设计构思，绘制图纸时应当根据这些数据绘制图线，尤其在现代计算机制图中，不能随意变更尺寸数据。

　　（2）在平面图、立面图中的尺寸数据尾数一般为5或0，以0为佳，不用其他数字结尾，否则不便于施工测量。而在其他大样图、详图中没有这类要求，但是尾数也应当以5或0为佳。

　　（3）总标数据与分标数据应当一致，分标之和应当等于总标。

2.7.7　尺寸的简化标注

杆件或管线的长度，在单线图（桁架简图、钢筋简明图、管线简图等）上，可直接将尺寸数字沿杆件或管线的一侧注写（图2-47）。连续排列的等长尺寸，可用"个数×等长尺寸=总长"的形式标注（图2-48）。

构配件内的构造因素（如孔、槽等）如相同，可仅标注其中一个因素的尺寸（图2-49）。对称构配件采用对称省略画法时，该对称构配件的尺寸线应超过对称符号，仅在尺寸线一端画尺寸起止符号，尺寸数字按整体全尺寸注写，其注写位置与对称符号对齐（图2-50）。

两个形体相似的构配件只有个别尺寸数字不同时，可在同一图样中将其中一个构配件的不同尺寸数字注写在括号内，该构配件的名称也应写在相应的括号内（图2-51）。

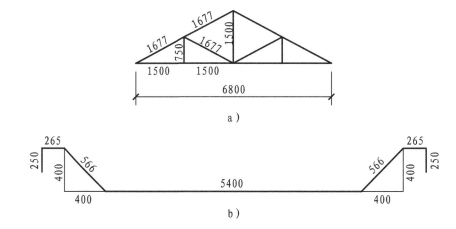

图2-47　单线图尺寸标注方法

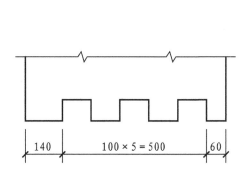

图2-48　等长尺寸简化标注方法

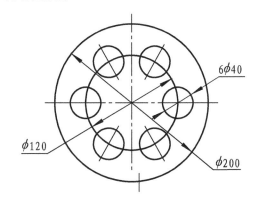

图2-49　相同要素尺寸标注方法

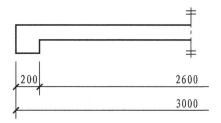

图2-50　对称构配件尺寸标注方法

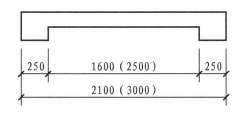

图2-51　相似构配件尺寸标注方法

数个构配件，如仅某些尺寸不同，这些变化的尺寸数字可用拉丁字母注写在同一图样中，另列表写明其具体尺寸（图2-52）。

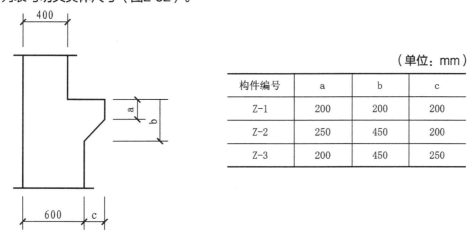

（单位：mm）

构件编号	a	b	c
Z-1	200	200	200
Z-2	250	450	200
Z-3	200	450	250

图2-52 相似构配件尺寸表格式标注方法

2.7.8 标高

标高符号以直角等腰三角形表示，且应当按图2-53a所示形式用细实线绘制；如标注位置不够，也可按图2-53b所示形式绘制。标高符号的具体画法如图2-53c、d所示，"l"取适当长度注写标高数字，"h"根据需要取适当高度。

总平面图室外地坪标高符号，宜用涂黑的三角形表示图2-54a，具体画法见图2-54b。

标高符号的尖端应指至被注高度的位置，尖端一般向下，也可向上。标高数字应注写在标高符号的左侧或右侧（图2-55）。标高数字应以米为单位，注写到小数点以后第三位，在总平面图中，可注写到小数点以后第二位。

零点标高应当注写成"±0.000"，正数标高无需注"+"，负数标高应当注"−"，如3.000、−0.600。在图样的同一位置需表示几个不同标高时，标高数字可按图2-56的形式注写。

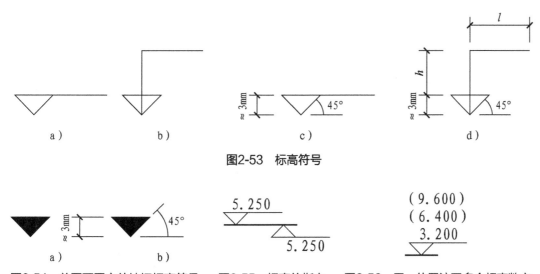

图2-53 标高符号

图2-54 总平面图室外地坪标高符号　图2-55 标高的指向　图2-56 同一位置注写多个标高数字

2.8

图例的识读与应用

为了方便识别，任何设计制图都有相应的图例，在装修施工图中也需要用到建筑制图中的部分图例，这些图例来自国家制图标准，本节节选了《房屋建筑制图统一标准》（GB／T 50001—2017）和《建筑制图标准》（GB／T 50104—2010）中的部分图例，它们的适用范围很广，能满足环境艺术设计制图的大多数需要。关于其他种类的制图，如总平面图、给水排水图、电气图、暖通图中的图例，见后面相关章节。

《房屋建筑制图统一标准》（GB／T 50001—2017）中只规定常用建筑材料的图例画法。对其尺度比例不作具体规定，使用时，应根据图样大小而定。图例线应间隔均匀，疏密适度，作到图例正确，表示清楚。不同品种的同类材料使用同一图例时，如某些特定部位的石膏板必须注明是防水石膏板时，应在图上附加必要的说明。两个相同的图例相接时，图例线宜错开或使倾斜方向相反（图2-57）。两个相邻的涂黑图例之间，如混凝土构件、金属件，应留有空隙，其宽度不得小于0.7mm（图2-58）。

一张图纸内的图样只用一种图例时，或图形较小无法画出建筑材料图例时，可不加图例，但应加文字说明。需画出的建筑材料图例面积过大时，可在断面轮廓线内，沿轮廓线作局部表示（图2-59）。当选用国家标准中未包括的建筑材料时，可自编图例，但不得与国家标准所列的图例重复。绘制时，应在适当位置画出该材料图例，并加以说明。

图2-57　相同图例相接时的画法　　　图2-58　相邻涂黑图例的画法　　　图2-59　局部表现图例

常用建筑材料应按表2-10所示图例画法绘制。《建筑制图标准》（GB／T 50104—2010）中规定了构造及配件图例（表2-11）。

表2-10　常用建筑材料图例

序　号	名　称	图　例	备　注
1	自然土壤		包括各种自然土壤
2	夯实土壤		一般指有密实度的回填土，用于较大型建筑图样中
3	砂、灰土		靠近轮廓线部位画较密的点
4	砂砾石、碎砖三合土		内部填充小三角，依据实际情况调节比例
5	石材		包括大理石、花岗石、水磨石和合成石
6	毛石		一般指不成形的石料，主要用于砌筑基础、勒脚、墙身、堤坝
7	实心砖、多孔砖		包括普通砖、多孔砖、混凝土砖等砌体
8	耐火砖		包括耐酸砖等砌体
9	空心砖、空心砌块		包括空心砖、普通或轻骨料混凝土小型空心砌块等砌体

（续）

序　号	名　　称	图　　例	备　　注
10	加气混凝土		包括加气混凝土砌块砌体、加气混凝土墙板及加气混凝土材料制品等
11	饰面砖		包括铺地砖、玻璃马赛克、陶瓷锦砖、人造大理石等
12	焦渣、矿渣		包括与水泥、石灰等混合而制成的材料
13	混凝土		①本图例指能承重的混凝土及钢筋混凝土 ②包括各种强度等级、骨料、添加剂的混凝土 ③断面图形小，不易画出图例线时，可涂黑或深灰（灰度宜70%） ④在剖面图上绘制表达钢筋时，则不需绘制图例线
14	钢筋混凝土		
15	多孔材料		包括水泥珍珠岩、沥青珍珠岩、泡沫混凝土、软木、蛭石制品等
16	纤维材料		包括矿棉、岩棉、玻璃棉、麻丝、木丝板、纤维板等
17	泡沫塑料材料		包括聚苯乙烯、聚乙烯、聚氨酯等多孔聚合物类材料
18	木材		①上图为横断面，左上图为垫木、木砖或木龙骨材料图例 ②下图为纵断面
19	胶合板		应注明为×层胶合板及特种胶合板名称
20	石膏板		包括圆孔或方孔石膏板、防水石膏板、硅钙板、防火石膏板等
21	金属		①包括各种金属 ②图形小时，可涂黑或深灰（灰度宜70%）
22	网状材料		①包括金属、塑料网状材料 ②应注明具体材料名称
23	液体		应注明具体液体名称
24	玻璃		包括平板玻璃、磨砂玻璃、夹丝玻璃、钢化玻璃、中空玻璃、夹层玻璃、镀膜玻璃等
25	橡胶		应注明其种类和具体特性
26	塑料		包括各种软、硬塑料及有机玻璃等
27	防水材料		构造层次多或绘制比例大时，采用上面的图例
28	粉刷		本图例采用较稀疏的点

注：1. 序号1、2、5、7、8、14、15、21图例中的斜线、短斜线、交叉斜线等，一律为45°。

2. 本表中所列图例通常在1：50及以上比例的详图中绘制表达。

3. 如需表达砖、砌块等砌体墙的承重情况时，可通过在原有建筑材料图例上增加填灰等方式进行区分，灰度宜为25%左右。

表2-11　构造及配件图例

序　号	名　称	图　例	备　注
1	墙体		应加注文字或填充图例表示墙体材料，在项目设计图纸说明中列材料图例给予说明
2	隔断		①包括板条抹灰、木制、石膏板、金属材料等隔断 ②适用于到顶与不到顶隔断
3	栏杆		
4	楼梯	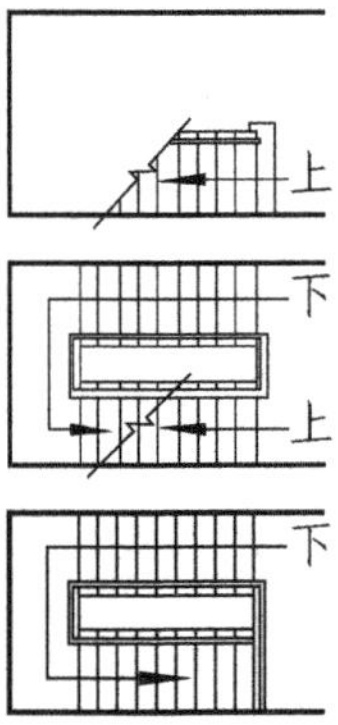	①上图为底层楼梯平面，中图为中间层楼梯平面，下图为顶层楼梯平面 ②楼梯及栏杆扶手的形式和梯段步数应按实际情况绘制
5	自动扶梯	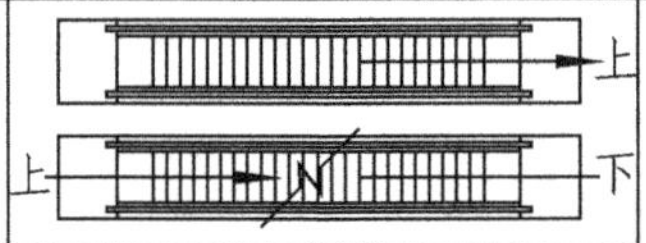	①自动扶梯和自动人行道、自动人行坡道可正逆向运行，箭头方向为设计运行方向 ②自动人行坡道应在箭头线段尾部加注"上"或"下"
6	自动人行道及 自动人行坡道	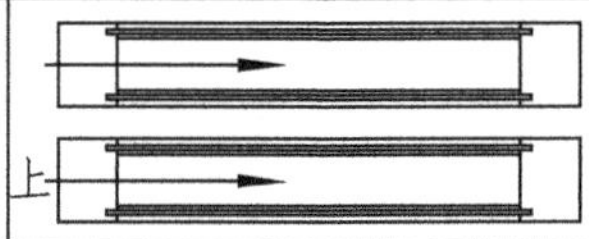	
7	电梯	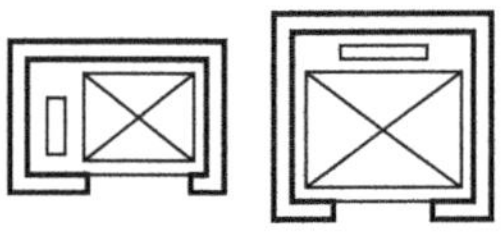	①电梯应注明类型，并画出门和平衡锤的实际位置 ②观景电梯等特殊类型电梯应参照本图例按实际情况绘制
8	坡道	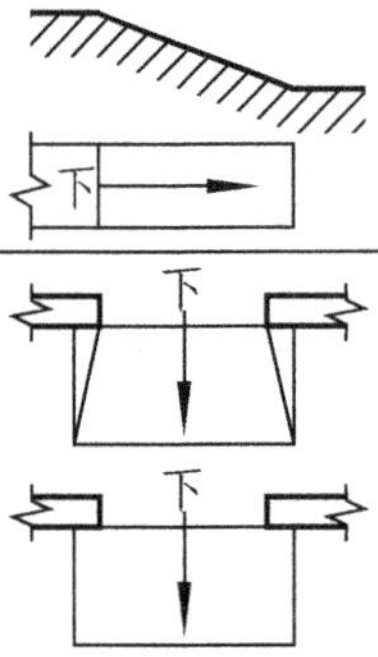	上图为长坡道，下图为门口坡道
9	平面高差	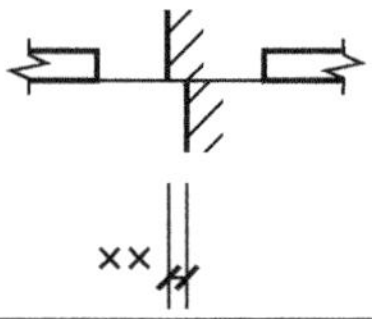	适用于高差小于100mm的两个地面或楼面相接处
10	检查孔		左图为可见检查孔；右图为不可见检查孔
11	孔洞		阴影部分可以涂色代替

（续）

序　号	名　　称	图　　例	备　　注
12	坑槽		
13	墙预留洞	宽×高×或ϕ 底(顶或中心)标高××	①以洞中心或洞边定位 ②宜以涂色区别墙体和留洞位置
14	墙预留槽	宽×高×或ϕ 底(顶或中心)标高××	
15	烟道		①阴影部分可以涂色代替 ②烟道与墙体为同一材料,其相接处墙身线应断开
16	通风道		
17	新建的墙和窗		①本图以小型砌块为图例,绘图时应按所用材料的图例绘制;不易以图例绘制的,可在墙面上以文字或代号注明 ②小比例绘图时,平、剖面窗线可用单粗实线表示
18	改建时保留的原有墙和窗		在AutoCAD中绘制墙体和窗时,线宽需不同,线型颜色也需要有所区分
19	应拆除的墙		
20	在原有墙或楼板上新开的窗		

（续）

序 号	名 称	图 例	备 注
21	在原有洞旁扩大的洞	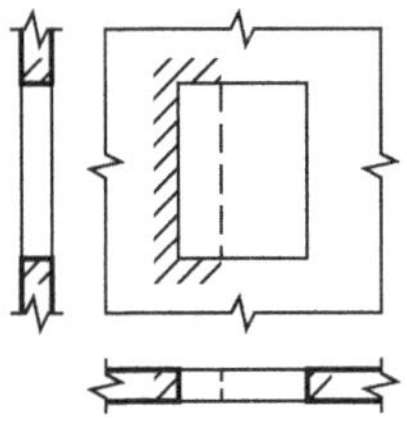	
22	在原有墙或楼板上全部填塞的洞	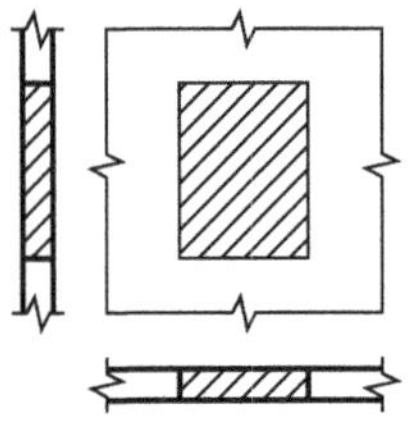	
23	在原有墙或楼板上局部填塞的洞	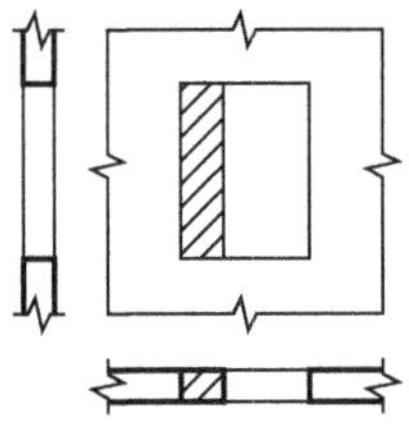	
24	空门洞	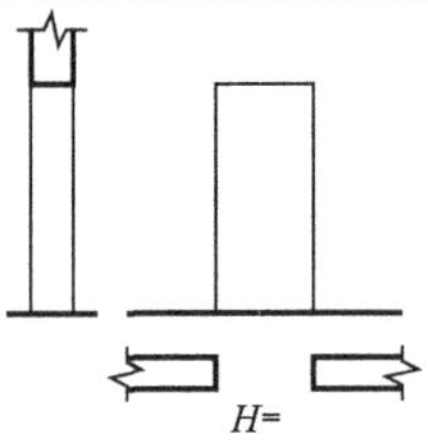	H为门洞高度
25	单扇门（包括平开或单面弹簧门）	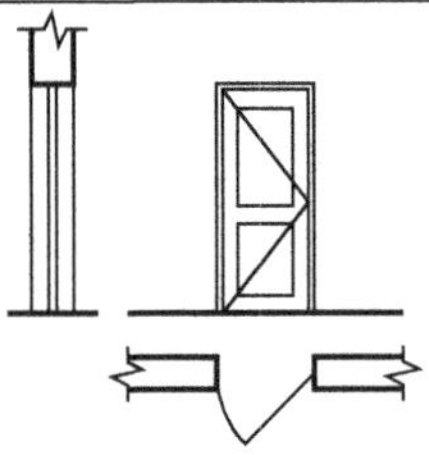	①门的名称代号用"M"②图例中剖面图左为外、右为内，平面图下为外、上为内③立面图上开启方向线交角的一侧为安装合页的一侧，实线为外开、虚线为内开④平面图上门线应90°或45°开启，开启弧线宜绘出⑤立面图上的开启线在一般设计图中可不表示，在详图及室内设计图上应表示⑥立面形式应按实际情况绘制
26	双扇门（包括平开或单面弹簧门）	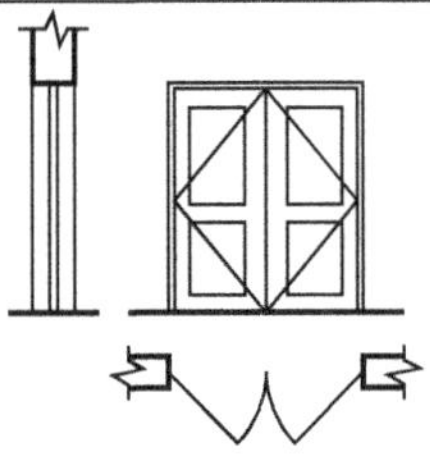	
27	对开折叠门	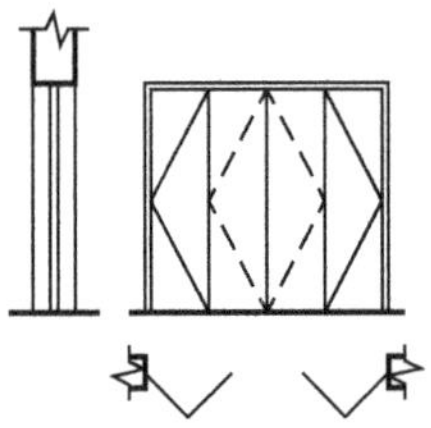	

（续）

序　号	名　　称	图　　例	备　　注
28	推拉门	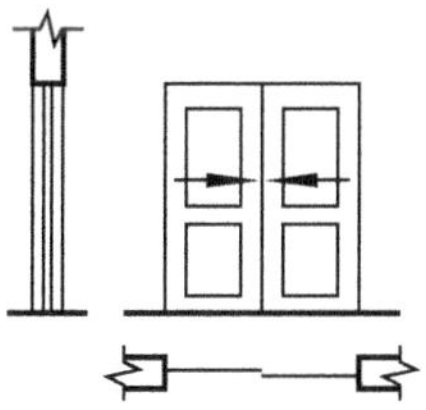	
29	墙外单扇推拉门	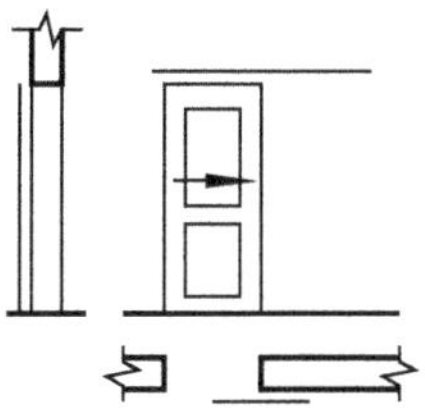	
30	墙外双扇推拉门	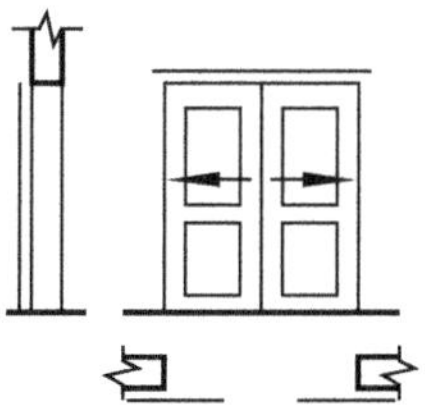	①门的名称代号用"M" ②图例中剖面图左为外、右为内，平面图下为外、上为内 ③立面形式应按实际情况绘制 ④绘制时需用箭头标出门的推拉方向
31	墙中单扇推拉门	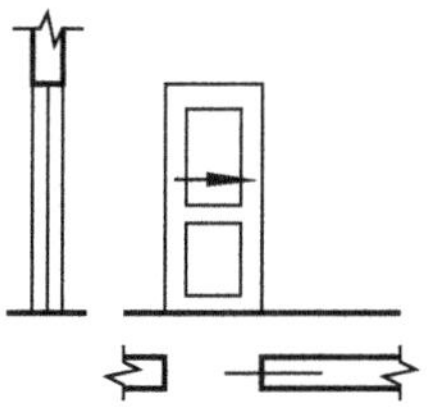	
32	墙中双扇推拉门	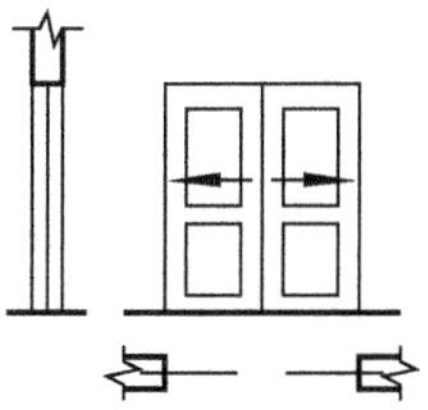	
33	单扇双面弹簧门	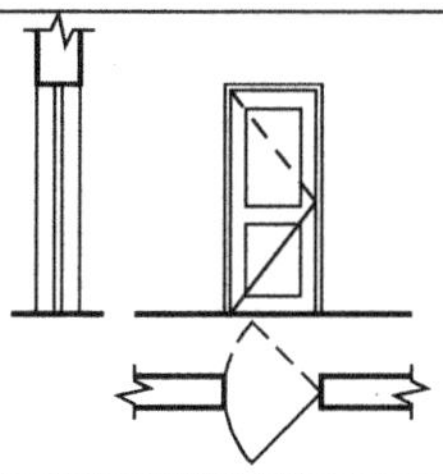	①门的名称代号用"M" ②图例中剖面图左为外、右为内，平面图下为外、上为内 ③立面图上开启方向线交角的一侧为安装合页的一侧，实线为外开、虚线为内开 ④平面图上门线应90°或45°开启，开启弧线宜绘出 ⑤立面图上的开启线在一般设计图中可不表示，在详图及室内设计图上应表示 ⑥立面形式应按实际情况绘制 ⑦绘制时用弧线表示开关门的行走路径，用以确定门外走道空间是否充足，确保行走流畅
34	双扇双面弹簧门	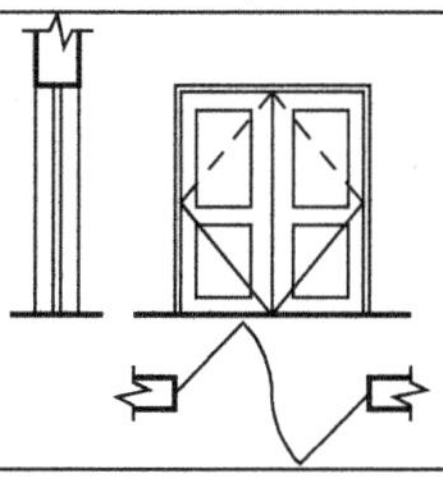	

（续）

序号	名称	图例	备注
35	单扇内外开双层门（包括平开或单面弹簧门）	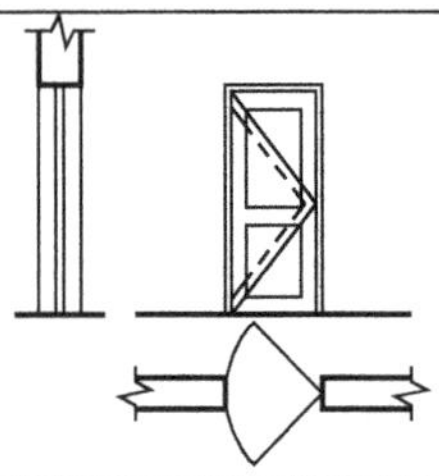	①门的名称代号用"M" ②图例中剖面图左为外、右为内，平面图下为外、上为内 ③立面图上开启方向线交角的一侧为安装合页的一侧，实线为外开、虚线为内开 ④平面图上门线应90°或45°开启，开启弧线宜绘出
36	双扇内外开双层门（包括平开或单面弹簧门）	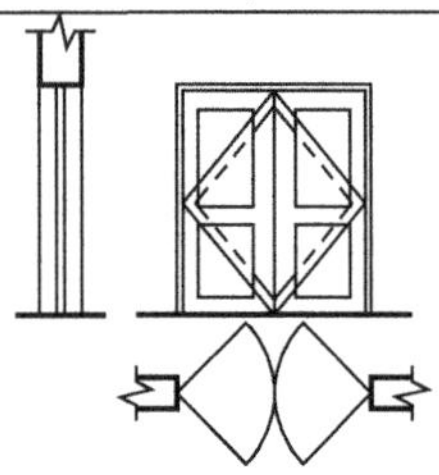	⑤立面图上的开启线在一般设计图中可不表示，在详图及室内设计图上应表示 ⑥立面形式应按实际情况绘制 ⑦绘制时用弧线表示开关门的行走路径，用以确定门外走道空间是否充足，确保行走流畅
37	转门	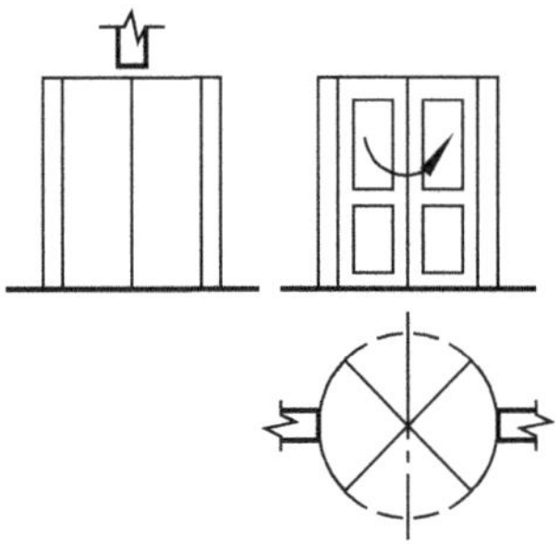	①门的名称代号用"M" ②图例中剖面图左为外、右为内，平面图下为外、上为内 ③平面图上门线应90°或45°开启，开启弧线宜绘出 ④立面图上的开启线在一般设计图中可不表示，在详图及室内设计图上应表示 ⑤立面形式应按实际情况绘制
38	自动门	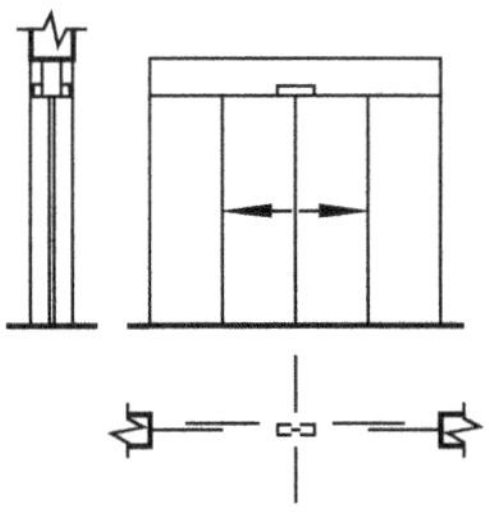	①门的名称代号用"M" ②图例中剖面图左为外、右为内，平面图下为外、上为内 ③立面形式应按实际情况绘制
39	折叠上翻门	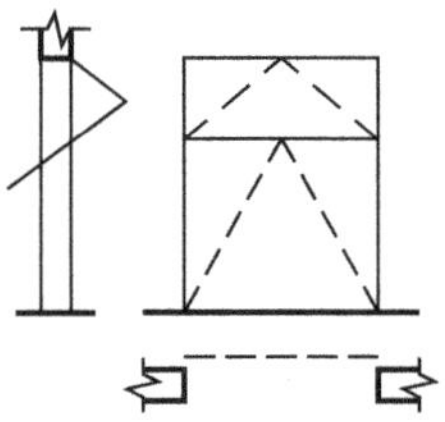	①门的名称代号用"M" ②图例中剖面图左为外、右为内，平面图下为外、上为内 ③立面图上的开启线在一般设计图中可不表示，在详图及室内设计图上应表示 ④立面图形式应按实际情况绘制 ⑤立面图上的开启线在设计图中应表示
40	竖向卷帘门	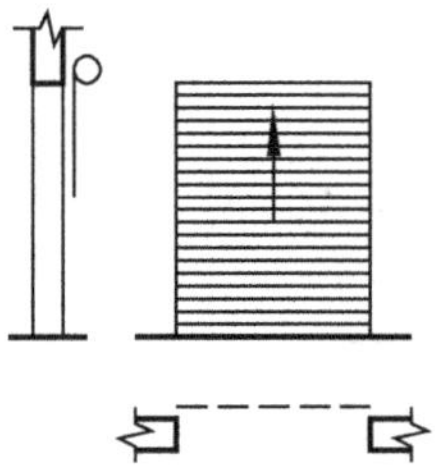	①门的名称代号用"M" ②图例中剖面图左为外、右为内，平面图下为外、上为内 ③立面形式应按实际情况绘制

（续）

序 号	名 称	图 例	备 注
41	横向卷帘门	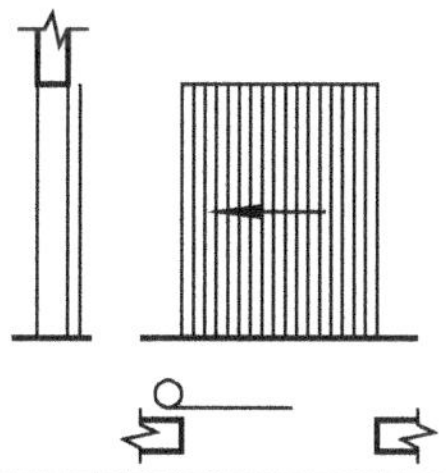	①门的名称代号用"M" ②图例中剖面图左为外、右为内，平面图下为外、上为内 ③立面形式应按实际情况绘制
42	提升门	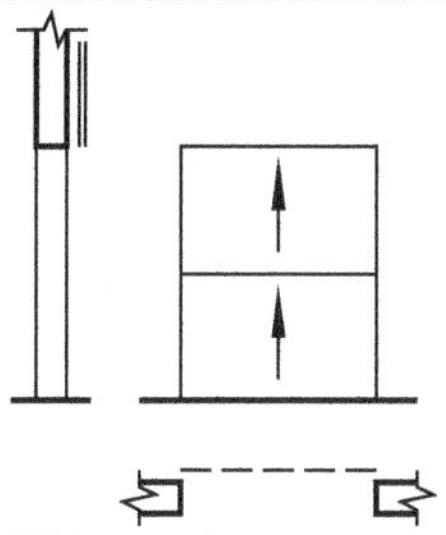	
43	单层固定窗	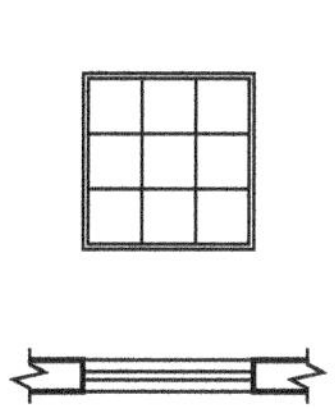	
44	单层外开上悬窗	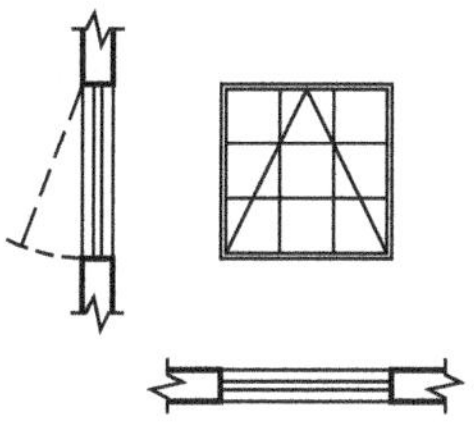	
45	单层中悬窗	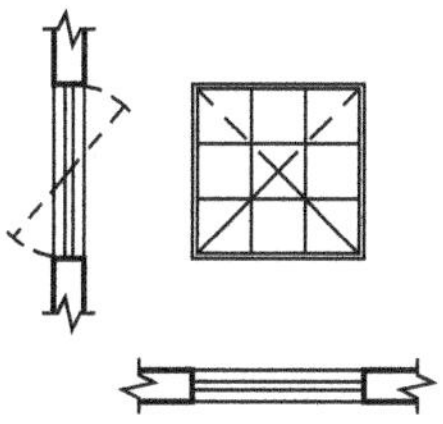	①窗的名称代号用"C"表示 ②立面图中的斜线表示窗的开启方向，实线为外开、虚线为内开；开启方向线交角的一侧为安装合页的一侧，一般设计图中可不表示 ③图例中，剖面图所示左为外、右为内，平面图下为外、上为内 ④平面图和剖面图上的虚线仅说明开关方式，在设计图中不需表示 ⑤窗的立面形式应按实际绘制 ⑥小比例绘图时平、剖面的窗线可用单粗实线表示
46	单层内开下悬窗	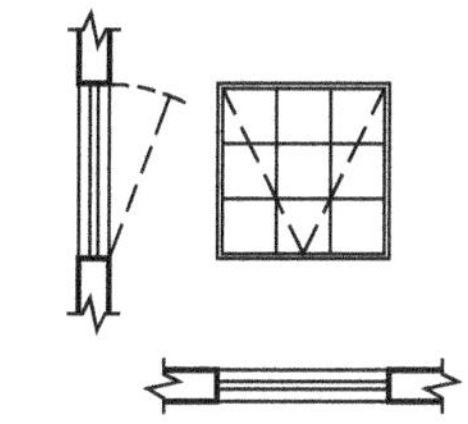	
47	立转窗	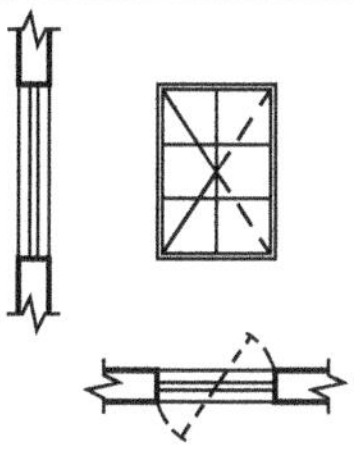	

（续）

序 号	名 称	图 例	备 注
48	单层外开平开窗	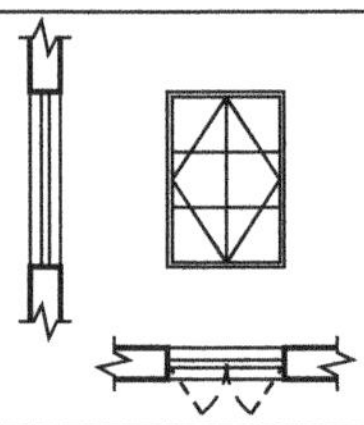	①窗的名称代号用"C"表示 ②立面图中的斜线表示窗的开启方向，实线为外开、虚线为内开；开启方向线交角的一侧为安装合页的一侧，一般设计图中可不表示 ③图例中，剖面图所示左为外、右为内，平面图下为外、上为内 ④平面图和剖面图上的虚线仅说明开关方式，在设计图中不需表示 ⑤窗的立面形式应按实际绘制 ⑥小比例绘图时平、剖面的窗线可用单粗实线表示
49	单层内开平开窗	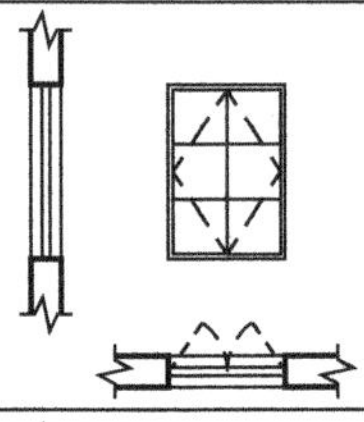	
50	双层内外开平开窗	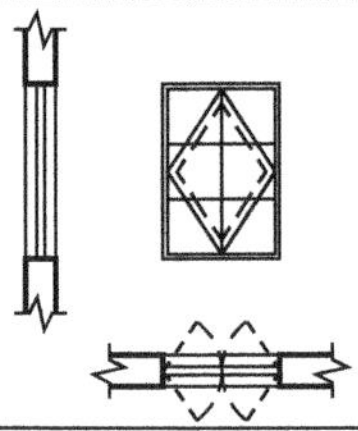	
51	推拉窗	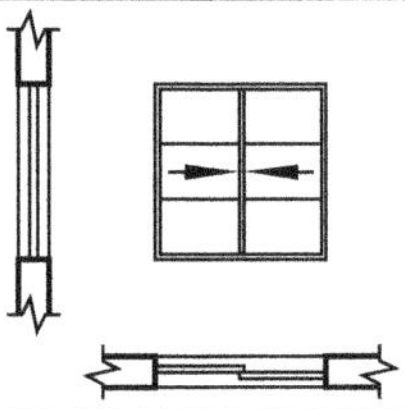	①窗的名称代号用"C"表示 ②图例中，剖面图所示左为外、右为内，平面图下为外、上为内 ③窗的立面形式应按实际绘制 ④小比例绘图时平、剖面的窗线可用单粗实线表示
52	上推窗	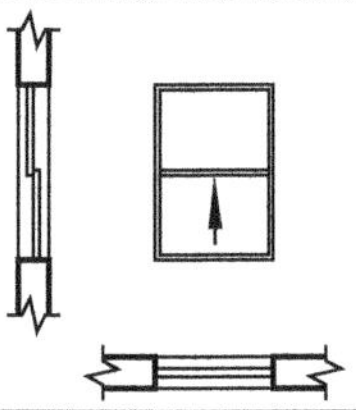	
53	百叶窗	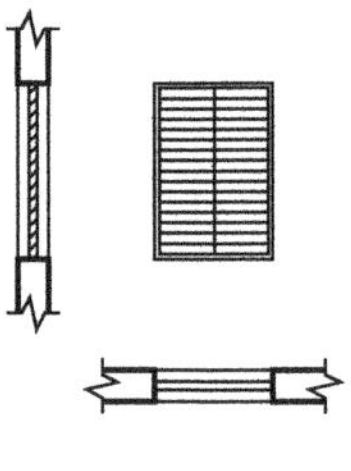	①窗的名称代号用"C"表示 ②立面图中的斜线表示窗的开启方向，实线为外开、虚线为内开；开启方向线交角的一侧为安装合页的一侧，一般设计图中可不表示 ③图例中，剖面图所示左为外、右为内，平面图下为外、上为内 ④平面图和剖面图上的虚线仅说明开关方式，在设计图中不需表示 ⑤窗的立面形式应按实际绘制
54	高窗	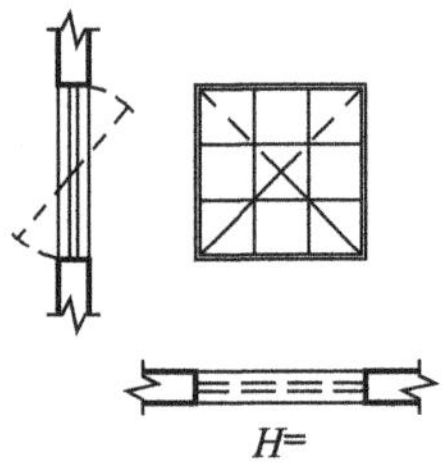 $H=$	①窗的名称代号用"C"表示 ②立面图中的斜线表示窗的开启方向，实线为外开、虚线为内开；开启方向线交角的一侧为安装合页的一侧，一般设计图中可不表示 ③图例中，剖面图所示左为外、右为内，平面图下为外、上为内 ④平面图和剖面图上的虚线仅说明开关方式，在设计图中不需表示 ⑤窗的立面形式应按实际绘制 ⑥H为窗底距本层楼地面的高度

第3章

简单却复杂的
总平面图

识图难度：★ ★ ★ ☆ ☆

核心概念：总平面图、地形、标高、植物

章节导读：总平面图是所有后续图纸的绘制依据，它是表明一项设计项目总体布置情况的图纸，同时总平面图也被称为总体布置图，按一般规定比例绘制，表示建筑物、构建物的方位、间距等，由于具体施工的性质、规模等的不同，总平面图所包含的内容有的较为简单，有的较为复杂。在初学制图过程中，除了要强化理论知识之外，还需勤学勤练，多实践。

由大到小，由浅入深，一切施工图从此处开始，有思绪地画图。

从绘制总平面图的那一刻开始：

"尺寸测量完毕，总体结构和基础横梁已经拍照记录，终于可以开始绘制了。"

"尺寸测量准确了吗？横梁的长宽高和具体位置都记录了吧？希望施工顺利。"

章节要点：

在开始绘制总平面图之前，要提前将周边环境了解清楚，建筑的具体尺寸也要测量清楚，哪些构造可以改建，哪些构造不可以改建也要提前弄清楚。此外，绘图时的线型也要提前一一设定好，这样也能方便后期的绘制和更改。

总平面图既是表明新建房屋所在基础有关范围内的总体布置，也是房屋及其设施施工的定位、土方施工以及绘制水、暖、电灯管线总平面图和施工总平面图的依据。

3.1.1 图线和比例

1.图线

《总图制图标准》（GB／T 50103—2010）中对总平面图的绘制作了详细规定，总平面图的绘制还应符合《房屋建筑制图统一标准》（GB／T 50001—2017）以及国家现行的有关强制性标准的规定。根据图样的复杂程度、比例和图纸功能，总平面图中的图线宽度b，应该按规定的线型选用（表3-1）。这相对于《房屋建筑制图统一标准》（GB／T 50001—2017）而言，作了进一步细化深入。

表3-1 图线

名 称		线 型	线 宽	用 途
实 线	粗		b	①新建建筑物±0.00m高度的可见轮廓线 ②新建的铁路、管线
	中		$0.5b$	①新建构筑物、道路、桥涵、边坡、围墙、露天堆场、运输设施、挡土墙的可见轮廓线 ②场地、区域分界线、用地红线、建筑红线、尺寸起止符号、河道蓝线 ③新建建筑物±0.00m高度以外的可见轮廓线
	细		$0.25b$	①新建道路路肩、人行道、排水沟、树丛、草地、花坛的可见轮廓线 ②原有（包括保留和拟拆除的）建筑物、构筑物、铁路、道路、桥涵、围墙的可见轮廓线 ③坐标网线、图例线、尺寸线、尺寸界线、引出线、索引符号等
虚 线	粗		b	新建建筑物、构筑物的不可见轮廓线
	中		$0.5b$	①计划扩建建筑物、构筑物、预留地、铁路、道路、桥涵、围墙、运输设施、管线的轮廓线 ②洪水淹没线
	细		$0.25b$	原有建筑物、构筑物、铁路、道路、桥涵、围墙的不可见轮廓线
单 点 长画线	粗		b	露天矿开采边界线
	中		$0.5b$	上方填挖区的零点线
	细		$0.25b$	分水线、中心线、对称线、定位轴线
粗双点长画线			b	地下开采区塌落界线
折 断 线			$0.5b$	断开界线
波 浪 线			$0.5b$	

注：应根据图样中所表示的不同重点，确定不同的粗细线型。如绘制总平面图时，新建建筑物采用粗实线,其他部分采用中线和细线；绘制管线综合图或铁路图时，管线、铁路采用粗实线。

2.比例

总平面图制图所采用的比例，也应该符合一定的规定，一个图样宜选用一种比例（表3-2）。

表3-2 比例

图 名	比 例
地理、交通位置图	1：25000～1：200000
总体规划、总体布置、区域位置图	1：2000、1：5000、1：10000、1：25000、1：50000
总平面图、竖向布置图、管线综合图、土方图、排水图、绿化平面图	1：500、1：1000、1：2000
场地断面图	1：100、1：200、1：500、1：1000
详图	根据需要而定

3.1.2 其他标准

1.计量单位

总平面图中的坐标、标高、距离宜以米（m）为单位，并应至少取至小数点后两位，不足时以"0"补齐。详图宜以毫米（mm）为单位，如不以毫米（mm）为单位，应另加说明。建筑物、构筑物方位角（或方向角）的度数，宜注写到"秒"（″），特殊情况时应另加说明。道路纵坡度、场地平整坡度、排水沟沟底纵坡度宜以百分（%）计，并应取至小数点后一位，不足时以"0"补齐。

2.坐标注法

总平面图应按上北下南方向绘制，根据场地形状或布局，可向左或右偏转，但不宜超过45°，图中还应绘制指北针或风玫瑰（图3-1）。坐标网格应以细实线表示。测量坐标网应画成交叉十字线，坐标代号宜用"X、Y"表示；建筑坐标网应画成网格通线，坐标代号宜用"A、B"表示（图3-2）。

风玫瑰图

风玫瑰图也称为风向频率玫瑰图，它是根据某一地区多年平均统计的各方风向和风速的百分数值，并按一定比例绘制，一般多用8个或16个罗盘方位表示，由于该图的形状形似玫瑰花朵，故名风玫瑰图。风玫瑰图上所表示风的吹向（即风的来向），是指从外面吹向该地区中心的方向。

风玫瑰图只适用于一个地区，特别是平原地区，由于地形、地貌不同，它对风气候起到直接的影响。图中线段最长者，即外面到中心的距离越大，表示风频越大，其为当地主导风向，外面到中心的距离越小，表示风频越小，其为当地最小风频。此外，布局时注意风向对工程位置的影响，如把清洁的建筑物布置在主导风向的上风向；污染建筑物布置在主导风向的下风向，最小风频的上方向。消防监督部门会根据国家有关消防技术规范在图纸审核时查看风玫瑰图，风玫瑰图与相关数据则一般由当地气象部门提供。

识读制图指南

坐标值为负数时，应注"－"号，为正数时，"＋"号可省略。总平面图上有测量和建筑两种坐标系统时，应在附注中注明两种坐标系统的换算公式。表示建筑物、构筑物位置的坐标，宜注其三个角的坐标，如建筑物、构筑物与坐标轴线平行，可注其对角坐标。

在一张图上，主要建筑物、构筑物用坐标定位时，较小的建筑物、构筑物也可用相对尺寸定位。建筑物、构筑物、道路、管线等应标注下列部位的坐标或定位尺寸：建筑物、构筑物的定位轴线（或外墙面）或其交点；圆形建筑物、构筑物的中心；皮带走廊的中线或其交点；管线（包括管沟、管架或管桥）的中线或其交点；挡土墙墙顶外边缘线或转折点。

坐标宜直接标注在图上，如果图面无足够位置，也可列表标注。在一张图上，如坐标数字的位数太多时，可将前面相同的位数省略，其省略位数应在附注中加以说明。

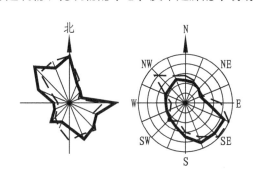

图3-1 指北针与风玫瑰

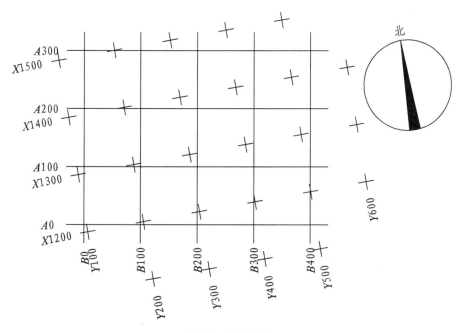

图3-2 坐标网格

注：图中X为南北方向轴线，X的增量在X轴线上；Y为南北方向轴线，Y的增量在Y轴线上。
　　A轴相当于测量坐标网中的X轴，B轴相当于测量坐标网中的Y轴。

3.标高注法

标高注法应以含有±0.00标高的平面作为室内总图平面，图中标注的标高应为绝对标高，如标注相对标高，则应注明相对标高与绝对标高的换算关系。

建筑物室内地坪，标注建筑图中±0.00处的标高，对不同高度的地坪，分别标注其标高（图3-3）。建筑物室外散水，标注建筑物四周转角或两对角的散水坡脚处的标高；构筑物标注其有代表性的标高，并用文字注明标高所指的位置（图3-4）。

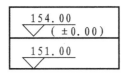

图3-3 地坪标高

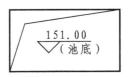

图3-4 代表性标高

道路要标注路面中心交点及变坡点的标高；挡土墙要标注墙顶和墙趾标高，路堤、边坡要标注坡顶和坡脚标高，排水沟要标注沟顶和沟底标高；场地平整要标注其控制位置标高，铺砌场地要标注其铺砌面标高。标高符号应按《房屋建筑制图统一标准》（GB／T 50001—2017）中"标高"一节的有关规定标注。

4.名称和编号

总平面图上的建筑物、构筑物应注写名称，名称宜直接标注在图上。当图样比例小或图面无足够位置时，也可编号列表编注在图内。当图形过小时，可标注在图形外侧附近处。一个工程中，整套总图图纸所注写的场地、建筑物、构筑物、道路等的名称应统一，各设计阶段的上述名称和编号应一致。

5.图例

总平面图例内容很多，这里列举部分常用图例（表3-3），全部图例可以查阅《总图制图标准》（GB／T 50103—2010）相关章节。

表3-3 总平面图中的常用图例

序号	名称	图例	备注
1	新建的道路	0.4 76.00 R7 103.00	"R7"表示道路转弯半径为9m，"103.00"为路面中心的控制点标高，"0.4"表示0.4%的纵向坡度，"76.00"表示变坡点间距离
2	原有道路		
3	计划扩建的道路		
4	拆除的道路	×　　×	
5	人行道		
6	道路曲线段	JD3 R25	"JD3"为曲线转折点编号 "R25"表示道路中心曲线半径为25m
7	新建建筑物	•••• ▲ 4 ▲	①需要时，可用▲表示出入口，可在图形内右上角用点数或数字表示层数 ②建筑物外形（一般以±0.00高度处的外墙定位轴线或外墙面为准）用粗实线表示。需要时，地面以上建筑用中粗实线表示，地面以下建筑用细虚线表示

（续）

序号	名 称	图 例	备 注
8	原有建筑物		用细实线表示
9	计划扩建的预留地或建筑物		用中虚线表示
10	拆除的建筑物	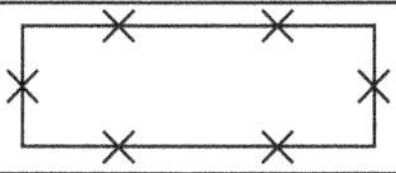	用细实线表示
11	铺砌场地	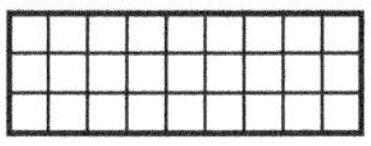	
12	敞篷或敞廊	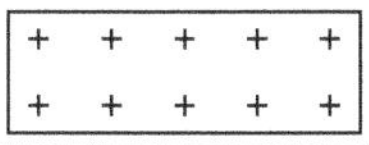	
13	围墙及大门	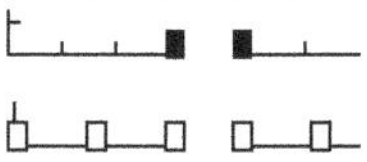	上图为实体性质的围墙，下图为通透性质的围墙，若仅表示围墙时不画大门
14	坐标	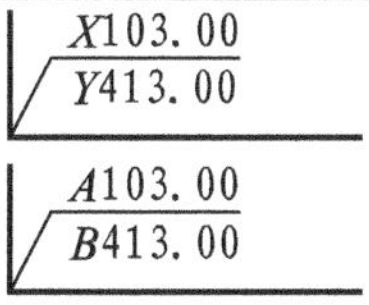 X103.00 Y413.00 A103.00 B413.00	上图表示测量坐标，下图表示建筑坐标
15	填挖边坡	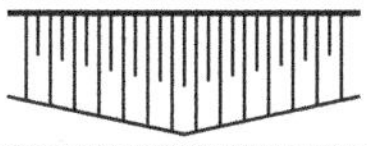	边坡较长时，可在一端或两端局部表示，下边线为虚线时，表示填方
16	护坡	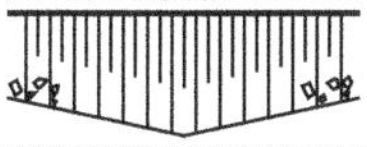	
17	雨水口与消火栓井	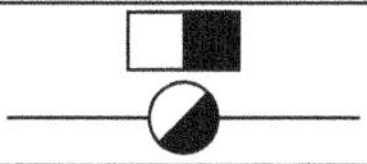	上图表示雨水口，下图表示消火栓井
18	室内标高	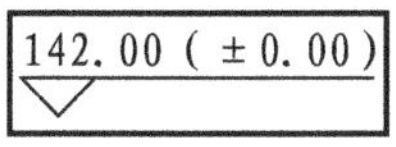 142.00（±0.00）	
19	管线	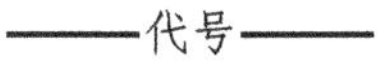 ——代号——	管线代号按国家现行有关标准的规定标注
20	地沟管线	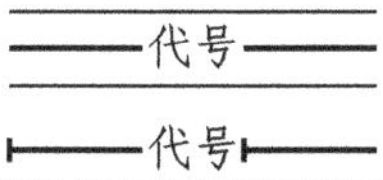 ——代号—— ——代号—— ——代号——	①上图用于比例较大的图面，下图用于比例较小的图面 ②管线代号按国家现行有关标准的规定标注
21	常绿针叶树		
22	常绿阔叶乔木		
23	常绿阔叶灌木		
24	落叶阔叶灌木	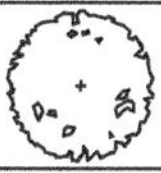	
25	草坪	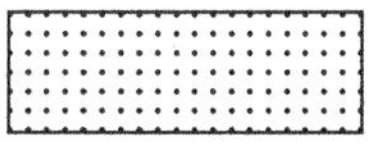	
26	花坛	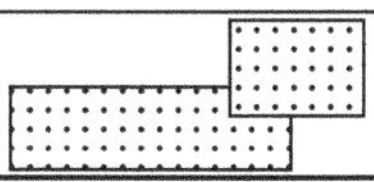	

3.2

依据设计要素绘制总平面图

要能全面的绘制出总平面图，首先需要了解清楚总平面图的内容和用途。总平面图是对原有地形、地貌的改造和新的规划，图中应该标明规划用地的现状和范围，且需要依照比例表示出规划用地范围内各景观组成要素的位置和外轮廓线。总平面图还能反映出规划用地范围内景观植物的种植位置，对于植物的种类要能有所区分。

3.2.1　地形

在总平面图中，地形的高低变化和分布情况通常用等高线来表示，表现设计地形的等高线要用细实线绘制，表现原地形的等高线要用细虚线绘制，一般只标注设计地形，不标注高程。

3.2.2　水体

水体一般用两条线表示，外面的线用特粗实线绘制，表示水体边界线即驳岸线，里面的线用细实线绘制，表示水体的常水位线。

3.2.3　山石

山石的绘制方法可以采用其水平投影轮廓线概括表示，一般以粗实线绘制出边缘轮廓并以细实线概括性地绘制出山体的皴纹即可。

3.2.4　道路

在总平面图中，道路一般情况下只需用细实线画出路缘即可，但在一些大比例图纸中为了更明确地表现设计意图，可以按照设计意图对路面的铺装形式、图案进行简略的表示，可配上相关的注解文字。

3.2.5　植物

景观植物由于种类繁多，姿态各异，平面图中无法详尽表达，一般采用图例概括表示，绘制植物平面图图例时，要注意曲线过渡自然，图形应该形象、概括，树冠的投影、大小要按照成龄以后的树冠大小绘制，所绘图例必须区分出针叶树、阔叶树、常绿树、落叶树、乔木、灌木、绿篱、花卉、草坪以及水生植物等。

一般情况下，在总平面图中不会要求具体到植物的品种，但是规划面积较小的简单设计，会将总平面图与种植设计平面图合二为一，此时，在总平面图中就要求具体到植物的品种（图3-5）。

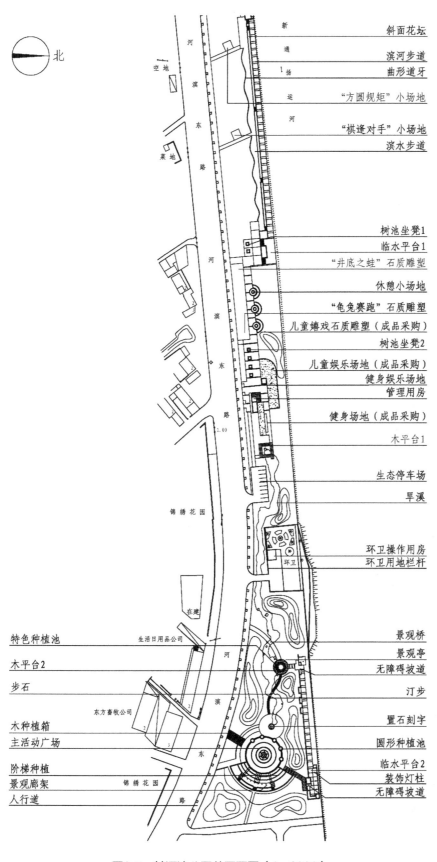

北

新通扬运河

空地

菜地

河滨东路

河滨东路

锦绣花园

在建

生活日用品公司

东方畜牧公司

锦绣花园

河滨东路

斜面花坛
滨河步道
曲形道牙
"方圆规矩"小场地
"棋逢对手"小场地
滨水步道

树池坐凳1
临水平台1
"井底之蛙"石质雕塑
休憩小场地
"龟兔赛跑"石质雕塑
儿童嬉戏石质雕塑（成品采购）
树池坐凳2
儿童娱乐场地（成品采购）
健身娱乐场地
管理用房
健身场地（成品采购）
木平台1

生态停车场
旱溪

环卫操作用房
环卫用地栏杆

景观桥
景观亭
无障碍坡道
汀步
置石刻字
圆形种植池
临水平台2
装饰灯柱
无障碍坡道

特色种植池
木平台2
步石
木种植箱
主活动广场
阶梯种植
景观廊架
人行道

图3-5 某河滨公园总平面图（1:2000）

在施工图中所需绘制的总平面图一般涉及绿化布置、景观布局等方面，或者作为室内平面图的延伸，一般不涉及建筑构造和地质勘测等细节。总平面图需要表述的是道路、绿化、小品、构件的形态和尺度，对于需要细化表现的设计对象，也可以增加后续平面图和大样图作为补充。设计师要绘制出完整、准确的总平面图，关键在于获取一手的地质勘测图或建筑总平面图，有了这些资料，再加上实地考察和优秀的创意，绘制高质量的总平面图就不难了。

下面列举两套总平面图，具体绘制方法可以各分为三个步骤。

3.3.1 科技园区总平面图

1.确定总体图纸框架

（1）经过详细现场勘测后绘制出总平面图初稿，并携带初稿再次赴现场核对，最好能向投资方索要地质勘测图或建筑总平面图，这些资料越多越好。

（2）对于设计面积较大的现场，还可以参考Google地图来核实。总平面图初稿可以是手绘稿，也可以是计算机图稿，图纸主要能正确绘制出设计现场的设计红线、尺寸、坐标网格和地形等高线，准确标出建筑所在位置。

（3）经过至少两次核实后，应该将这种详细的框架图纸单独描绘一遍，保存下来，方便日后随时查阅。

（4）总平面图的图纸框架可简可繁，对于大面积住宅小区和公园，由于地形地貌复杂，图纸框架必须很详细，而小面积户外广场或住宅庭院则就比较简单了，无论哪种情况，都要认真对待，它是后续设计的基础（图3-6）。

2.表现设计对象

（1）总平面图的基础框架出来后可以复印或描绘一份，使用铅笔或彩色中性笔绘制创意草图，经过多次推敲、研究后再绘制正稿。

（2）总平面图的绘制内容比较多，没有一份较完整的草图会导致多次返工，影响工作效率。具体设计对象主要包括需要设计的道路、花坛、小品、建筑构造、水池、河道、绿化、围墙、围栏、台阶、地面铺装等。

（3）一般先绘制固定对象，再绘制活动对象；先绘制大型对象，再绘制小型对象；先绘制低海拔对象，再绘制高海拔对象；先绘制规则形对象，再绘制自由形对象等。总之，要先易后难，使绘图者的思维不断精细后再绘制复杂对象，这样才能使图面更加丰富完整（图3-7）。

3.加注文字与数据

（1）当主要设计对象绘制完毕后，就加注文字和数据，这主要包括建筑构件名称、绿化植物名称、道路名称、整体和局部尺寸数据、标高数据、坐标数据、中轴对称线。

（2）小面积总平面图可以将文字通过引出线引出到图外加注，大面积总平面图要预留

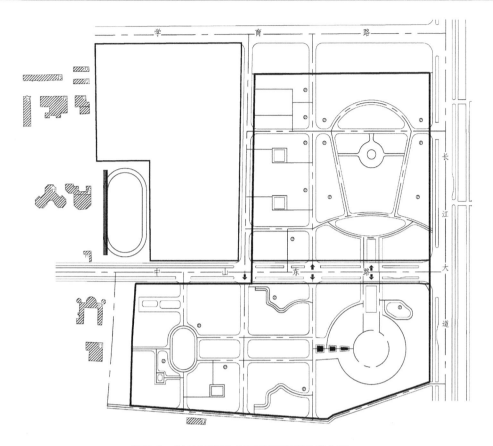

←绘制出基础框架，这些形体的尺寸数据来源于设计院或档案馆，也可以现场测量。对周边环境简要表现。

图3-6　科技服务综合区总平面图绘制步骤一

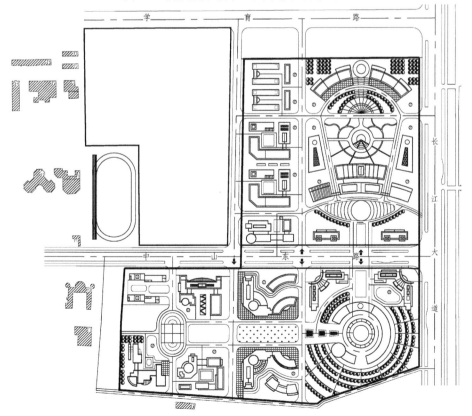

←细致绘制绿化景观、建筑造型，并对建筑结构、设施等基本形体进行填充，绘制出绿化物等细节。

图3-7　科技服务综合区总平面图绘制步骤二

书写文字和数据的位置，对于相同构件可以只标注一次，但是两构件相距太大时，也需要重复标明。此外，为了丰富图面效果，还可以加入一些配饰，如车辆、水波等，最后加入风玫瑰图和方向定位。

（3）加注的文字与数据一定要翔实可靠，不能凭空臆想，同时，这个步骤也是检查、核对图纸的关键，很多不妥的设计方式或细节错误都是在这个环节发现并加以更正的。

（4）当文字和数据量较大时，应该从上到下或自左向右逐个标注，避免有所遗漏，对于非常复杂的图面，还应该在图外编写设计说明，强化图纸的表述能力。只有图纸、文字、数据三者完美结合，才能真实、客观地反映出设计思想，体现制图品质（图3-8）。

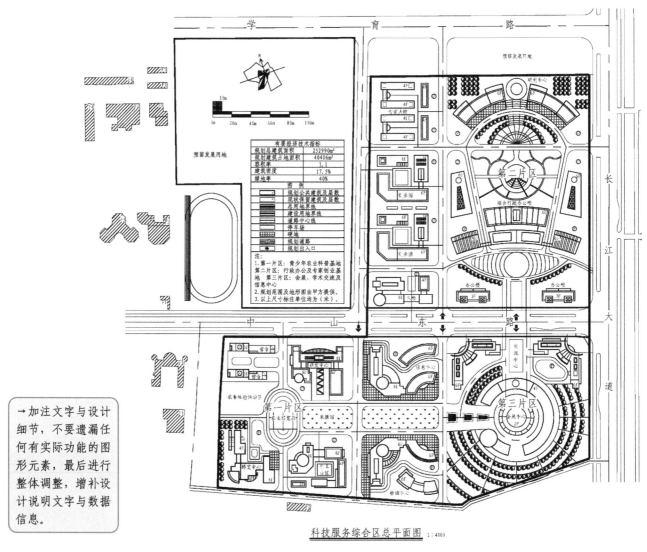

→加注文字与设计细节，不要遗漏任何有实际功能的图形元素，最后进行整体调整，增补设计说明文字与数据信息。

图3-8　科技服务综合区总平面图绘制步骤三

3.3.2　生态庭院规划总平面图

1.确定总体图纸框架

（1）经过详细现场勘测后绘制出总平面图初稿，携带初稿再次赴现场核对，可向投资方询问相关地质勘测图或建筑总平面图，最好能查看这些图纸，以便总平面图的绘制。

（2）对于设计面积较大的现场，还可以参考网络地图来核实。总平面图初稿可以是手绘稿，也可以是计算机图稿，图纸主要能正确绘制出设计现场的设计红线、尺寸、坐标网格和地形等高线，准确标出建筑所在位置，加入风玫瑰图和方向定位。

（3）经过至少两次核实后，应该将这种详细的框架图纸单独描绘一遍，保存下来，方便日后随时查阅。

（4）总平面图的图纸框架可简可繁，地形地貌比较复杂的区域，图纸框架必须很详细（图3-9）。

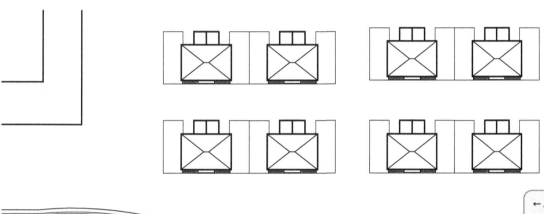

←根据测量数据绘制出基本平面布局，表明建筑、绿化、道路的基本轮廓，注意用线要区分粗、中、细三个层次。

图3-9　生态庭院规划总平面图绘制步骤一

识读制图指南

如何制图美观

（1）如果绘制平行且距离不大的两条线（同一物质），必须一粗一细。

（2）旗型的多行文字标注要展开，文字标注与尺寸标注也需各自展开些。

（3）在整张图纸中，索引的线必须全部平行。

（4）字体若打印出来太小，可调大些，可参考10号字，文字标注必须在图外，另外，图纸的编号用6号字。

（5）尺寸标注线用最细的，尺寸上的数字以及文字标注可采用白色字体。

（6）同一排列的尺寸标注，较大的尺寸标注在最外头。

（7）网格放样图中的字体和原点可相对于同比例的图里的字体放大。

（8）同一张图中的标注必须全部统一。

（9）在一项设计里，若水流经过的组团大于或者等于五个，则必须为水流界限单独画一张网格放样图。

2.表现设计对象

（1）总平面图的基础框架绘制完成后可以复印或描绘一份，可使用铅笔或彩色中性笔绘制创意草图，经过多次复核、研究后再绘制正稿。

（2）总平面图的绘制内容比较多，没有一份较完整的草图会导致多次返工，影响工作效率。具体设计对象主要包括需要设计的道路、花坛、小品、建筑构造、树池、水池、河道、绿化、围墙、围栏、台阶以及地面铺装等。

（3）一般先绘制固定对象，再绘制活动对象；先绘制大型对象，再绘制小型对象；先绘制低海拔对象，再绘制高海拔对象；先绘制规则形对象，再绘制自由形对象等。总之，要先易后难，使绘图者的思维不断精细后再绘制复杂对象，这样才能使图面更加丰富完整（图3-10）。

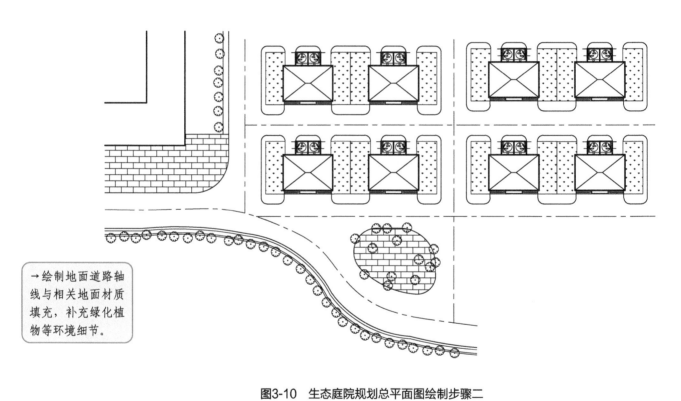

→绘制地面道路轴线与相关地面材质填充，补充绿化植物等环境细节。

图3-10 生态庭院规划总平面图绘制步骤二

识读制图指南

建筑红线

建筑红线又被称为建筑控制线，是指在城市规划管理中，控制城市道路两侧沿街建筑物或构筑物（如外墙、台阶等）靠临街面的界线，任何临街建筑物或构筑物均不得超过建筑红线。

建筑红线由道路红线和建筑控制线组成，道路红线是城市道路含居住区及道路等用地的规划控制线，而建筑控制线是建筑物基底位置的控制线。基底与道路邻近一侧，一般以道路红线为建筑控制线，如果因城市规划需要，主管部门可在道路线以外另订建筑控制线，任何建筑都不得超越已给定的建筑红线。

3.加注文字与数据

（1）当主要设计对象绘制完毕后，可开始加注文字和数据，主要包括建筑构件名称、绿化植物名称、道路名称、整体和局部尺寸数据、标高数据、坐标数据、中轴对称线、入口符号以及河道名称等。

（2）小面积总平面图可以将文字通过引出线进行图外加注，大面积总平面图要预留文字和数据的位置，对于相同构件可以只标注一次，但是两构件相距太大时，依旧需要重复标明。此外，为了丰富图面效果，还可以加入一些配饰，如车辆、水波等。

（3）加注的文字与数据一定要翔实可靠，不能凭空臆想，同时，这个步骤也是检查、核对图纸的关键。

（4）当文字和数据量较大时，应该从上到下或自左向右逐个标注，避免有所遗漏，对于非常复杂的图面，还应该在图外编写设计说明，强化图纸的表述能力。只有图纸、文字、数据三者完美结合，才能真实、客观地反映出设计思想，体现制图品质（图3-11）。

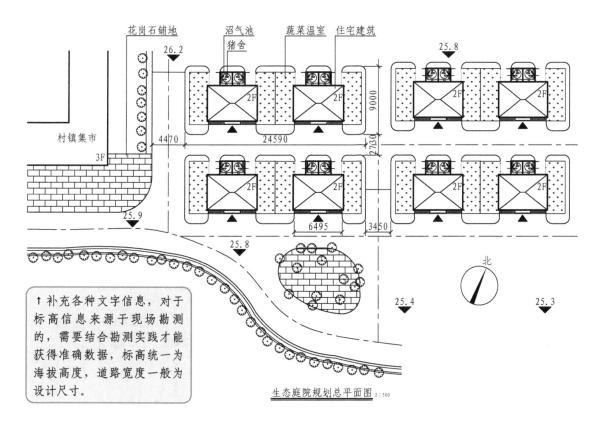

生态庭院规划总平面图 1:500

图3-11　生态庭院规划总平面图绘制步骤三

在室内外装修施工图中，总平面图起到的作用是统领全局，将后期设计对象与细节进行预先表述，后期设计图的深入程度与总平面图无关，但是后期设计图的参考依据确为总平面图。因此，装修施工图中的总平面图收纳的信息较少，图纸幅面较小，一般不超过A2，而建筑设计中的总平面图信息较多，图纸幅面较大，一般会超过A2。

在识读与绘制总平面时注意文字、数据信息的识读，尤其是要认清海拔标高，这对后期设计建筑或景观外墙立面装修很重要（图3-12）。

3.4

总平面图案例

→总平面图识读与
绘制无困难，需要
根据图纸幅面大小
来安排文字、数字
信息，幅面大可以
多标注信息，幅面
小可以根据不同类
型分图纸标注。

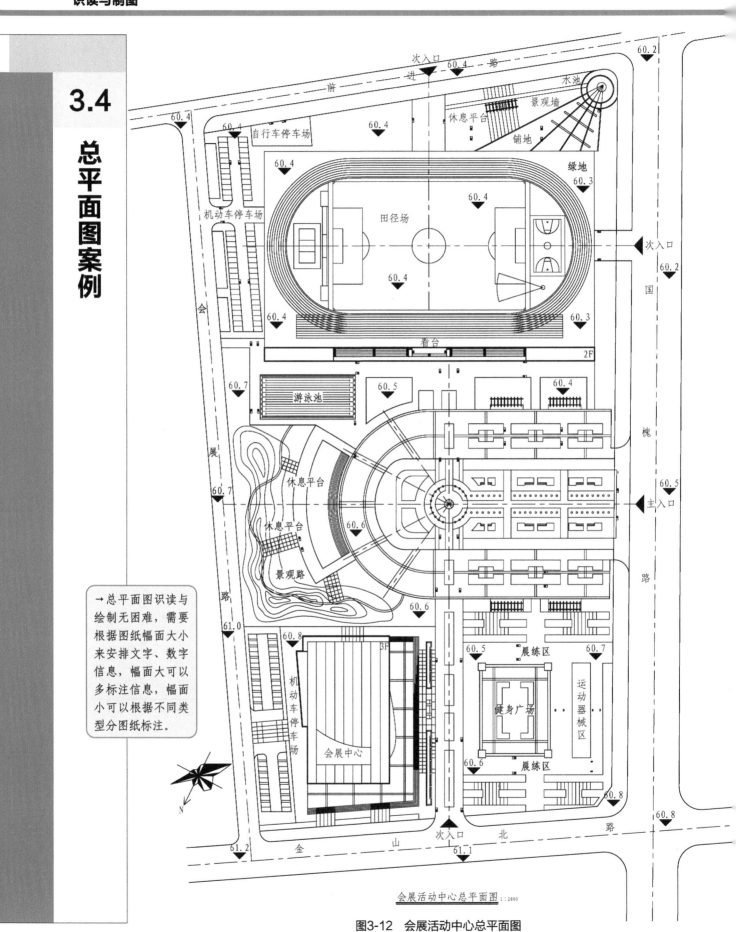

会展活动中心总平面图 1:2000

图3-12 会展活动中心总平面图

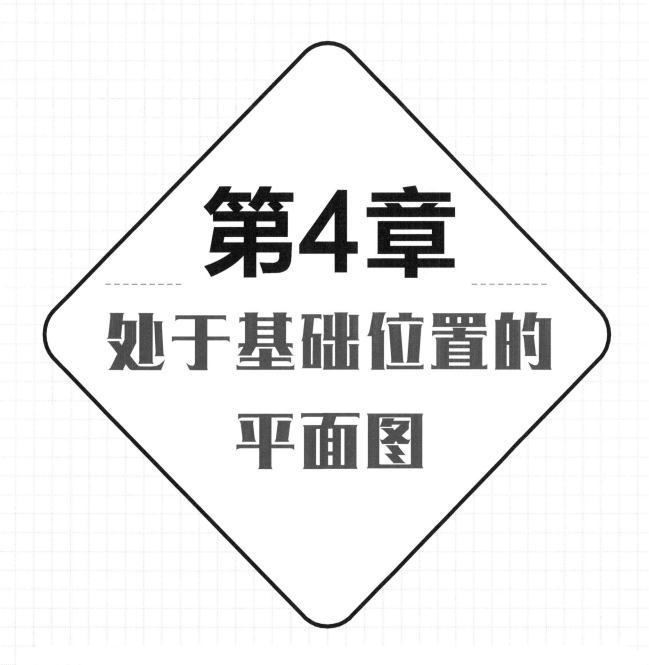

第4章

处于基础位置的平面图

识图难度：★★★★☆

核心概念：基础平面图、平面布置图、地面铺装平面图、顶棚平面图

章节导读：平面图是建筑物、构筑物等在水平投影上所得到的图形，它运用图像、线条、数字、符号和图例等有关图示语言，遵循国家标准的规定，既表示建筑物在水平方向各部分之间的组合关系，又反映各建筑空间与围合它们的垂直构件之间的相互关系。

要多层次细致地绘制平面图，力求不返工。从细节处识图。

平面图完成的那一刻：

"平面布置图、地坪图、顶棚图都按照要求绘制好了，应该不会返工吧？"

"希望尺寸合理，设计不是空想，跪求施工顺利。"

章节要点：

平面图是建筑施工中比较重要的基础图，绘制好平面图对于后期的施工也有很大的帮助。在绘制平面图之前要测量好需要的尺寸，梁、柱、管道等的位置要定位好，测量时记得要拍照，以便后期参考。

基础平面图又称为原始平面图，是指设计对象现有的布局状态图，包括现有建筑与构造的实际尺寸，墙体分隔、门窗、烟道、楼梯、给水排水管道位置等信息，并且要在图上标明能够拆除或改动的部位，为后期设计奠定基础。平面图又分为基础平面图、平面布置图、地面铺装平面图和顶棚平面图。绘制平面图时，可以根据《房屋建筑制图统一标准》（GB／T50001—2017）和实际情况来确定图线的使用（表4-1）。

表4-1　图线

（单位：mm）

名　称		线　型	线　宽	用　途
实　线	粗	——————————	b	室内外建筑物、构筑物主要轮廓线、墙体线、剖切符号等
	中	——————————	$0.5b$	主要设计构造的轮廓线，门窗、家具轮廓线，一般轮廓线等
	细	——————————	$0.25b$	设计构造内部结构轮廓线，图案填充线，文字、尺度标注线，引出线等
细虚线		– – – – – –	$0.25b$	不可见的内部结构轮廓线
细单点长画线		— - — - — - —	$0.25b$	中心线、对称线等
折断线		———～———	$0.25b$	断开界线

如果还想得知各个空间的面积数据，以便后期计算材料的用量和施工的工程量，还需在上面标注相关的文字信息。基础平面图也可以是房产证上的结构图或地产商提供的原始设计图，这些资料都可以作为后期设计的基础。绘制基础平面图之前要对设计现场作细致的测量，将测量信息记录在草图上。具体绘制就比较简单了，一般可以分为两个步骤。下面介绍两套基础平面图的绘制方法。

4.1.1　住宅室内基础平面图

1.绘制基础框架（图4-1）

（1）根据土建施工图所标注的数据绘制出墙体中轴线，中轴线采用细点画线，如果设计对象面积较小，且位于建筑中相对独立的某一局部，可以不用标注轴线。

识读制图指南

图纸绘制与装订顺序

装修施工图图纸一般根据人们的阅读习惯和图纸的使用顺序来装订，从头到尾依次为图纸封面、设计说明、图纸目录、总平面图（根据具体情况增减）、平面图（包括基础平面图、平面布置图、地面铺装平面图、顶棚平面图等）、给水排水图、电气图、暖通空调图、立面图、剖面图、构造节点图、大样图等，根据需要可能还会在后面增加轴测图、装配图和透视效果图等。

不同设计项目的侧重点不同，这也会影响图纸的数量和装订顺序。如追求图面效果的商业竞标方案可能会将透视效果图放在首页，而注重施工构造的家具设计方案可能全部以轴测图的形式出现，这样就没有其他类型的图纸了。总之，图纸绘制数量和装订方式要根据设计趋向来定，目的在于清晰、无误地表达设计者和投资方的意图。

（2）再根据中轴线定位绘制出墙体宽度，绘制墙体时注意保留门、窗等特殊构造的洞口，最后根据墙线标注尺寸。

（3）注意不同材料的墙体相接时，需要绘制边界线来区分，即需要断开区分，墙体线相交的部位不宜出头，对柱体和剪力墙应作相关填充。

（4）墙体绘制完成后要注意检查，及时更正出现的错误，尤其要认真复核尺寸，以免导致大批量返工。

→ 从轴线开始绘制平面图，大多是借用已有建筑图纸绘制，这样绘制尺寸比较精确。但是需注意：理论上的墙体厚度为240mm，这是指传统的砌筑红砖墙体厚度，如今砌筑砖块规格多样，因此，从轴线开始绘制平面图的尺寸与实际施工尺寸可能会有很大差距。但是从轴线开始绘制能准确把握建筑结构之间的关系。

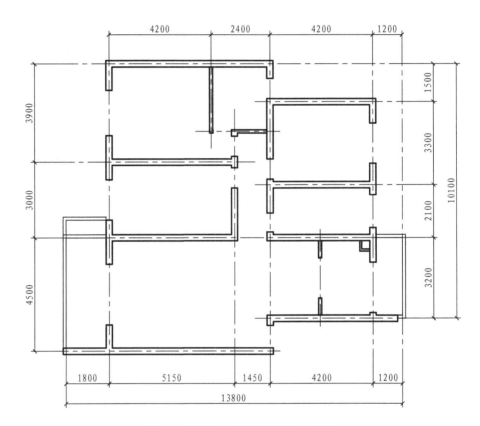

图4-1　住宅室内基础平面图绘制步骤一

2.标注基础信息（图4-2）

（1）墙体确认无误后就可以添加门、窗等原始固定构造了，边绘制边标注门窗尺寸，绘制在设计中需要拆除或添加的墙体隔断，记录顶棚横梁，并标明尺寸和记号。

（2）记录水电管线及特殊构造的位置，方便后期继续绘制给水排水图和电路图，标注室内外细节尺寸，越详细越好，方便后期绘制各种施工图。

（3）当设计者无法获得原始建筑平面图时，只能到设计现场去考察测量了，测量的尺寸一般是室内或室外的成型尺寸，而无法测量到轴线尺寸。为此，在绘制基础平面图时，也可以不绘制轴线，直接从墙线开始，并且只标注墙体和构造的净宽数据，具体尺寸精确到厘米（cm）。

（4）绘制基础平面图的目的是为后期设计提供原始记录，当一个设计项目需要提供多种设计方案时，基础平面图就是修改和变更的原始依据，所绘制的图线应当准确无误，标注的文字和数据应当翔实可靠。

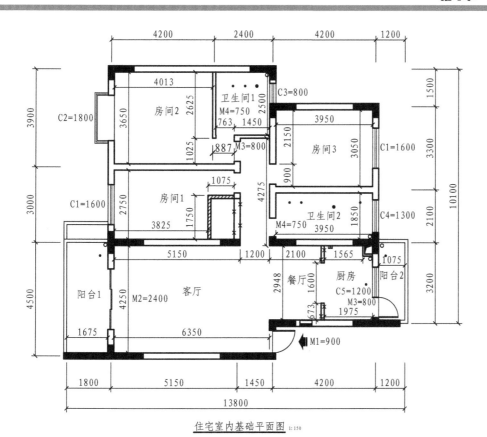

住宅室内基础平面图 1:150

图4-2 住宅室内基础平面图绘制步骤二

右侧批注：←在室内空间中标注尺寸尽量详细，全面覆盖各墙面的宽度与高度。注意尽量使标注数据彼此之间不要相互重叠，以免混淆不清。对拆除与新砌筑的墙体要标明，此外还要标出门、窗宽度，方便后期设计细节与工程预算。

4.1.2 住宅建筑室内与庭院基础平面图

1.绘制基础轮廓线（图4-3）

（1）根据资料绘制出建筑墙体中轴线，中轴线采用细单点长画线。

（2）根据中轴线定位和之前测量的实地尺寸，庭院需绘制出门、窗等，图中还需根据线型的不同配以不同色彩。

（3）标注外部尺寸与入口方位，注意检查，及时更正出现的错误，尤其要认真复核尺寸，以免导致大批量返工。

2.标注文字和尺寸（图4-4）

（1）基本轮廓线绘制结束即可标注文字，图中应标明各个空间的具体名称，字体应一致，个别会有不同的要求，文字高度也应保持一致，绘制出指北针，确定庭院的朝向。

（2）绘制拆除墙体与新建墙体，细致标注出建筑内部各墙体尺寸，标注室内外标高数据，具体尺寸精确到厘米（cm）。

（3）对不需要进行后期设计的部分室内空间，可以用斜线填充，以免对后期设计识读与绘制新图纸产生干扰。

（4）仔细检查各种绘制与标注信息，确认无误即可完成。

→门、窗位置绘制
准确,这是后期设
计的基本元素。

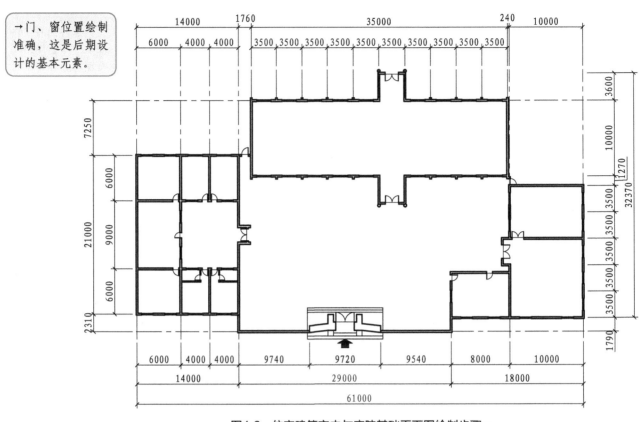

图4-3　住宅建筑室内与庭院基础平面图绘制步骤一

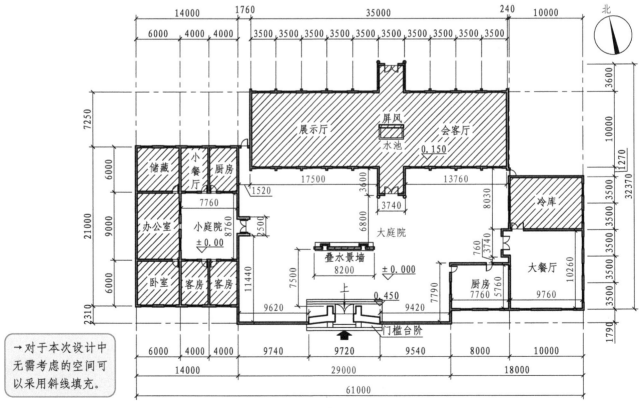

→对于本次设计中
无需考虑的空间可
以采用斜线填充。

住宅建筑室内与庭院基础平面图 1:500

图4-4　住宅建筑室内与庭院基础平面图绘制步骤二

平面布置图需要表示设计对象的平面形状、大小尺寸、房间布置、建筑入口、门厅及楼梯布置的情况，表明墙、柱的位置、厚度和所用材料以及门窗的类型、位置等情况。对于多层建筑，主要图纸有首层平面图、二层或标准层平面图、顶层平面图、屋顶平面图等。其中屋顶平面图是在房屋的上方，向下作屋顶外形的水平正投影而得到的平面图。平面布置图基本上是设计对象的立面设计、地面装饰和空间分隔等施工的统领性依据，它代表了设计者与投资者已取得确认的基本设计方案，也是其他分项图纸的重要依据。

4.2.1 识读要点

要绘制完整、精美的平面布置图，就需要大量阅读图纸，通过识读平面布置图来学习绘图方法，主要识读要点如下。

1.图形的演变

认定其属于何种平面图，了解该图所确定的平面空间范围、主体结构位置、尺寸关系、平面空间的分隔情况等。了解建筑结构的承重情况，对于标有轴线的，应明确结构轴线的位置及其与设计对象的尺寸关系。

2.熟悉各种图例

阅读图纸的文字说明，明确该平面图所涉及的其他工程项目类别。

3.分析空间设计

通过对各分隔空间的种类、名称及其使用功能的了解，明确为满足设计功能而配置的设施种类、构造数量和配件规格等，从而与其他图纸相对照，作出必要研究并制定加工及购货计划。

4.文字标注

通过该平面布置图上的文字标注，确认楼地面及其他可知部位饰面材料的种类、品牌和色彩要求，了解饰面材料间的区域关系、尺寸关系及衔接关系等。

5.尺寸

对于平面图上纵横交错的尺寸数据，要注意区分建筑尺寸和设计尺寸。在设计尺寸中，要查清其中的定位尺寸、外形尺寸和构造尺寸，由此可确定各种应用材料的规格尺寸、材料之间以及与主体结构之间的连接方法。

（1）定位尺寸是确定装饰面或装修造型在既定空间平面上的位置依据，定位尺寸的基准通常即是建筑结构面。

（2）外形尺寸即是装饰面或设计造型在既定空间平面上的外边缘或外轮廓形状尺寸，其位置尺寸取决于设计划分、造型的平面形态及其同建筑结构之间的位置关系。

4.2

平面布置图决定基础布局

（3）构造尺寸是指装饰面或设计造型的组成构件及其相互间的尺寸关系。

6.符号

通过图纸上的投影符号，明确投影面编号和投影方向，进而顺利查出各投影部位的立面图（投影视图），了解该立面的设计内容。通过图纸上的剖切符号，明确剖切位置及其剖切后的投影方向，进而查阅相应的剖面图、构造节点图和大样图，了解该部位的施工方式（图4-5）。

→不同设计部位的平面图，设计的侧重点是不一样的。以户外庭院设计为主的平面图，重点在于表现绿化植物与景观道路的分布。多样的绿化植物需要通过不同的图形来表现，如果能通过各种图形来表现，可以不必再设计图例，但是要配合指引文字来标识。

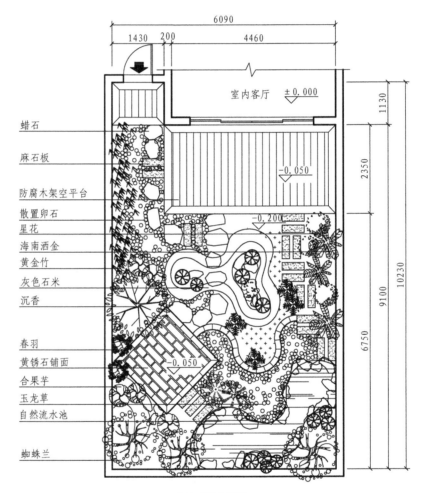

庭院平面布置图 1:100

图4-5　庭院平面布置图

4.2.2　基本绘制内容

1.形状与尺寸

平面布置图需表明设计空间的平面形状和尺寸。建筑物在图中的平面尺寸分三个层次，即工程所涉及的主体结构或建筑空间的外包尺寸、各房间或各种分隔空间的设计平面尺寸、局部细节及工程增设装置的相应设计平面尺寸。

（1）对于较大规模的平面布置图，为了与主体结构明确对照以利于审图和识读，尚需标出建筑物的轴线编号及其尺寸关系，甚至标出建筑柱位编号。

（2）平面布置图还应该标明设计项目在建筑空间内的平面位置，及其与建筑结构的相互尺寸关系，表明设计项目的具体平面轮廓和设计尺寸。

2.细节图示

平面布置图需表明楼地面装饰材料、拼花图案、装修做法和工艺要求；表明各种设施、设备、固定家具的安装位置；表明它们与建筑结构的相互关系尺寸，并说明其数量、材质和制作方式（或商用成品）。

3.设计功能

平面布置图应该表明与该平面图密切相关的各立面图的视图投影关系，尤其是视图的位置与编号；表明各剖面图的剖切位置、详图及通用配件等的位置和编号；表明各种房间或装饰分隔空间的平面形式、位置和使用功能；表明走道、楼梯、防火通道、安全门、防火门或其他流动空间的位置和尺寸；表明门、窗的位置尺寸和开启方向；表明台阶、水池、组景、踏步、雨篷、阳台及绿化等设施和装饰小品的平面轮廓与位置尺寸。

4.2.3 住宅平面布置图

平面布置图的绘制基于基础平面图，手工制图可以将基础平面图的框架结构重新描绘一遍，计算机制图可以将基础平面图复制保存即可继续绘制。

1.修整基础平面图

根据设计要求去除基础平面图上的细节尺寸和标注，对于较简单的设计方案，可以不绘制基础平面图，而直接从平面布置图开始绘制，具体方法与绘制基础平面图相同。此外，要将墙体构造和门、窗的开启方向根据设计要求重新调整，尽量简化图面内容，为后期绘制奠定基础，并对图面作二次核对（图4-6）。

2.绘制构造与家具

在墙体轮廓上绘制需要设计的各种装饰形态，如各种凸出或内凹的装饰墙体、隔断；其后再绘制家具，家具的绘制比较复杂，可以调用、参考各种图库或资料集中所提供的家具模块，尤其是各种时尚家具、电器、设备等最好能直接调用（图4-7）。如果图中有投资方即将购买的成品家具，可以只绘制外轮廓，并标上文字说明。

3.标注与填充

当主要设计内容都以图样的形式绘制完毕后，就需要在其间标注文字说明，如空间名称、构造名称、材料名称等（图4-8）。

→剪力墙是建筑的
主要承载结构，要
区别其他墙体，应
当根据设计填黑。

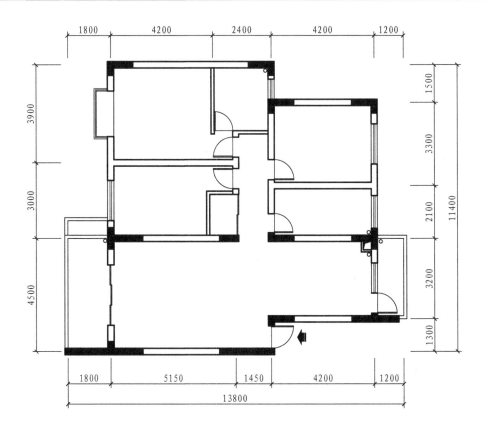

图4-6　住宅平面布置图绘制步骤一

→家具直接从模型
图库中复制到图中
即可，但是要注意
家具尺寸不能随意
放大或缩小，要根
据实际尺寸来摆
放。

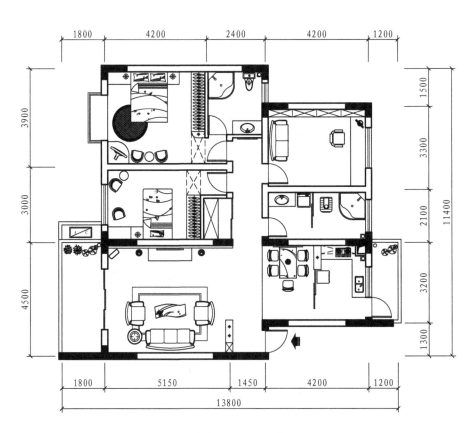

图4-7　住宅平面布置图绘制步骤二

（1）空间名称可以标注在图中，其他文字如无法标注，可以通过引线标注在图外，但是要注意排列整齐。

（2）注意标注的文字不宜与图中的主要结构发生矛盾，避免混淆不清。

（3）平面布置图的填充主要针对图面面积较大的设计空间，一般是指地面铺装材料的填充。设计内容较简单的平面布置图可以在家具和构造的布局间隙全部填充；设计内容较复杂的可以局部填充；对于布局设计特别复杂的图纸，则不能填充，避免干扰主要图样，此时就需要另外绘制地面铺装平面图。

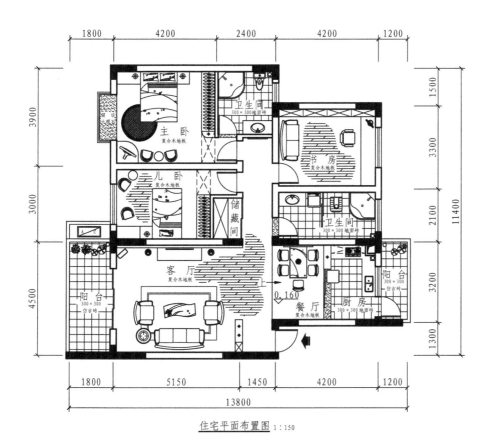

←图中的标注文字应当尽量摆放在空余的地面中央，如果地面材料填充与文字相互叠加，一定要以文字优先，让填充图案空白。在平面布置图中，对地面材料填充并无明确要求，可以不绘制，待后期地面铺装图中再单独绘制。

住宅平面布置图 1:150

图4-8 住宅平面布置图绘制步骤三

4.2.4 屋顶花园平面布置图

平面布置图的绘制基于原始平面图，手工制图可以将原始平面图的框架结构重新描绘一遍，制图时可以将原始平面图复制保存即可继续绘制。

1.修整原始平面图

根据设计要求去除原始平面图上的部分细节尺寸和标注，绘制好门、窗与建筑主体，保留中央建筑室内空间的开门方向，绘制线条应当简洁（图4-9）。

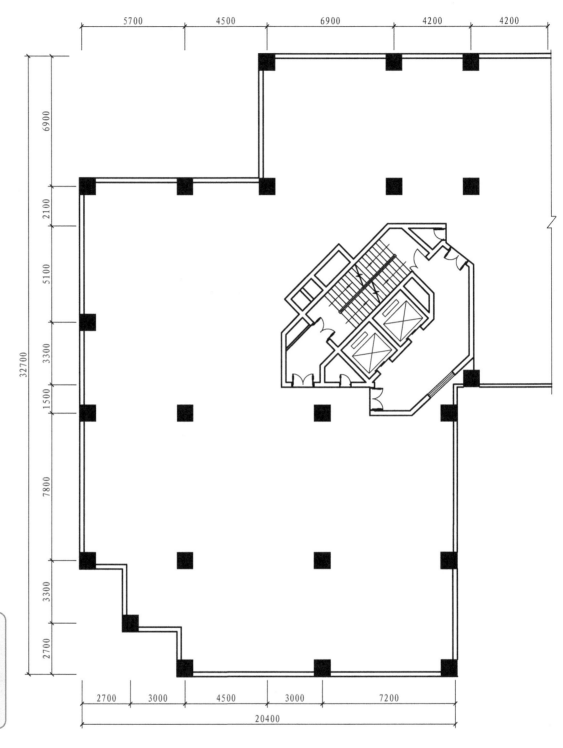

→绘制好建筑中的柱点，对室内空间的各种结构详细绘制，标注好尺寸。

图4-9 屋顶花园平面布置图绘制步骤一

2.绘制内部构造

依据设计方案在平面布置图中绘制楼梯台阶、雕塑小品、喷泉、亭子以及其他设施，还需在分区中绘制所需的构造，从图库中导出植物图例，按照设计要求放入平面布置图中（图4-10）。在绘制内部构造时，要控制好比例，不可过大，也不可过小，需参考物体的实际比例绘制，同种类别的也需采用同种图线，所赋予的色彩也需一致。

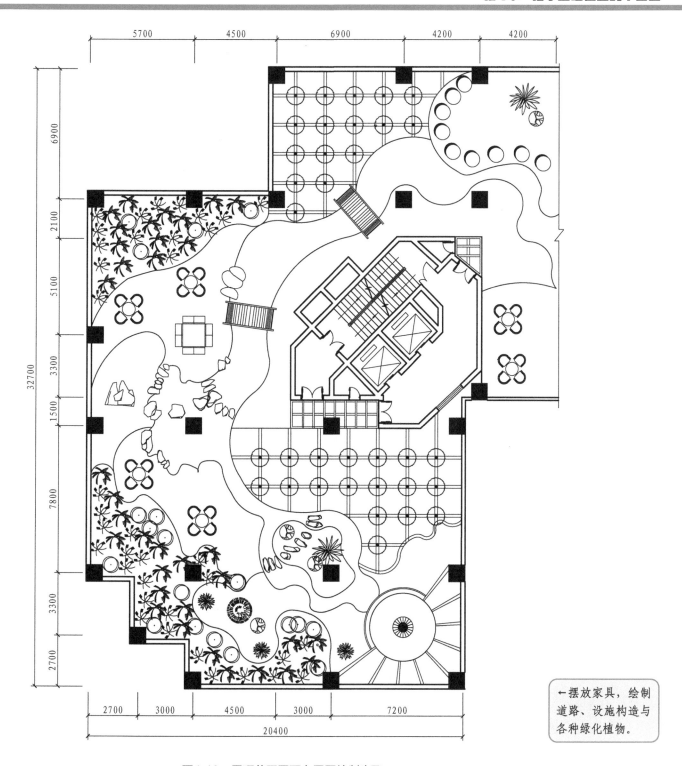

←摆放家具，绘制
道路、设施构造与
各种绿化植物。

图4-10 屋顶花园平面布置图绘制步骤二

3.标注与填充

当主要设计内容都以图样的形式绘制完毕后，就需要在其间标注文字说明，如空间名
称、构造名称、材料名称等（图4-11）。

（1）空间名称可以标注在图中，其他文字如无法标注，可以通过引线标注在图外，但
是要注意排列整齐。

（2）注意标注的文字不宜与图中的主要结构发生矛盾，避免混淆不清。

（3）平面布置图的填充主要针对图面面积较大的设计空间，一般是指地面铺装材料的填充，如填充草坪。

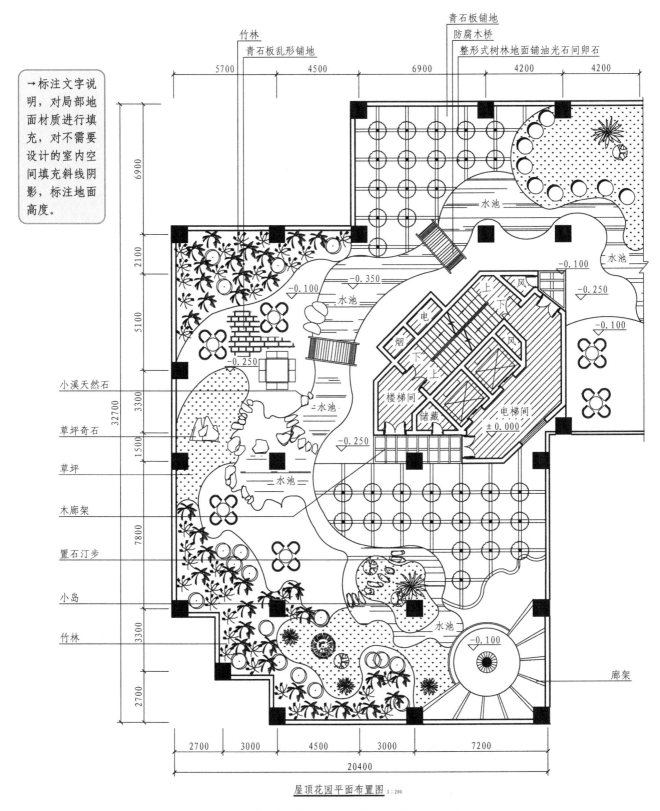

屋顶花园平面布置图 1:200

图4-11 屋顶花园平面布置图绘制步骤三

4.3.1　地面材料铺装平面图

地面材料铺装平面图主要用于表现平面图中地面构造设计和材料铺设的细节，它一般作为平面布置图的补充，当设计对象的布局形式和地面铺装非常复杂时，就需要单独绘制该图。

地面材料铺装平面图的绘制以平面布置图为基础，首先去除所有可以移动的设计构造与家具，如门扇、桌椅、沙发、茶几、电器、饰品等，但是需保留固定件，如隔墙、入墙柜体等，因为这些设计构造表面不需要铺设地面材料，然后给每个空间标明文字说明，环绕着文字来绘制地面铺装材料图样（图4-12）。

↓ 地面材料铺装平面图绘制注意：填充图案必须与施工现场一致，绘制时要注意填充图案的规格、表面和角度。大面积拼花广场铺装时，应该有具体规格、尺寸、角度、厚度、表面以及铺装的放样；大面积拼花广场的沉降缝也需要明确标明，既要考虑功能，又要考虑与拼花结合的美观。

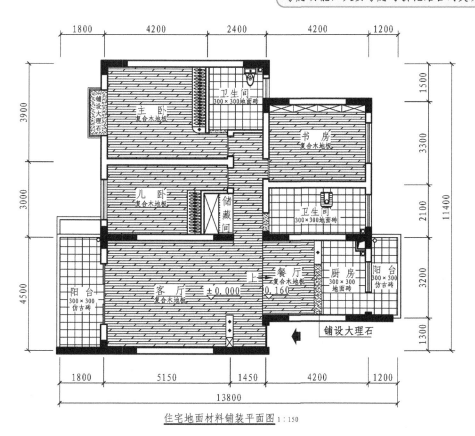

住宅地面材料铺装平面图 1:150

图4-12　住宅地面材料铺装平面图

对于不同种类的石材需要作具体文字说明，至于特别复杂的石材拼花图样需要绘制引出符号，在其后的图纸中增加绘制大样图。地面铺装平面图的绘制相对简单，但是一般不可缺少，尤其是酒店、餐厅、广场、公园等公共空间的设计更是需要深入表现（图4-13）。

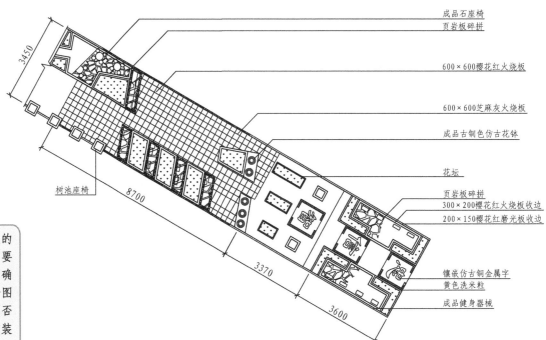

成品石座椅
页岩板碎拼

600×600樱花红火烧板

600×600芝麻灰火烧板

成品古铜色仿古花钵

花坛

页岩板碎拼
300×200樱花红火烧板收边
200×150樱花红磨光板收边

镶嵌仿古铜金属字
黄色洗米粒

成品健身器械

3450

8700

3370

3600

树池座椅

景观地面材料铺装平面图 1:150

图4-13 景观地面材料铺装平面图

→ 绘制面积较大的铺装平面图时，要注意绘图比例，确定图例。注意绘图比例不宜过小，否则植物与地面铺装材料纹理看不清楚。

图库与图集

在装修施工图绘制中，一般需要加入大量的家具、配饰、铺装图案等元素，以求得完美的图面效果，而临时绘制这类图样会消耗大量的时间和精力。为了提高图纸品质和绘图者的工作效率，可以在日常学习、工作中不断搜集相关图样，将时尚、精致的图样归纳起来，并加以修改，整理成为个人或企业的专用图库，方便随时调用，无论对于手绘绘制还是计算机绘制，这项工作都相当有意义。如果要绘制更高品质的商业图，追求唯美的图面效果，获得投资方青睐，可以通过专业书店或网络购买成品图库与图集，使用起来会更加得心应手（图4-14）。

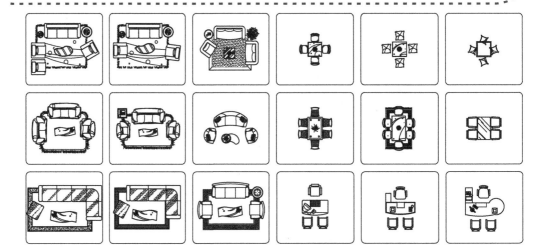

图4-14 平面图图库示例

4.3.2 地面植物种植铺装平面图

地面植物种植铺装平面图（图4-15）是植物种植施工、工程预结算、工程施工监量和验收的依据，它能准确表达出种植设计的内容和意图，可以反映规划用地范围内所设计植物的种类、数量、规格、种植位置、配置方式、种植形式以及种植要求，能为绿化种植工程施工提供依据。在绘制植物种植设计平面图时可以参考《风景园林基本术语标准》（CJJ/T 91—2017）、《城市绿地分类标准》（CJJ/T 85—2017）和《环境景观——绿化种植设计》（03J012—2）。

←绘制出其他造园要素的平面位置，将建筑、道路、广场、山石、水体及其他景观设施平面位置按绘图比例绘制在图纸上。

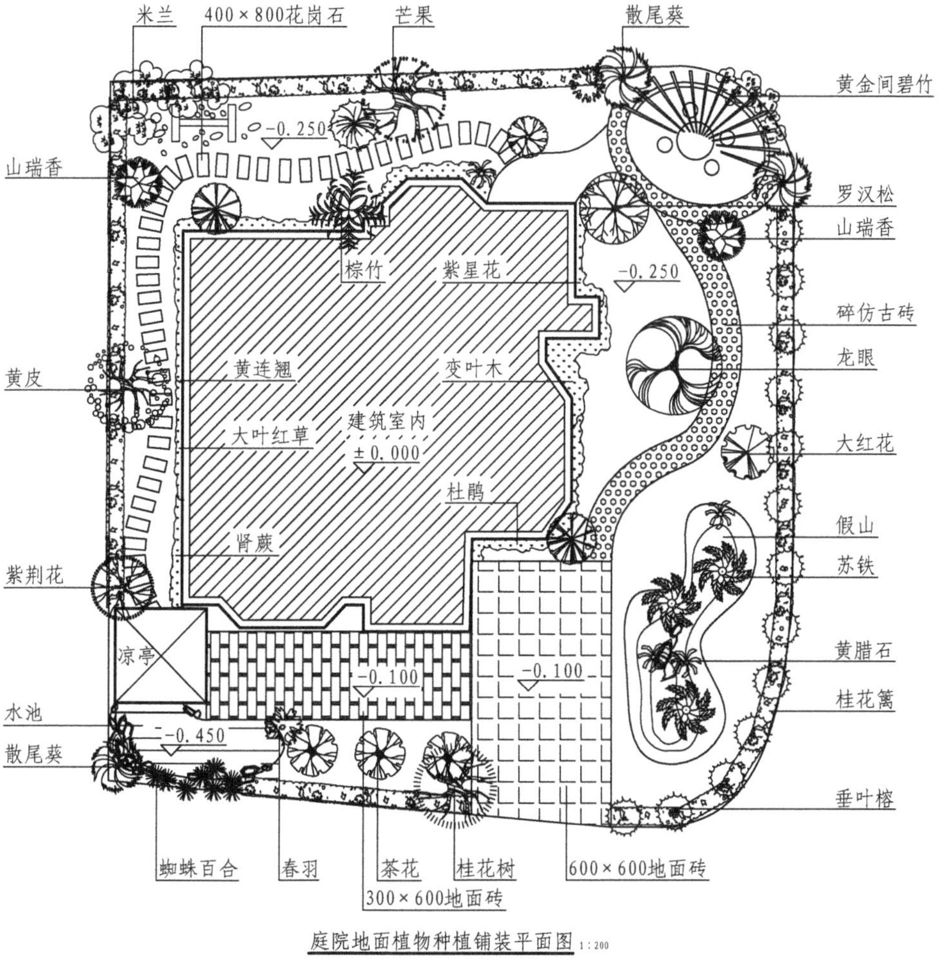

庭院地面植物种植铺装平面图 1:200

图4-15 庭院地面植物种植铺装平面图

1.注意分类进行数字和文字标注

植物种植形式可分为点状种植、片状种植和草皮种植三种类型，根据这三种形式的不同可选择不同的方法进行数字和文字标注。

（1）点状种植。点状种植有规则式种植与自由式种植两种。规则式种植可用尺寸标示出株行距，始末树种植点与参照物的距离；自由式种植，如孤植树，则可用坐标标注清楚种植点的位置或采用三角形标注法进行标注。采用点状种植植物时，应在施工图中表达清楚，可用DQ、DG加阿拉伯数字分别表示点状种植的乔木、灌木；植物的种植修剪和造型代号可用罗马数字Ⅰ、Ⅱ、Ⅲ、Ⅳ等标示，依次分别代表自然生长形、圆球开形、圆柱形以及圆锥形等。

（2）片状种植。片状种植是指在特定的边缘界线范围内成片种植乔木、灌木和草本植物的种植形式，但草皮除外。要表现片状种植，施工图应绘出清晰的种植范围边界线，标明植物名称、规格、密度等。对于边缘线呈规则的几何形状的片状种植，可用尺寸标注方法标注，而边缘线呈不规则的自由线的片状种植，应绘制方格网放线图作以辅助，可用PQ、PG加阿拉伯数字来分别表示片状种植的乔木、灌木。

（3）草皮种植。草皮是在点状种植和片状种植以外的绿化种植区域种植，图例是用打点的方法表示，标注应标明草坪名、规格和种植面积（图4-16）。

→注意苗木的内容与格式要统一。苗木配合图面的植物进行编号标注，可标注植物名称，也可标注植物的拉丁学名，避免由于同名异物而造成误解，还可规定种植施工所采用的苗木规格、造型要求、种植面积、密度和数量等，因此其内容格式一定要统一，这样识图也会比较快捷。

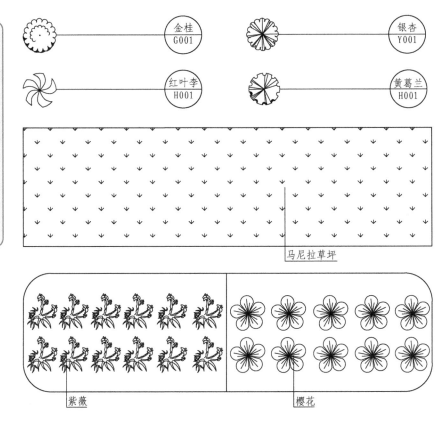

图4-16　植物表示方式

2.识读

（1）查看标题栏、比例、指北针及设计说明。了解工程名称、性质、所处方位及主导风向，明确工程目的、设计范围、设计意图，并了解绿化施工后应达到的效果。

（2）查看植物图例、编号、苗木统计表及文字说明。根据图纸中的各植物编号，对照苗木统计表及技术说明，了解植物的种类、名称、规格、数量等。

（3）查看植物的种植规格和定位尺寸，明确定点放线的基准，并仔细阅读植物种植详图，明确具体种植要求，合理地组织种植施工。

（4）查看图纸中植物种植位置及配置方式。根据植物种植位置及配置方式，分析种植设计方案是否合理，植物栽植位置与建筑物、构筑物和市政管线之间距离是否符合技术要求。

（5）查阅其他优秀图纸，并结合平面布置图和地面铺装图进行对比分析。

3.绘制要求

（1）在景观植物种植设计平面图中，需要绘制出植物、建筑、水体、道路及地下管线等的位置。植物要用细纹线表示；水体边界驳岸要用粗实线表示，沿水体边界线内侧可用细实线表示出水面；构筑物和建筑物要用中实线绘制；道路要用细实线绘制；地下管道或构筑物则用中虚线绘制。

（2）在景观植物种植设计平面图中，需将各种植物按平面图中的图例，绘制在所设计的种植位置上，并以圆点表示出树干位置，树冠大小按成龄后效果最好时的冠幅绘制，并将不同树种统一编号，标注在树冠图例内。

（3）同一树种尽量以粗实线连接，并用索引符号对树种进行逐一编号，索引符号要用细实线绘制，圆圈的上半部注写植物编号，下半部注写数量，应排列整齐使图面清晰。在规则式的种植设计图中，对单株或丛植的植物要以网点表示种植位置；对蔓生和成片种植的植物，要以细实线绘制出种植范围；草坪则用小网点表示，小网点应绘制得有疏有密，在道路、建筑物、山石、水体等边缘处应绘制得更细密，然后距离越远越稀疏（图4-17）。

> ↓ 当没有绿化植物时，应当尽力表现地面铺装材料的形体特征，以真实完整的形态表达出来。

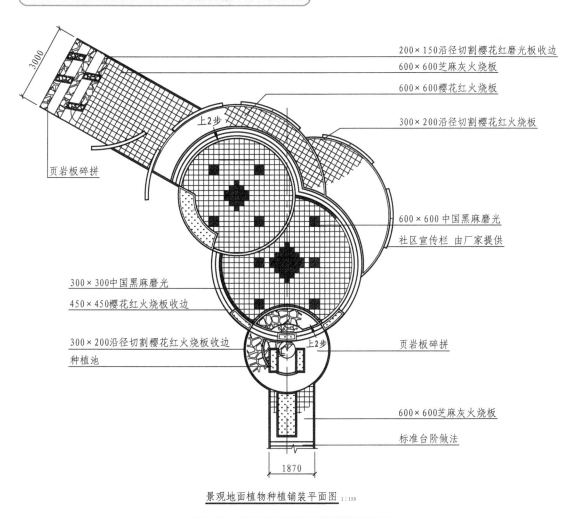

图4-17　景观地面植物种植铺装平面图

4.4

顶棚平面图表现空间构造

顶棚平面图又称为天花平面图，按规范的定义应是以镜像投影法绘制的顶棚平面图，用来表现设计空间顶棚的平面布置状况与构造形态。顶棚平面图一般在平面布置图之后绘制，也属于常规图样之一，它与平面布置图的功能一样，除了反映顶棚设计形式外，主要为绘制后期图样奠定基础（图4-18）。

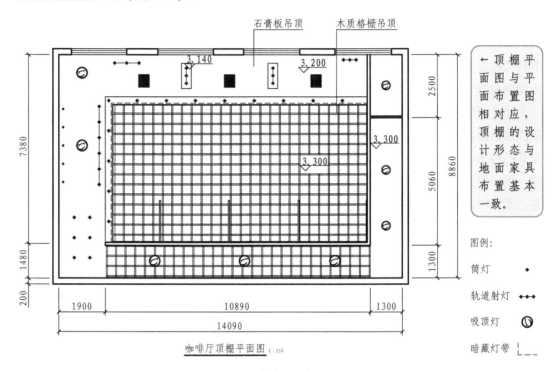

咖啡厅顶棚平面图 1:150

图4-18　咖啡厅顶棚平面图

4.4.1　识读要点

1.尺寸构造

了解既定空间内顶棚的设置类型和尺寸关系，明确平顶处理及悬吊顶棚的分布区域和位置尺寸，了解顶棚设计项目与建筑主体结构的衔接关系。

2.材料与工艺

熟悉顶棚设计的构造特点、各部位吊顶的龙骨种类、罩面板材质、安装施工方法等。通过查阅相应的剖面图及节点详图，明确主、次龙骨的布置方向和悬吊构造，明确吊顶板的安装方式。如果有需要，还要标明所用龙骨主配件、罩面装饰板、填充材料、增强材料、饰面材料以及连接紧固材料的品种、规格、安装面积、设置数量，以确定加工订制及购货计划。

3.设备

了解吊顶内的设备、管道和布线情况，明确吊顶标高、造型形式和收边封口处理。通过顶棚其他系统的配套图纸，确定吊顶空间构造层及吊顶面所设音响、空调送风、灯具、烟感器和喷淋头等设备的位置，明确隐蔽或明露要求以及各自的安装方法，明确工种分工、工序安排和施工步骤。

4.4.2　基本绘制内容

顶棚平面图需要表明顶棚平面形态及其设计构造的布置形式和各部位的尺寸关系；表明顶棚施工所选用的材料种类与规格；表明灯具的种类、布置形式与安装位置；表明空调送风、消防自动报警、喷淋灭火系统以及与吊顶有关的音响等设施的布置形式和安装位置。对于需要另设剖面图或构造详图的顶棚平面图，应当标明剖切位置，标注剖切符号和剖切面编号。

4.4.3　顶棚平面图绘制步骤

顶棚布置图是指将建筑空间距离地面1.5m的高度水平剖切后向上看到的顶棚布置状态，可以将平面布置图的基本结构描绘或复制一份，去除中间的家具、构造和地面铺装图形，保留墙体、门窗位置（去除门扇），在上面继续绘制顶棚布置图。

1.绘制构造与设备

首先，根据设计要求绘制出吊顶造型的形态轮廓，区分不同高度上的吊顶层面；然后，绘制灯具和各种设备，注意具体位置应该与平面布置图中的功能分区相对应，灯具与设备的样式也可以从图库中调用，尽量具体细致，这样就无需另附图例说明（图4-19）。

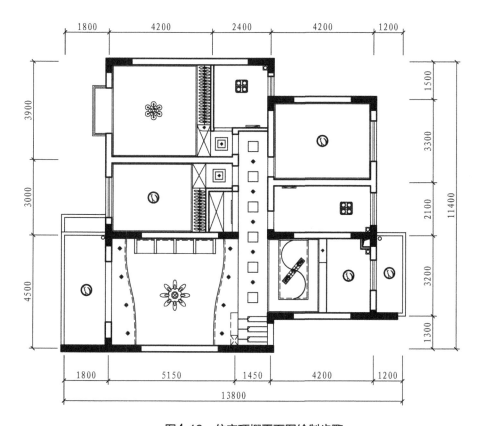

←顶棚平面图的基础构件是在平面布置图上改进而来的，删除平面布置图中的门线，将门洞封闭为墙体，但是窗户一般不作变化，因为顶棚平面图是从地面起1.5m的高度向上观察的结果。因此，还需绘制吊顶轮廓造型与灯具布置。

图4-19　住宅顶棚平面图绘制步骤一

2.标注与填充

当主要设计内容都以图样的形式绘制完毕后，也需要在其间标注文字说明，主要包括标高和材料名称。注意标高三角符号的直角端点应放置在被标注的层面上，相距较远或被墙体分隔的相同层面需要重复标注。对于特殊电器、设备，可以采用引线引到图外标注，但是要注意排列整齐，其他要点同平面布置图（图4-20）。

→标注吊顶高度，在必要的构造上填充图形来表明吊顶材料，当图形密度较大时，文字说明标注在图形以外，用引线连接。

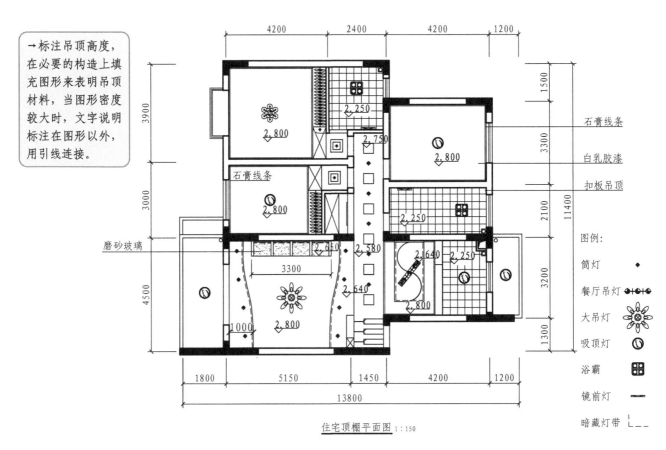

住宅顶棚平面图 1:150

图4-20　住宅顶棚平面图绘制步骤二

设计说明的编写方法

（1）介绍设计方案：简要说明设计项目的基本情况，如所在地址、建筑面积、周边环境、投资金额、投资方要求、联系方式等，表述这些信息时，措辞不宜过于机械、僵硬。

（2）提出设计创意：设计创意是指布局形式、风格流派和设计者的思维模式。提出布局形式能很好地表述空间功能，需要逐个表述空间的形态、功能、装饰手法。

（3）材料配置：提出在该设计项目中运用到的特色材料，说明材料特性、规格、使用方法。

（4）施工组织：阐述各主要构造的施工方法，重点表述近年来较流行的新工艺，提出质量保障措施和施工监理要求，最好附带施工项目表。

（5）设计者介绍：除了说明企业、设计师和绘图员等基本信息外，还需简要地表明工作态度和决心，获取投资方更大信任。

除了上述四种平面图外，在实际工作中，可能还需要细化并增加其他类型的平面图，如结构改造平面图、绿化配置平面图等，它们的绘制要点和表现方式都要以明确表达设计思想为目的，每一张图纸都要真正体现出自身作用，在实际绘制过程中还可以参考其他同类型的优秀图纸（图4-21～图4-28）。

4.5

平面图案例

↓最常见的平面图一般是指平面布置图与顶面布置图，一下一上均能反映出设计空间的基本面貌，如果图纸的幅面够大，可以将图纸放大显示并打印输出，这样能在图纸中绘制和注明更多信息，如材质填充与各种文字说明等，保证1或2张图纸就能满足施工的需要。

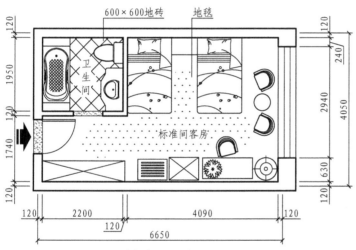

酒店标准间平面布置图 1:100

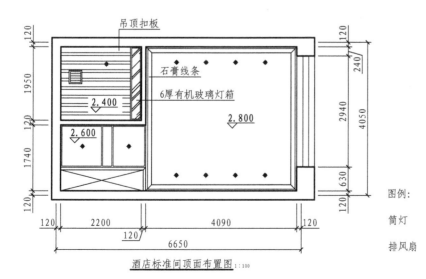

酒店标准间顶面布置图 1:100

图4-21 酒店标准间平面图

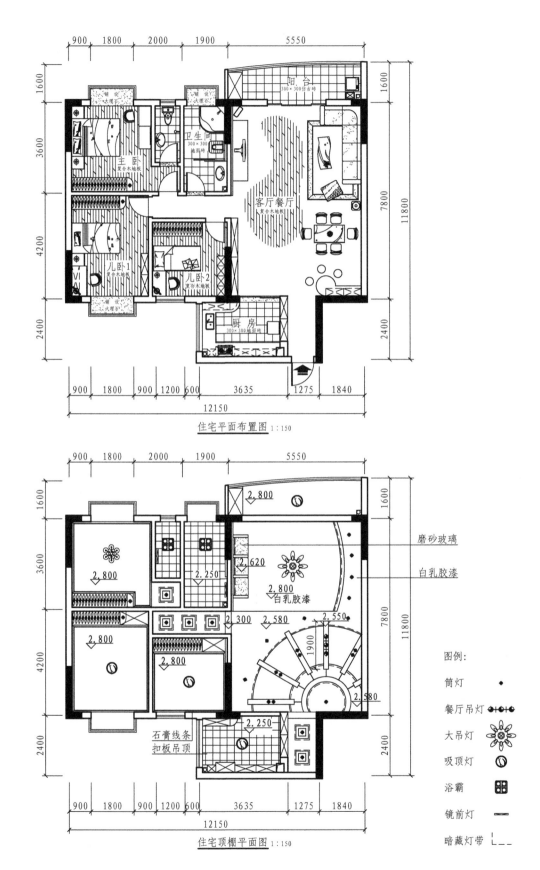

住宅平面布置图 1:150

住宅顶棚平面图 1:150

图例：

筒灯

餐厅吊灯

大吊灯

吸顶灯

浴霸

镜前灯

暗藏灯带

图4-22 住宅平面图（一）

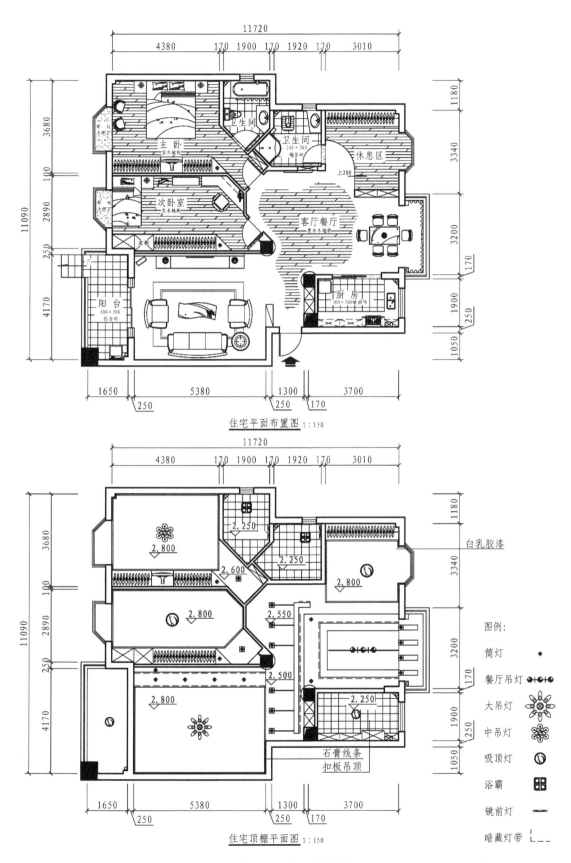

住宅平面布置图 1:150

住宅顶棚平面图 1:150

图例:

筒灯

餐厅吊灯

大吊灯

中吊灯

吸顶灯

浴霸

镜前灯

暗藏灯带

图4-23 住宅平面图（二）

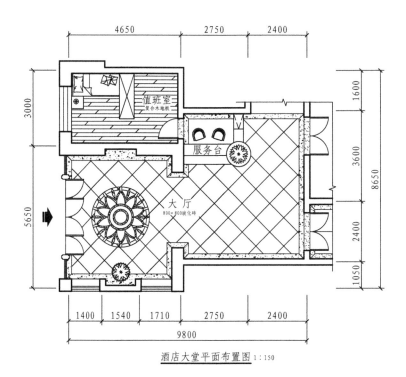

酒店大堂平面布置图 1:150

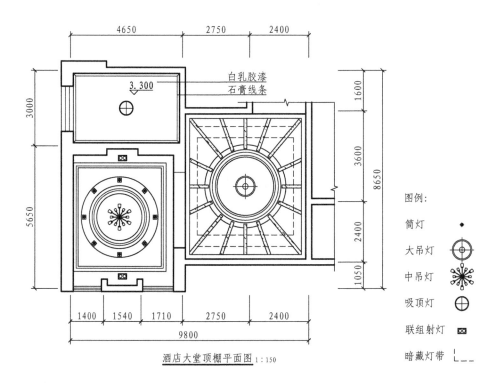

图例:

筒灯 ◆

大吊灯 ⊕

中吊灯 ✳

吸顶灯 ⊕

联组射灯 ▨

暗藏灯带 ⌐⌐

酒店大堂顶棚平面图 1:150

图4-24 酒店大堂平面图

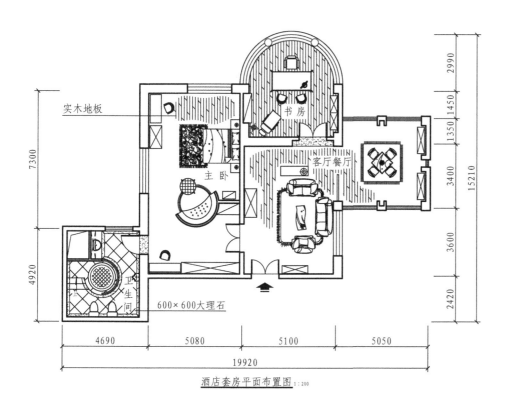

酒店套房平面布置图 1:200

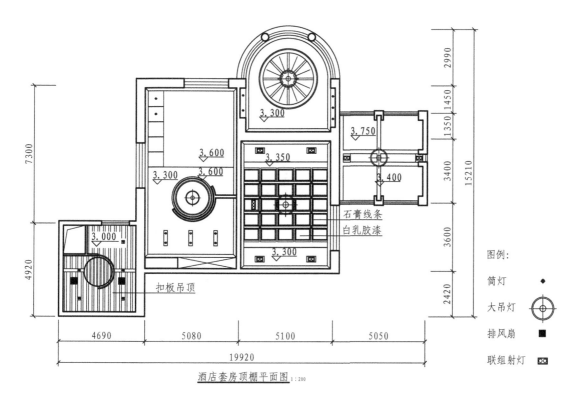

酒店套房顶棚平面图 1:200

图4-25　酒店套房平面图

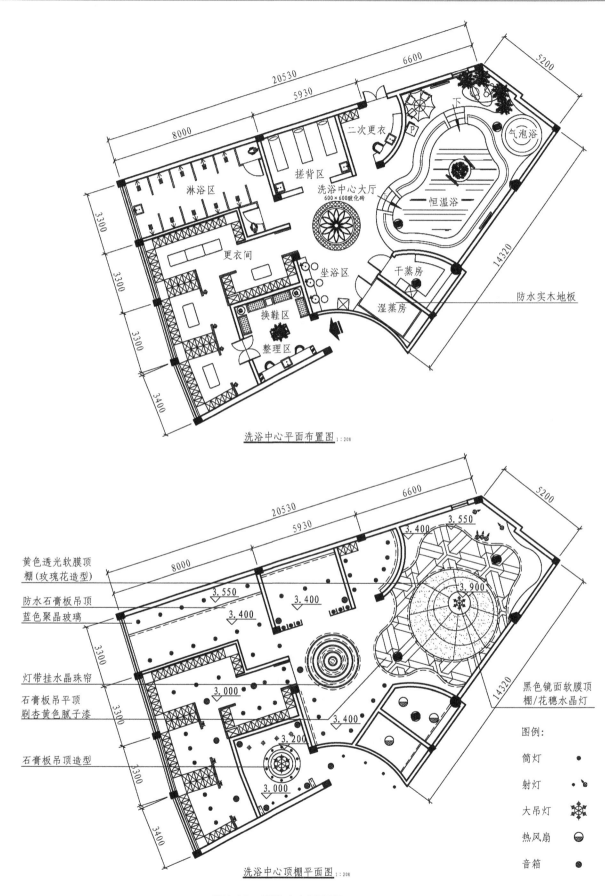

洗浴中心平面布置图 1:200

洗浴中心顶棚平面图 1:200

图4-26 洗浴中心平面图

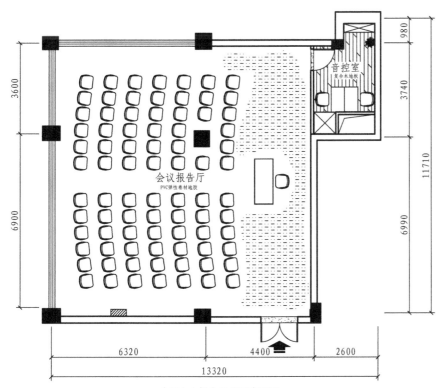

会议中心报告厅平面布置图 1:150

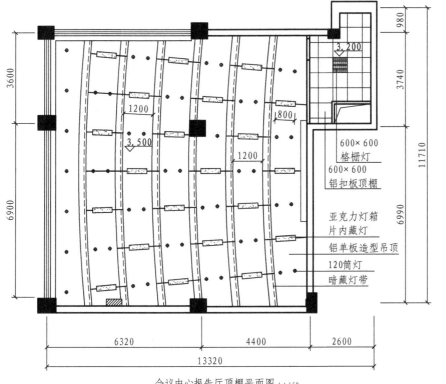

会议中心报告厅顶棚平面图 1:150

图4-27 会议中心报告厅平面图

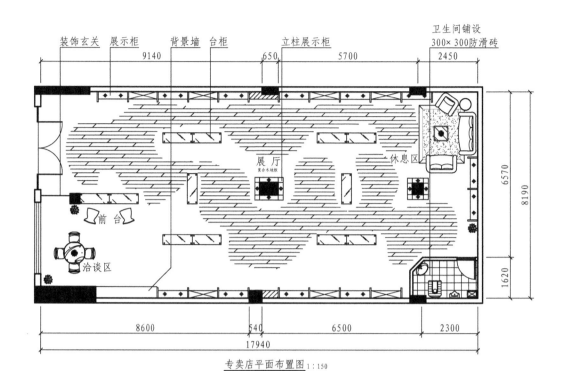

装饰玄关　展示柜　　背景墙　台柜　　　立柱展示柜　　卫生间铺设
300×300防滑砖

专卖店平面布置图 1:150

格栅射灯　　暗藏灯带　石膏板吊顶　　　条形铝合金扣板　300×300吊顶扣板

专卖店顶棚平面图 1:150

图例：　　　吊灯　⊕

筒灯　◆　　吸顶灯　⊘

联组射灯　▦　　暗藏灯带　└ ┘

图4-28　专卖店平面图

第5章

必要的给水排水图

识图难度：★★★★☆

核心概念：识读、给水排水平面图、管道轴测图

章节导读：给水排水图是装修设计制图中不可或缺的组成部分，通常分为排水平面图和管道轴测图两种形式。它主要表现在设计空间中的给水排水管布置、管道型号、配套设施布局、安装方法等内容，使整体设计功能更加齐备，保证后期给水排水施工能顺利进行。

只有细致地绘制给水排水图，才能更好地施工。从图例开始识图。

给水排水图交接的那一刻：

"图例、管线布局、尺寸等都没有问题，可以安心了吗？"

"花费了不少时间，也认真比对了相关资料，绘图细致，可以放心施工了。"

章节要点：

在绘制给水排水图之前，首先要先关注一些给水排水相关的必要资料，如空间的层高、建筑面积、管井位置、房型以及卫生器具的配备数量等，最好整理列表，这样也方便后续计算材料数量。

给水排水图主要表现为室内空间中的给水排水管布置、管道型号、配套设施布局以及安装方法等内容，使整体设计功能更加齐备，保证后期给水排水施工能顺利进行。

5.1.1 图线和比例

1.图线

给水排水制图的主要绘制对象是管线，因此图线的宽度 b 应根据图纸的类别、比例和复杂程度确定，按《房屋建筑制图统一标准》（GB／T 50001—2017）中所规定的线宽系列 1.4mm、1.0mm、0.7mm、0.5mm中选用，宜为0.7mm或1.0mm。由于管线复杂，在实线和虚线的粗、中、细三档线型的线宽中再增加了一档中粗线，因而线宽组的线宽比也扩展为粗：中粗：中：细＝1：0.7：0.5：0.25。

给水排水专业制图常用的各种线型宜符合表5-1的规定。

表5-1　给水排水专业制图常用线型　　　　　　　　（单位：mm）

名　称	线　型	线　宽	用　途
粗实线		b	新设计的各种排水和其他重力流管线
粗虚线		b	新设计的各种排水和其他重力流管线的不可见轮廓线
中粗实线		$0.7b$	新设计的各种给水和其他压力流管线；原有的各种排水和其他重力流管线
中粗虚线		$0.7b$	新设计的各种给水和其他压力流管线及原有的各种排水和其他重力流管线的不可见轮廓线
中实线		$0.5b$	给水排水设备、零（附）件的可见轮廓线；总图中新建的建筑物和构筑物的可见轮廓线；原有的各种排水和其他压力流管线
中虚线		$0.5b$	给水排水设备、零（附）件的不可见轮廓线；总图中新建的建筑物和构筑物的不可见轮廓线；原有的各种给水和其他压力流管线的不可见轮廓线
细实线		$0.25b$	建筑的可见轮廓线；总图中原有的建筑物和构筑物的可见轮廓线；制图中的各种标注线
细虚线		$0.25b$	建筑的不可见轮廓线；总图中原有的建筑物和构筑物的不可见轮廓线
单点长画线		$0.25b$	中心线、定位轴线
折断线		$0.25b$	断开界线
波浪线		$0.25b$	平面图中水面线；局部构造层次范围线；保温范围示意线

2.比例

给水排水专业制图中平面图常用的比例宜与相应建筑平面图一致，在给水排水轴测图中，如果表达有困难，该处可不按比例绘制。

5.1.2 其他标准

1.标高

标高符号及一般标注方法应符合《房屋建筑制图统一标准》（GB／T 50001—2017）中的规定。室内工程应标注相对标高，标注应参考《总图制图标准》（GB／T 50103—2010）（图5-1、图5-2）。

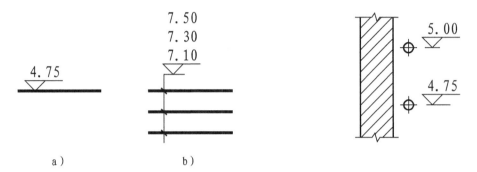

图5-1 平面图中标高　　　　　　　　　　图5-2 剖面图中标高

压力管道应标注管中心标高；沟渠和重力流管道宜标注沟（管）内底标高。在实际工程中，管道也可以标注相对本层地面的标高，标注方法为 $h + \times$，如 $h + 0.025$。

（1）在沟渠和重力流管道的起始点、转角点、连接点、变坡点、变坡尺寸（管径）点及交叉点处应标注标高。

（2）在压力流管道中的标高控制点处应标注标高。

（3）在管道穿外墙、剪力墙和构筑物的壁及底板等处应标注标高。

（4）在不同水位线处应标注标高。

（5）构筑物和土建部分应标注标高。

2.管径

管径应该以mm为单位。水煤气输送钢管（镀锌或非镀锌）、铸铁管等管材，管径宜以公称直径DN表示，如DN20、DN50等。无缝钢管、焊接钢管（直缝或螺旋缝）、铜管、不锈钢管等管材，管径宜以外径 $D \times$ 壁厚表示，如 $D108 \times 4$、$D159 \times 4.5$ 等（图5-3、图5-4）。

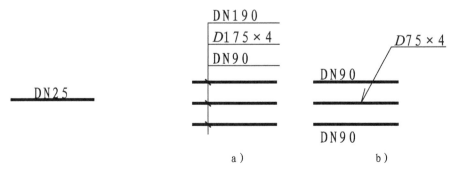

图5-3 单管管径表示法　　　　　　　　　图5-4 多管管径表示法

钢筋混凝土或（混凝土）管、陶土管、耐酸陶瓷管、缸瓦管等管材，管径宜以内径 D 表示，如 $D230$、$D380$ 等。塑料管材，管径宜按产品标准的表示方法表示。当设计均用公称直径DN表示管径时，应有公称直径DN与相应产品规格对照表。

3.编号

当建筑物的给水引入管或排水排出管的数量超过1根时，宜进行编号（图5-5）；建筑物内穿越楼层的立管，其数量超过1根时宜进行编号（图5-6）。

在总平面图中，当给水排水附属构筑物的数量超过1个时，宜进行编号。编号方法为：构筑物代号－编号。给水构筑物的编号顺序宜为：从水源到干管，再从干管到支管，最后到用户。排水构筑物的编号顺序宜为：从上游到下游，先干管后支管。当给水排水机电设备的数量超过1台时，宜进行编号，并应有设备编号与设备名称对照表。

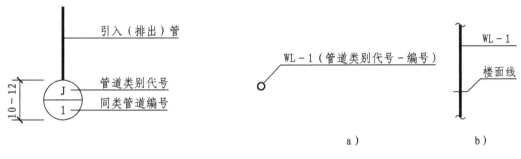

图5-5 给水排水管编号表示　　　　　　图5-6 立管编号表示

4.图例

由于管道是给水排水工程图的主要表达对象，这些管道的截面形状变化小，一般细而长，分布范围广，纵横交叉，管道附件众多，因此有它特殊的图示特点。管道类别应以汉语拼音字母表示，并符合表5-2中的要求。

表5-2 给水排水图常用图例

序号	名 称	图 例	备 注	序号	名 称	图 例	备 注
1	生活给水管	——— J ———		9	多孔管	——木——木——木——	
2	热力给水管	——— RJ ———		10	防护管套		
3	循环给水管	——— XJ ———		11	管道立管	XL-1　XL-1 平面　系统	X：管道类别 L：立管 1：编号
4	废水管	——— F ———	可与中水源水管合用				
5	通气管	——— T ———		12	立管检查口		
6	污水管	——— W ———		13	清扫口	平面　系统	
7	雨水管	——— Y ———					
8	保温管	～～～～		14	通气帽	成品　蘑菇形	

（续）

序号	名 称	图 例	备 注	序号	名 称	图 例	备 注
15	通气帽	成品　系统		34	弯 头		
16	排水漏斗	平面　系统		35	正三通		
17	圆形地漏	平面　系统	通用，如为无水封，地漏应加存水弯	36	斜三通		
18	方形地漏			37	正四通		
19	自动冲水箱			38	斜四通		
20	法兰连接			39	闸阀		
21	承插连接			40	角阀		
22	活接头			41	三通阀		
23	管堵			42	四通阀		
24	法兰堵盖			43	截止阀	$DN \geqslant 50mm$　$DN < 50mm$	
25	弯折管		表示管道向下及向后弯转90°	44	电动阀		
26	三通连接			45	电磁阀	M	
27	四通连接			46	浮球阀	平面　系统	
28	盲管			47	延时自闭冲洗阀		
29	管道丁字上接			48	放水龙头	平面　系统	
30	管道丁字下接						
31	管道交叉		在下方和后面的管道应断开				
32	短管			49	脚踏开关		
33	存水弯						

（续）

序号	名称	图例	备注	序号	名称	图例	备注
50	消防栓给水管	—— XH ——		56	雨淋灭火给水管	—— YL ——	
51	自动喷水灭火给水管	—— ZP ——		57	水幕灭火给水管	—— SM ——	
52	室内消火栓（单口）平面 系统		白色为开启面	58	立式洗脸盆		
53	室内消火栓（双口）平面 系统			59	台式洗脸盆		
54	自动喷洒头（开式）平面 系统			60	挂式洗脸盆		
55	自动喷洒头（闭式）平面 系统		下喷	61	浴盆		
		平面 系统	上喷	62	化验盆、洗涤盆		
		平面 系统	上下喷				

给水排水图审核的原则

（1）设计是否符合国家有关技术政策和标准规范及《建筑工程设计文件编制深度》（2016年版）的规定。图纸资料是否齐全，能否满足施工需要。

（2）设计是否合理，有无遗漏，图纸中的标注有无错误，有关管道编号、设备型号是否完整无误，有关部位的标高、坡度、坐标位置是否正确，材料名称、规格型号、数量是否正确完整。

（3）设计说明及设计图中的技术要求是否明确，设计是否符合企业施工技术装备条件，如需要采用特殊措施时，技术上有无困难，能否保证施工质量和施工安全。

（4）设计意图、工程特点、设备设施及其控制工艺流程、工艺要求是否明确，各部分设计是否明确，是否符合工艺流程和施工工艺要求。

（5）管道安装位置是否美观和使用方便。管道、组件、设备的技术特性，如工作压力、温度、介质是否清楚。

（6）需要采用特殊施工方法、施工手段、施工机具的部位要求和作法是否明确，有无特殊材料要求，其规格、品种、数量能否满足要求，有无材料代用的可能性。

5.2

有逻辑地识读给水排水图

由于给水排水图中的管道和设备非常复杂，在识读给水排水图时要注意以下四点。

5.2.1 正确认识图例

给水与排水工程图中的管道及附件、管道连接、阀门、卫生器具及水池、设备及仪表等，都要采用统一的图例表示。在识读图纸时最好能随身携带一份国家标准图例，应用时可以随时查阅该标准。凡在该标准中尚未列入的，可自设图例，但在图纸上应专门画出自设的图例，并加以说明，以免引起误解。

5.2.2 辨清管线流程

给水与排水工程中管道很多，常分成给水系统和排水系统。它们都按一定方向通过干管、支管，最后与具体设备相连接。如室内给水系统的流程为：进户管（引入管）→水表→干管→支管→用水设备；室内排水系统的流程为：排水设备→支管→干管→户外排出管。常用"J"作为给水系统和给水管的代号，用"F"作为废水系统和废水管的代号，用"W"作为污水系统和污水管的代号，现代住宅、商业和办公空间的排水管道基本都以"W"作为统一标识。

5.2.3 对照轴测图

由于给水排水管道在平面图上较难表明它们的空间走向，所以在给水与排水工程图中，一般都用轴测图直观地画出管道系统，称为系统轴测图，简称轴测图或系统图。阅读图纸时，应将轴测图和平面图对照识读。轴测图能从空间上表述管线的走向，表现效果更直观。

5.2.4 配合原始建筑图

由于给水排水工程图中管道设备的安装，需与土建施工密切配合，所以给水排水施工图也应与土建施工图（包括建筑施工图和结构施工图）相互密切配合，尤其在留洞、预埋件、管沟等方面对土建的要求，需在图纸上表明。

5.3.1 绘制内容要求

给水排水平面图主要反映管道系统各组成部分的平面位置，因此，设计空间的轮廓线应与设计平面图或基础平面图一致，一般只要抄绘墙身、柱、门窗洞、楼梯等主要构配件，至于细部、门窗代号等均可略去。

5.3.2 绘制注意事项

1.抄绘产品构造

底层平面图（即±0.000标高层平面图）应在右上方绘出指北针，卫生设备和附件中有一部分是工业产品，如洗脸盆、大便器、小便器、地漏等，只表示出它们的类型和位置；另一部分是在后期施工中需要现场制作的，如厨房中的水池（洗涤盆）、卫生间中的大小便槽等，这部分图形先由建筑设计人员绘制，在给水排水平面图中仅需抄绘其主要轮廓。

2.标注管径

给水排水管道应包括立管、干管、支管，要注出管径，底层给水排水平面图中还有给水引入管和废水、污水排出管。

3.按系统编号

为了便于读图，在底层给水排水平面图中的各种管道要按系统编号，系统的划分视具体情况而异，一般给水管以每一根引入管为一个系统，污水、废水管与每一个承接排水管的检查并为一个系统。

4.统一图例

图中的图例应采用标准图例，自行增加的标准中未列的图例，应附上图例说明，但为了使施工员便于阅读图纸，无论是否采用标准图例，最好都能附上各种管道及卫生设备等的图例，并对施工要求和有关材料等内容用文字加以说明，通常将图例和施工说明都附在底层给水排水平面图中。

5.3.3 绘制步骤

绘制给水排水平面图注重图纸的表意功能，具体绘制方法可以分为三个步骤。

1.抄绘基础平面图

（1）先抄绘基础平面图中的墙体与门窗位置等固定构造形态，再绘制现有的给水排水立管和卫生设备的位置。

（2）选用比例宜根据图纸的复杂程度合理选择，一般采用与平面图相同的比例，由于平面布局不是该图的主要内容，所以墙、柱、门窗等都用细实线表示。抄绘建筑平面图的数量，宜视卫生设备和给水排水管道的具体状况来确定。

（3）对于多层建筑，底层由于室内管道需与室外管道相连，必须单独画出一个完整的平面图。其他楼层的平面图只抄绘与卫生设备和管道布置有关的部分即可，但是还应分层抄绘。

（4）抄绘时如果楼层的卫生设备和管道布置完全相同，也可以只画出相同楼层的一个平面图，但在图中必须注明各楼层的层次和标高。

（5）设有屋顶水箱的楼层可以单独画出屋顶给水排水平面图，当管道布置不太复杂时，也可在最高楼层给水排水平面图中用中虚线画出水箱的位置。

（6）各类卫生设备一般需按照国家标准图例绘制，用中实线画出其平面图形的外轮廓。对于非标准设计的设施和器具，则应在建筑施工图中另附详图，这里不必详细画出其形状。

（7）如果在施工或安装时有所需要，可注出它们的定位尺寸。如图5-7中的卫生设备，如洗脸盆、浴盆、坐式大便器等，都采用定型产品，按相关图集安装。

→抄绘或复制的图纸应当将墙体、门窗等构造的线条改为细实线，细实线仅仅是反应位置的存在，线条的粗细要与后期绘制的管道线条区分开。用水点与排水点所在位置要精准，与用水洁具保持一致，如果热水器安装高度在1.5m以上，需用虚线表示。

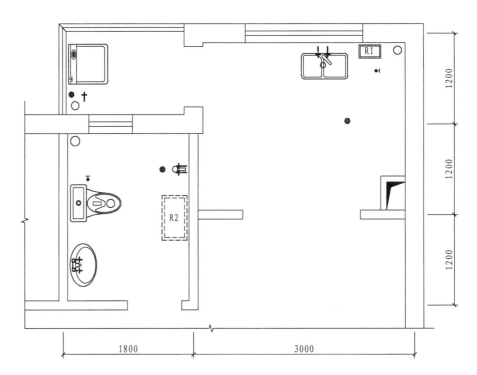

图5-7　住宅厨房卫生间给水排水平面图绘制步骤一

2.设计管道

当所有卫生设备和给水排水立管绘制完毕后就可以绘制连接管线，管线的绘制顺序是先连接给水管，再连接排水管，管线连接尽量简洁，避免交叉过多、转角过多，尽量降低管线连接长度。

（1）管线应采用汉语拼音字头代号来表示管道类别，此外，还可以使用不同线形来区分，这对较简单的给水排水制图比较适用，如中粗实线表示冷给水管，中粗虚线表示热给水管，粗单点画线表示污水管等。

（2）凡是连接某楼层卫生设备的管道，无论是安装在楼板上，还是楼板下，都可以画在该楼层平面图中；无论管道投影是否可见，都按原线型表示。

（3）给排水平面图按投影关系仅表示了管道的平面布置和走向，对管道的空间位置表达得不够明显，所以还必须另外绘制管道的系统轴测图。

（4）管道的长度是在施工安装时，根据设备间的距离，直接测量截割的，所以在图中不必标注管长（图5-8）。

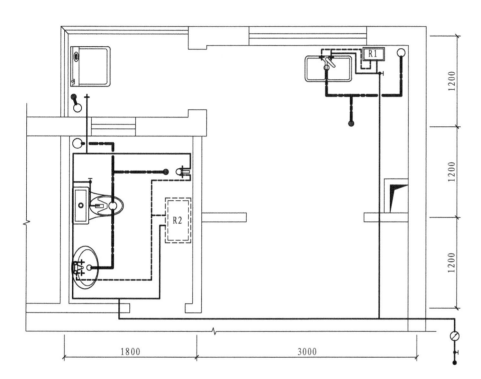

←连接管道应当横平竖直，减少转角与交叉，实际施工状态与设计绘制的施工图应当保持高度一致。

图5-8　住宅厨房卫生间给水排水平面图绘制步骤二

3.标注与图例

（1）连接管线后要标注上相关的文字和尺寸，注意检查、核对，发现错误与不合理的地方要及时更正。

（2）给水排水管，包括低压流体输送用的镀锌焊接钢管、不镀锌焊接钢管、铸铁管等的管径尺寸应以mm为单位，以公称直径DN表示，如DN15、DN50等，一般标注在该管段的旁边，如位置不够时，也可用引出线引出标注。

（3）标注顺序一般为先标注立管，再标注横管，先标注数字和字母，再书写汉字标题。

（4）绘制图例要完整，图例大小一般应该与平面图一致，对于过大或过小的构件可以适当扩减，标注完成再重新检查一边，纠正错误（图5-9）。

→标注管道型号与
编号，标注出地面
高度差异，检查管
道是否绘制合理，
必要时进行最后的
调整。

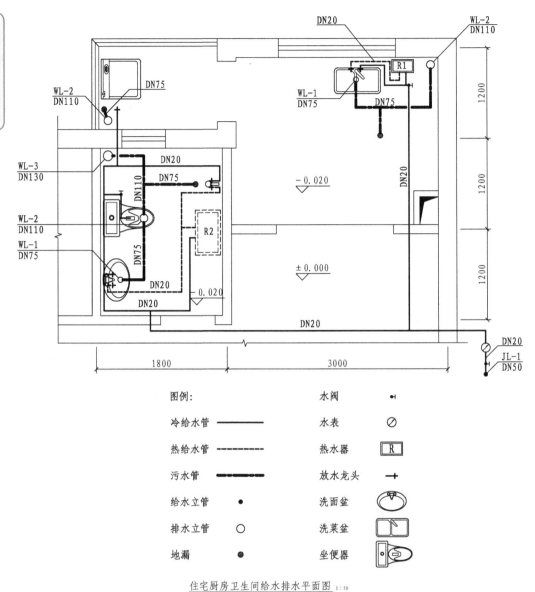

图例：

冷给水管	——————	水阀	⊢•
热给水管	- - - - - -	水表	⊘
污水管	▬▬▬▬	热水器	R
给水立管	●	放水龙头	┼
排水立管	○	洗面盆	
地漏	◉	洗菜盆	
		坐便器	

住宅厨房卫生间给水排水平面图 1:50

图5-9　住宅厨房卫生间给水排水平面图绘制步骤三

　　管道轴测图上需要表示各管段的管径、坡度、标高及附件在管道上的位置，因此又称为给水排水系统轴测图，一般采用与给水排水平面图相同的比例。

　　管道轴测图能在给水排水平面图的基础上进一步深入表现管道的空间布置情况，在绘制管道轴测图之前需要先绘制给水排水平面图（图5-10），再根据管道布置形式绘制管道轴测图。

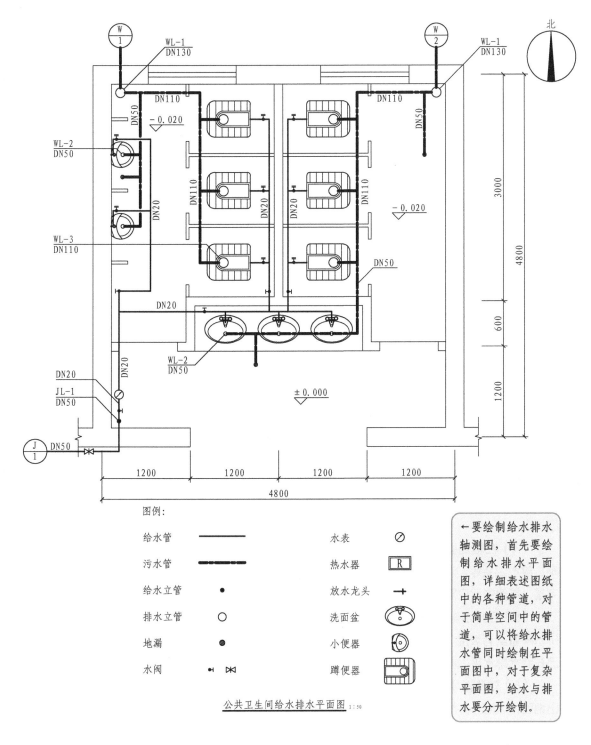

图5-10　公共卫生间给水排水平面图

5.4

立体化的管道轴测图

←要绘制给水排水轴测图，首先要绘制给水排水平面图，详细表述图纸中的各种管道，对于简单空间中的管道，可以将给水排水管同时绘制在平面图中，对于复杂平面图，给水与排水要分开绘制。

5.4.1 正面斜轴测图

在绘图时，按轴向量取长度较为方便，国家标准规定，给水排水轴测图一般按45°正面斜轴测投影法绘制，其轴间角和轴向伸缩系数也应按照标准规范来设定（图5-11）。

由于管道轴测图通常采用与给水排水平面图相同的比例，沿坐标轴X、Y方向的管道，不仅与相应的轴测轴平行，而且可从给水排水平面图中量取长度，平行于坐标轴Z方向的管道，则也应与轴测轴OZ相平行，且可按实际高度以相同的比例作出。凡不平行坐标轴方向的管道，则可通过作平行于坐标轴的辅助线，从而确定管道的两端点而连成。

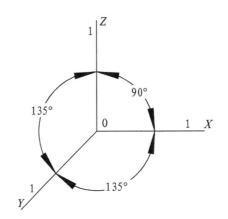

图5-11 给水排水管道轴测图所用的正面斜等测

5.4.2 管道绘制

（1）管道系统的划分一般按给水排水平面图中进出口编号已分成的系统，分别绘制出各管道系统的轴测图，这样，可避免过多的管道重叠和交叉。

（2）为了与平面图相呼应，每个管道轴测图都应该编号，且编号应与底层给水排水平面图中管道进出口的编号相一致。

（3）给水、废水、污水轴测图中的管道可以都用粗实线表示，其他的图例和线宽仍按原规定。

（4）在轴测图中不必画出管件的接头形式，在管道系统中的配水器，如水表、截止阀、放水龙头等，可用图例画出，但不必每层都画，相同布置的各层，可只将其中的一层画完整，其他各层只需在立管分支处用折断线表示。

（5）在排水轴测图中，可以用相应图例画出卫生设备上的存水弯、地漏或检查口等，排水横管虽有坡度，但是由于比例较小，故可画成水平管道。由于所有卫生设备或配水器具已在给水排水平面图中表达清楚，故在排水管道轴测图中就没有必要画出了。

（6）轴测图中还要画出被管道穿越的墙、地面、楼面、屋面的位置，一般用细实线画出地面和墙面，并加轴测图中的材料图例线，用一条水平细实线画出楼面和屋面。

（7）对于水箱等大型设备，为了便于与各种管道连接，可用细实线画出其主要外形轮廓的轴测图。

（8）当管道在系统图中交叉时，应在鉴别其可见性后，在交叉处将可见的管道画成延续，而将不可见的管道画成断开。

（9）当在同一系统中的管道因互相重叠和交叉而影响轴测图的清晰性时，可将一部分管道平移至空白位置画出，称为移置画法。

5.4.3　管道标注

（1）管道的管径一般标注在该管段旁边，标注空间不够时，可用指引线引出标注，室内给水排水管道标注公称直径DN。

（2）管道各管段的管径要逐段标注，当不连续的几段管径都相同时，可以仅标注它的始段和末段，中间段可以省略不标注。

（3）管道轴测图中标注的标高是相对标高，即以底层室内主要地面为±0.000。在给水轴测图中，标高以管中心为准，一般要注出引入管、横管、阀门及放水龙头，卫生设备的连接支管，各层楼地面及屋面，与水箱连接的各管道，以及水箱的顶面和底面等构造的标高。

（4）在排水轴测图中，横管的标高以管内底为准，一般应标注立管上的通气帽、检查口、排出管的起点标高。其他排水横管的标高，一般根据卫生设备的安装高度和管件的尺寸，由施工员决定。此外，还要标注各层楼地面及屋面的标高。

（5）凡有坡度的横管（主要是排水管），都要在管道旁边或引出线上标注坡度，当排水横管采用标准坡度时，则在图中可省略不标注，但需在施工图的说明中写明（图5-12、图5-13）。

绘制给水排水图需要认真思考，制图时要多想少画，完成后要反复检查，严格按照国家标准图例规范制图。

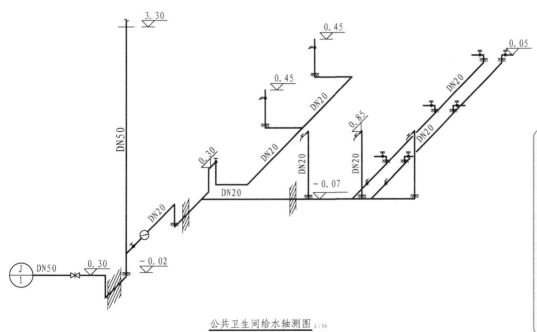

公共卫生间给水轴测图 1:50

左轴测图的倾斜方向一般没有要求，可以习惯性地向右上方倾斜，管道长度与间距虽然不必标注，但是仍要按实际尺寸绘制，每一段管道均要标注管道直径，倾斜管道上的文字一般也要倾斜标注。

图5-12　公共卫生间给水轴测图

→给水与排水的轴测图不要混合在一起，应当分开独立绘制，两种图的绘制细节基本一致，但是要注意的是排水管道中没有较大水压，平行管道应当具备不低于2%的坡度，这一点应当在图上用箭头与地面标高来表现。

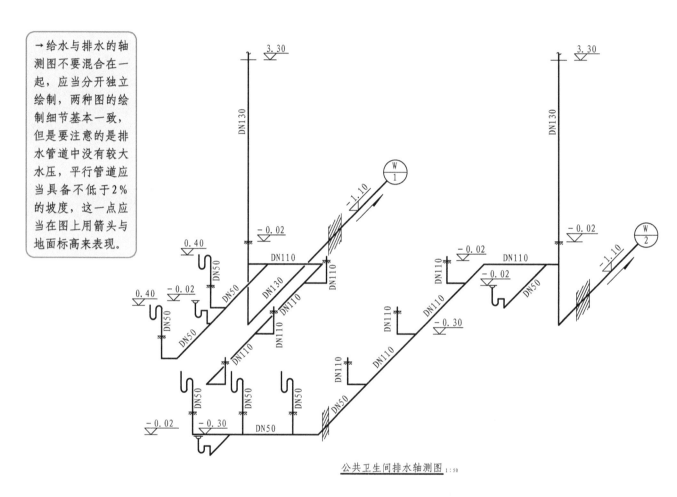

公共卫生间排水轴测图 1:50

图5-13　公共卫生间排水轴测图

128

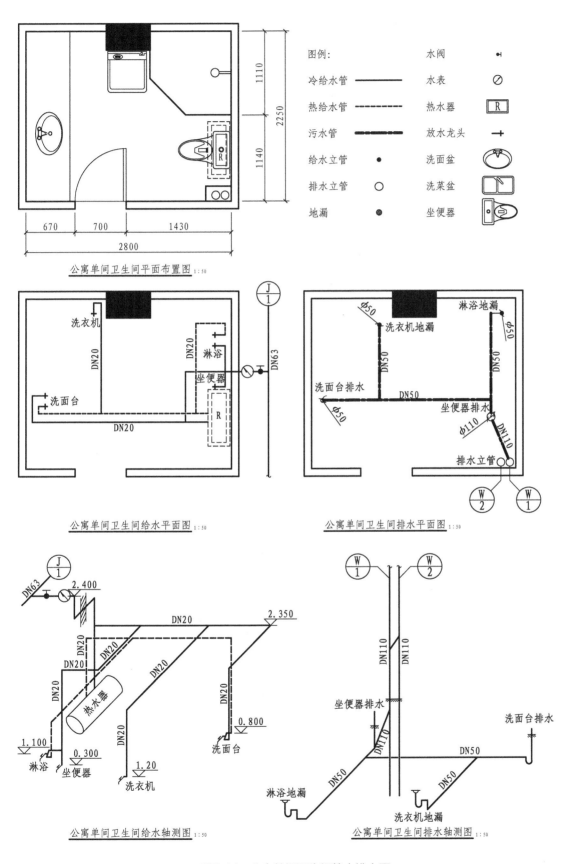

图5-14　公寓单间卫生间给水排水图

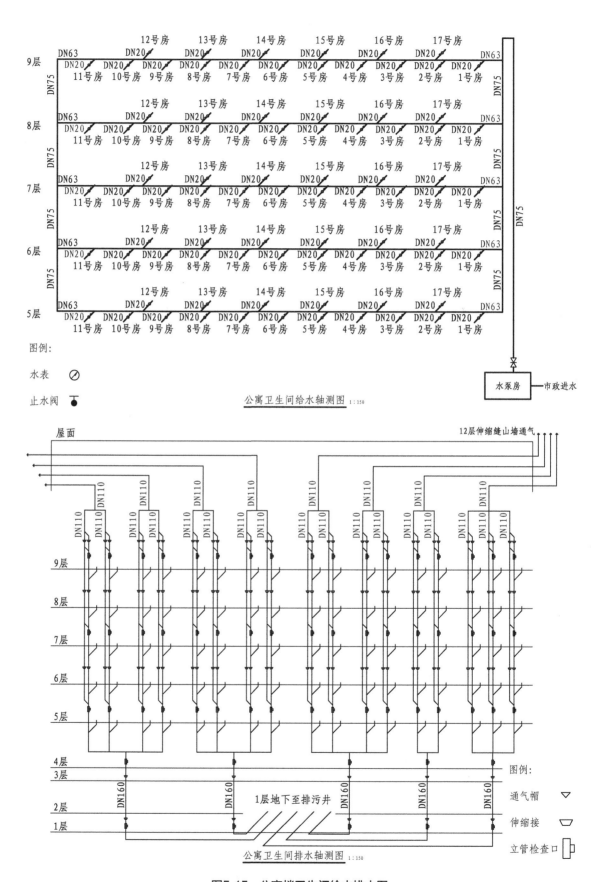

图5-15 公寓楼卫生间给水排水图

第6章
复杂的电气图

识图难度：★★★★☆

核心概念：电气、强电、弱电

章节导读：电气图是一种特殊的专业技术图，涉及专业、门类较多，能被各行各业广泛采用。装修设计电气图通常分为强电图和弱电图两大类。这些电气图一般都包括电气平面图、系统图、电路图、设备布置图、综合布线图、图例、设备材料明细表等，其中需要在设计中明确表现的是电气平面图和配电系统图。在绘制电气图时要特别严谨，相对其他图纸而言，绘制时思维也需更敏锐、更全面。

拥有全面的绘图思维，不愁画不好电气图，从电气线路组成深入识图。

电气图准备施工的那一刻：

"标注、标高、电线布局都符合国家标准规范，只要施工不出问题就OK了吗？"

"电气知识进修已经结束，材料也都选好了，只等图纸交底了。"

章节要点：

在绘制电气图之前，需要对电路布局有一个大致的设想，对于电路中可能会运用到的各项电气设备也需要有基本了解。绘制之前一定要做好充足的准备，这样绘制电气图时才能胸有成竹，不会出现错误。

电气图一般都包括电气平面图、系统图、电路图、设备布置图、综合布线图、图例、设备材料明细表等，绘制电气时需特别严谨，具体制图规范可参考《水电水利工程电气制图标准》（DL／T 5350—2006）和《电气简图用图形符号 第11部分：建筑安装平面布置图》（GB／T 4728.11—2008）。

6.1.1 常用表示方法

电气图中各组件常用的表示方法很多，有多线表示法、单线表示法、连接表示法、半连接表示法、不连接表示法和组合法等。根据图纸的用途、图面布置、表达内容、功能关系等，具体选用其中一种表示法，也可将几种表示法结合运用。具体线型使用方式可参考表6-1。

表6-1 电气图中具体线型使用方式 （单位：mm）

名 称	线 型	线 宽	用 途
中粗实线	————————	0.75b	基本线、轮廓线、导线、一次线路、主要线路的可见轮廓线
中粗虚线	– – – – – –	0.75b	基本线、轮廓线、导线、一次线路、主要线路的不可见轮廓线
细实线	————————	0.25b	二次线路、一般线路、建筑物与构筑物的可见轮廓线
细虚线	– – – – – –	0.25b	二次线路、一般线路、建筑物与构筑物的不可见轮廓线、屏蔽线、辅助线
单点长画线	— · — · — ·	0.25b	控制线、分界线、功能图框线、分组图框线等
双点长画线	— · · — · · —	0.25b	辅助图框线、36V以下线路等
折断线	—— ／\— ——	0.25b	断开界线

1.多线表示法

多线表示法是指各元件之间的连线按照导线的实际走向逐根分别画出（图6-1）。

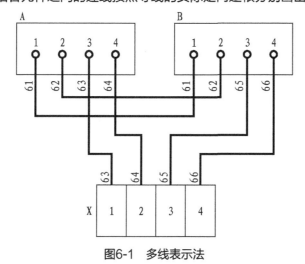

图6-1 多线表示法

2.单线表示法

单线表示法是指各元件之间走向一致的连接导线可用一条线表示，而在线条上画上若干短斜线表示根数，或者在一根短斜线旁标注数字表示导线根数（一般用于三根以上导线数），即图上的一根线实际代表一束线。某些导线走向不完全相同，但在某段上相同、平行的连接线也可以合并成一条线，在走向变化时，再逐条分出去，使图面保持清晰，单线法表示的线条可以编号（图6-2）。

图6-2　单线表示法

3.组合线表示法

组合线表示法是指在同一图样中，必要时可以将多线表示法和单线表示法组合起来使用，在复杂连接的地方使用多线表示法，在比较简单的地方使用单线表示法。线路的去向可以用斜线表示，以方便识别导线的汇入与离开线束的方向（图6-3）。

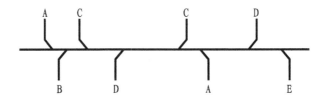

图6-3　组合线表示法

4.指引线标注

指引线标注所用的指引线一般为细实线。在电气施工图中，为了标记和注释图样中的某些内容，需要用指引线在旁边标注简短的文字说明，指向被注释的部位。标注分为三种情况，指向轮廓线内，线端以圆点表示（图6-4a）；指向轮廓线上，线端以箭头表示（图6-4b）；指向电路线上，线端以短斜线表示（图6-4c）。

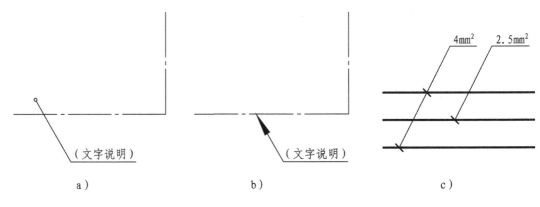

图6-4　指引线末端标注

6.1.2　电气简图

（1）电气图中，应尽量减少导线、信号通路、连接线等图线的交叉、转折，电路可水平布置或垂直布置。

（2）电路或元件宜按功能布置，尽可能按工作顺序从左到右、从上到下排列，连接线不应穿过其他连接的连接点，连接线之间不应在交叉处改变方向。

（3）在电气图中可用点画线图框显示出图表示的功能单元、结构单元或项目组（如继电器装置），图框的形状可以是不规则的。当围框内含有不属于该单元的元件符号时，需对这些符号加双点画线围框，并加注代号或注解。

（4）在同一张电气图中，连接线较长或连接线穿越其稠密区域时，可将连接线中断，并在中断处加注相应的标记，或加区号，去向相同的线组，可以中断，并在线组的中断处加注标记。

（5）线路需在图中中断转至其他图纸时，应在中断处注明图号、张次、图幅分区代号等标记，若在同一张图纸上有多处中断线，必须采用不同的标记加以区分。

（6）单线表示法规定一组导线的两端各自按顺序编号，两个或两个以上的相同电路，可只详细画出其中之一，其余电路用围框加说明表示。

（7）在简单电路中，可采用连接表示法，把功能相关的图形符号集中绘制在一起，驱动与被驱动部分用机械连接线连接（图6-5a）。

（8）在较复杂电路中，为使图形符号和连接线布局清晰，可采用半连接表示法，把功能相关的图形符号在简图上分开布置，并用虚线连接符号表示它们之间的关系，此时，连接线允许弯折、交叉和分支（图6-5b）。

（9）在非常复杂的电路中也可将功能相关的图形符号彼此分开画出，也可不用连接线连接，但各符号旁应标出相同的项目代号（图6-5c）。

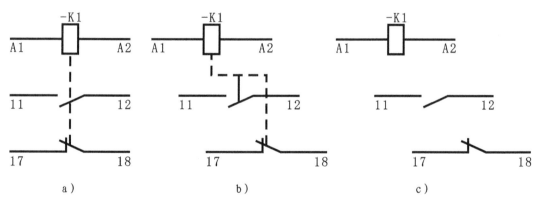

图6-5　简单线路连接表示法

（10）照明灯具及其控制系统，如开关、灯等是最常见的设备，绘制时需要理清连接顺序。

1）一个开关控制一盏灯。通常最简单的照明布置，是在一个空间内设置一盏照明灯，由一只开关控制即可满足需要（图6-6a）。

2）两个开关控制一盏灯。为了使用方便，两只双控开关在两处控制一盏灯也比较常见，通常用于面积较大或楼梯等空间，便于从两处位置进行控制（图6-6b）。

3）多个开关控制多盏灯。很多复杂环境的照明需要不同的照度和照明类型，因此需要设置数量不同的灯具形式，用多个开关控制多盏不同类型和数量的灯（图6-6c）。

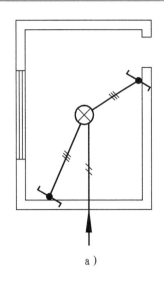 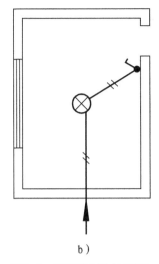 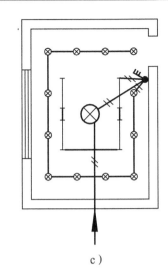

a)　　　　　　　　　　　b)　　　　　　　　　　　c)

图6-6　开关控制连接简图

6.1.3　标注与标高

1.标注

当符号用连接表示法和半连接表示法表示时，项目代号只在符号近旁标一次，并与设备连接对齐；当符号用不连接表示法表示时，项目代号在每一项目符号近旁标出；当电路水平布置时，项目代号一般标注在符号的上方；垂直布置时，一般标注在符号的左方。

2.标高

在电气图中，线路和电气设备的安装高度需要标注标高，通常采用与建筑施工图相统一的相对标高，或者相对本楼层地面的相对标高。如某设计项目的电气施工图中标注的总电源进线安装高度为5.0m，是指相对建筑基准标高为±0.000的高度，而内部某插座安装高度为0.4m，则是指相对本楼层地面的高度，一般表示为$nF + 0.4m$。

6.1.4　图形符号

（1）图形符号一般分为限定符号、一般符号、方框符号等标记或字符，限定符号不能单独使用，必须同其他符号组合使用，构成完整的图形符号。

（2）在不改变符号含义的前提下，符号可根据图面布置的需要旋转，但文字应水平书写，图形符号可根据需要缩放。

（3）当一个符号用以限定另一符号时，该符号一般缩小绘制，符号缩放时，各符号间及符号本身的比例应保持不变。

（4）有些图形符号具有几种图形形式，使用时应优先采用"优选形"。在同一设计项目中，只能选用同一种图形形式。

（5）图形符号的大小和线条的粗细均要求基本一致，图形符号中的文字符号、物理量符号等，应视为图形符号的组成部分。同一图形符号表示的器件，当其用途或材料不同时，应在图形符号的右下角用大写英文名称的字头表示其区别。

（6）对于国家标准中没有的图形符号可以根据需要创建，但是要在图纸中标明图例供查阅，并不得与国家标准相矛盾，具体图形符号可参考表6-2。

表6-2 电气图常用图例

序号	名 称	图 例	备 注	序号	名 称	图 例	备 注
1	屏、台、箱、柜		一般符号	14	双极开关	明装 暗装 密闭防水 防爆	
2	照明配电箱		必要时可涂红、需要时符号内可标示电流种类	15	三极开关	明装 暗装 密闭防水 防爆	
3	多种电源配电箱			16	声控开关		
4	电能表	Wh	测量单相传输能量	17	光控开关	TS	
5	灯		一般符号	18	单极限时开关	t	
6	电铃			19	双控开关		单极三线
7	电警笛报警器			20	具有指示灯的开关		用于不同照度
8	单相插座	明装 暗装 密闭防水 防爆		21	多拉开关		
9	带保护触点插座、带接地插孔的单相插座	明装 暗装 密闭防水 防爆		22	投光灯		
				23	聚光灯		
10	带接地插孔的三相插座	明装 暗装 密闭防水 防爆		24	泛光灯		
11	插座箱			25	荧光灯	单管 三管 五管 防爆	
12	带单极开关的插座						
13	单极开关	明装 暗装 密闭防水 防爆		26	应急灯		自带电源

（续）

序号	名 称	图 例	备 注	序号	名 称	图 例	备 注
27	火灾报警控制器	B		37	摄像机	普通 / 球形 / 带防护罩	
28	烟感火灾探测器	⚡ Y	点式				
29	温感火灾探测器	↓ W	点式	38	电信插座	⊥	
30	火灾报警按钮	Y		39	带滑动防护板插座	⊥	
31	气体火灾探测器	←		40	多个插座	表示三个插座	表示三个插座
32	火焰探测器	∧					
33	火警电铃			41	配线	向上 向下 垂直	
34	火警电话						
35	火灾警报器			42	导线数量	三根 / N根	
36	消防喷淋器	X					

识读制图指南

其他种类电气图

1. 电路图

电路图也可以称为接线图或配线图，是用来表示电气设备、电器元件和线路的安装位置、接线方法、配线场所的一种图。一般电路图包括两种，一种是属于电气安装施工中的强电部分，主要表达和指导安装各种照明灯具、用电设施的线路数设等安装图样。另一种电路图是属于电气安装施工中的弱电部分，是表示和指导安装各种电子装置与家用电器设备的安装线路和线路板等电子元器件规格的图样。

2. 设备布置图

设备布置图是按照正投影图原理绘制的，用以表现各种电器设备和器件在设计空间中的位置、安装方式及其相互关系的图样。通常由水平投影图、侧立面图、剖面图及各种构件详图等组成。例如：灯位图是一种设备布置图。为了不使工程的结构施工与电气安装施工产生矛盾，灯位图使用较广泛。灯位图在表明灯具的种类、规格、安装位置和安装技术要求的同时，还详细地画出部分建筑结构。这种图无论是对于电气安装工，还是结构制作的施工人员，都有很大的作用。

3. 安装详图

安装详图是表现电气工程中设备某一部分的具体安装要求和做法的图样。国家已有专门的安装设备标准图集可供选用。

6.2.1 电气线路的组成

电气线路主要由下面六部分组成。

1.进户线

进户线通常是由供电部门的架空线路引进建筑物中，如果是楼房，线路一般是进入楼房的二层配电箱前的一段导线。

2.配电箱

进户线首先接入总配电箱，然后再根据需要分别接入各个分配电箱。配电箱是电气照明工程中的主要设备之一，现代城市多数用暗装（嵌入式）的方式进行安装，只需绘出电气系统图即可。

3.照明电气线路

照明电气线路主要分为明敷设和暗敷设两种施工方式，暗敷设是指在墙体内和顶棚内采用线管配线的敷设方法进行线路安装。线管配线就是将绝缘导线穿在线管内的一种配线方式，常用的线管有薄壁钢管、硬塑料管、金属软管、塑料软管等。在有易燃材料的线路敷设部位必须标注焊接要求，以避免产生打火点。

4.空气开关

为了保证用电安全，应根据负荷选定额定电压和额定电流的空气开关。

5.灯具

在一般设计项目中常用的灯具有吊灯、吸顶灯、壁灯、荧光灯、射灯等。在图样上以图形符号或旁标文字表示，进一步说明灯具的名称、功能。

6.电气元件与用电器

电气元件与用电器主要是各类开关、插座和电子装置。插座主要用来插接各种移动电器和家用电器设备的，应明确开关、插座是明装还是暗装，以及它们的型号。各种电子装置和元器件则要注意它们的耐压和极性。其他用电器主要有电风扇、空调等。

6.2.2 识读要点

电气图主要表达各种线路敷设安装、电气设备和电气元件的基本布局状况，因此要采用相关的各种专业图形符号、文字符号和项目代号来表示。电气系统和电气装置主要是由电气元件和电气连接线构成的，所以电气元件和电气连接线是电气图表达的主要内容。

装饰装修施工中的电气设备和线路是在简化的建筑结构施工图上绘制的，因此阅读时应掌握合理的看图方法，了解国家建筑相关标准、规范，掌握一些常用的电气工程技术，结合其他施工图，才能较快地读懂电气图。

1.熟悉工程概况

电气图表达的对象是各种设备的供电线路。

（1）识读电气照明工程图时，先要了解设计对象的结构，如楼板、墙面、材料结构、门窗位置、房间布置等。

（2）识读时重点掌握配电箱型号、数量、安装位置和标高以及配电箱的电气系统。

（3）了解各类线路的配线方式，敷设位置，线路的走向，导线的型号、规格及根数，导线的连接方法。

（4）确定灯具、开关、插座和其他电器的类型、功率、安装方式、位置、标高、控制方式等信息，在识读电气照明工程图时要熟悉相关的技术资料和施工验收规范。

（5）如果在平面图中，开关、插座等电气组件的安装高度在图上没有标出，施工者可以依据施工及验收规范进行安装，如开关组件一般安装在高度距地面1300mm、距门框150~200mm的位置。

2.常用照明线路分析

在大多数工程实践中，灯具和插座一般都是并联于电源进线的两端，相线必须经过开关后再进入灯座，零线直接进灯座，保护接地线与灯具的金属外壳相连接。

（1）通常在一个设计空间内，会有很多灯具和插座，目前广泛使用的是线管配线、塑料护套线配线的安装方式，线管内不允许有接头，导线的分路接头只能在开关盒、灯头盒、接线盒中引出，这种接线法称为共头接线法。

（2）当灯具和开关的位置改变，进线方向改变，并头的位置改变，都会使导线的根数变化，所以必须了解导线根数变化的规律，掌握照明灯具、开关、插座、线路敷设的具体位置、安装方式。

3.结合多种图纸识读

识读电气图时要结合各种图样，并注意一定的顺序。

（1）看图顺序是施工说明、图例、设备材料明细表、系统图、平面图、线路和电气原理图等，从施工说明了解工程概况，图样所用的图形符号，该工程所需的设备、材料的型号、规格和数量。

（2）电气施工需与土建、给水排水、供暖通风等工程配合进行，如电气设备的安装位置与建筑物的墙体结构、梁、柱、门窗及楼板材料有关，尤其是暗敷线路的敷设还会与其他工程管道的规格、用途、走向产生制约关系，在看图时还必须查看有关土建图和其他工程图，了解土建工程和其他工程对电气工程的影响。

（3）读图时要将平面图和系统图相结合，照明平面图能清楚地表现灯具、开关、插座和线路的具体位置及安装方法，但同一方向的导线只用一根线表示，这时要结合系统图来分析其连接关系，逐步掌握接线原理并找出接线位置，这样在施工中穿线、并头、接线就不容易搞错了。

（4）在实际施工中，重点是掌握原理接线图，不论灯具、开关位置如何变动，原理接线图始终不变。所以理解了原理图，就能看懂任何复杂的电气图了（图6-7）。

↓ BV表示铜芯线，3×10表示3根10mm²的电线进入室内，即火线、零线、地线。SC25表示采用直径25mm的金属穿线管。WC表示埋入墙体或地面中暗铺。DZ47-60表示总开关的品牌型号，不同厂家的产品代码均不同。C40表示该开关的最大承载电流为40A。2×2.5+1.5表示2根2.5mm²的电线，即火线、零线，外加1根1.5mm²的电线，即地线。PVC18表示采用直径18mm的聚氯乙烯穿线管。回路用途是指该电线布设后用于部位或空间。

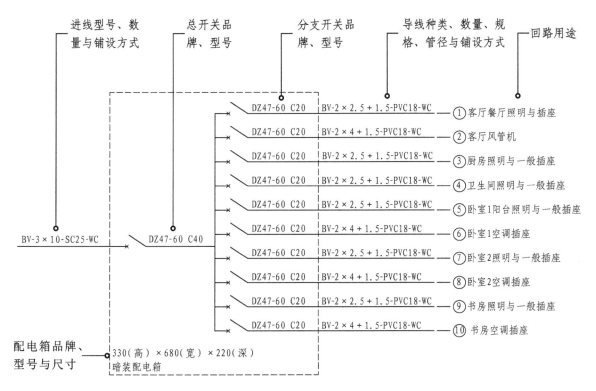

图6-7 电路系统图

强电图和弱电图是电气图中比较重要的一部分，绘制时要明确强、弱电所对应的对象，并分类绘制。

6.3.1　强电图绘制

绘制强电平面图首先要明确空间电路使用功能，主要根据前期绘制完成的平面布置图（图6-8）和顶棚平面图来构思。

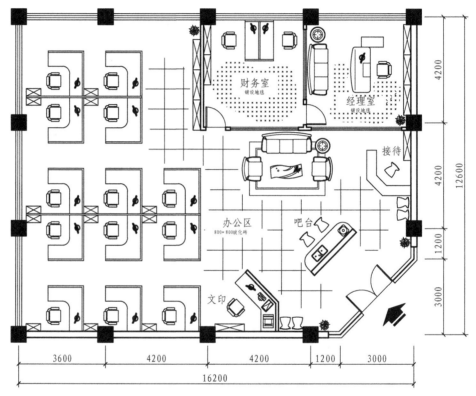

办公空间平面布置图 1:150

图6-8　办公空间平面布置图

下面就列举一项办公空间详细介绍强电图的绘制方法。

（1）首先，描绘出平面布置图中的墙体、结构、门窗等图线，为了明确表现电气图，基础构造一般采用细实线绘制，可以简化或省略各种装饰细部，注意描绘各种插座、开关、设备、构造和家具，这些是定位绘制的基础。

（2）平面图描绘完成后需要作一遍检查，然后开始绘制各种电器、灯具、开关、插座等符号，图形符号要适中，尤其是在简单平面图中不宜过大，在复杂平面图中不宜过小，复杂平面图可以按结构或区域分为多张图纸绘制。

（3）绘制图形符号要符合国家标准，尤其是符号图线的长短要与国家标准一致，不得擅自改变，一边绘制图形符号，一边绘制图例，避免图例中存在遗漏。

（4）最后，为各类符号连接导线，导线绘制要求尽量简洁，不宜转折过多或交叉过多，对于非常复杂的电气图，可以使用线路标号来替代连接线路，太过凌乱的导线会干扰图面阅读效率，影响正确识读。连接导线后需要添加适当文字标注并编写设计说明，对于图纸无法清晰表现的内容需要文字来辅助说明（图6-9）。

↓从平面布置图延伸而来的强电布置图，首先应当将墙体、门窗等建筑结构的线条改为细实线，然后删除图中关于地面布置的各种家具，保留开关与插座面板安装所需的隔断。设计绘制灯具，最后连接电路即可。由于电路图中使用了大量特有符号，因此，在图纸下部或周边空白处应当补充图例说明，让图样的识读更便捷。安装在地面上的插座应用矩形包围，如果还有安装在顶面上的插座还需标明文字来加以区分。

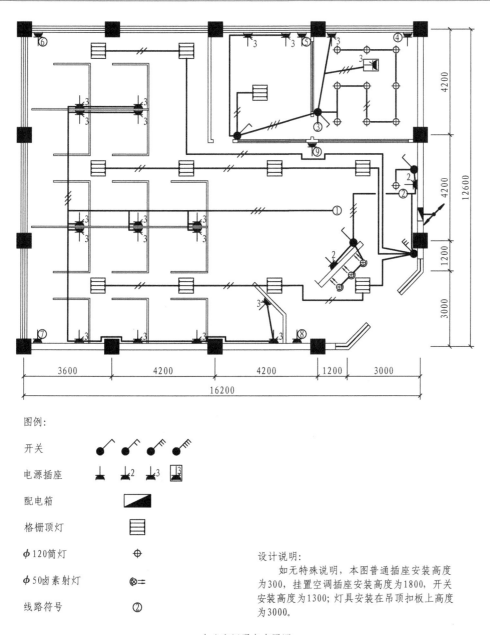

图例：

开关		
电源插座		
配电箱		
格栅顶灯		
φ120筒灯		
φ50卤素射灯		
线路符号		

设计说明：
　　如无特殊说明，本图普通插座安装高度为300，挂置空调插座安装高度为1800，开关安装高度为1300；灯具安装在吊顶扣板上高度为3000。

办公空间强电布置图 1:150

图6-9 办公空间强电布置图

（5）全部绘制完成后作第二遍检查，查找遗漏。强电平面图绘制完成后可以根据需要绘制相应的配电系统图（图6-10）。

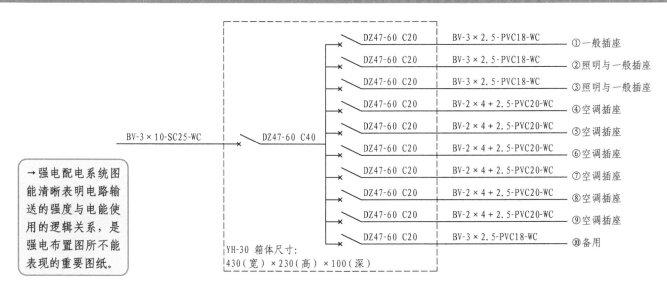

→强电配电系统图能清晰表明电路输送的强度与电能使用的逻辑关系，是强电布置图所不能表现的重要图纸。

图6-10　办公空间强电配电系统图

6.3.2　弱电图绘制

强电（电力）和弱电（信息）两者之间既有联系又有区别，一般来说强电的处理对象是能源（电力），其特点是电压高、电流大、功率大、频率低，主要考虑的问题是减少损耗、提高效率。弱电的处理对象主要是信息，即信息的传送和控制，其特点是电压低、电流小、

常用弱电系统

一个完善的设计空间除了要具备照明电气、空调、给水排水等基础设施外，弱电项目在设计施工中的比例正逐渐上升。火灾自动报警、灭火系统、防盗安保报警系统、有线电视系统、电话通信系统等弱电工程，已经成为满足现代生产生活必备的保障系统。

（1）火灾消防自动报警系统：一般都采用24V左右的工作电压，故称为弱电工程，但自动灭火装置中一般仍为强电控制。消防自动报警系统自动监测火灾迹象，并自动发出火灾报警和执行某些消防措施。所涉及的消防报警系统主要由火灾探测器和报警控制按钮两部分组成，联动控制、自动灭火装置等则作为住宅消防系统整体集中控制。

（2）有线电视系统：又称共用天线电视系统，是通过同轴电缆连接多台电视机，共用一套电视信号接收装置、前端装置和传输分配线路的有线电视网络。有线电视系统工程图是有线电视配管、预埋、穿线、设备安装的主要依据，图纸主要有系统图、有线电视设备平面图、设备安装详图等。

（3）防盗安保系统：是现代安全保障重要的监控设施之一，包括防盗报警器系统、电子门禁系统、对讲安全系统等内容。其设备主要有防盗报警器、电子门锁、摄像机等，图纸主要有防盗报警系统框图、防盗监视系统设备及线路平面图。

（4）电话通信系统：主要包括电话通信、电话传真、电传、计算机联网等设备的安装。图纸主要有电话配线系统框图、电话配线平面图、电话设备平面图等。

功率小、频率高，主要考虑的是信息传送的效果问题，如信息传送的保真度、速度、广度、可靠性。

弱电系统工程虽然涉及火灾消防自动报警、有线电视、防盗安保、电话通信等多种系统，但工程图样的绘制除了图例符号有所区别以外，画法基本相同，主要有弱电平面图、弱电系统图和安装详图等。下面简要介绍办公室的弱电图绘制。

弱电平面图与强电平面图相似，主要是用来表示各种装置、设备元器件和线路平面位置的图样。弱电系统图则是用来表示弱电系统中各种设备和元器件的组成、元器件之间相互连接关系的图样，对指导安装和系统调试有重要的作用。具体绘制方法与强电图一样（图6-11），故在此省略了配电系统图。

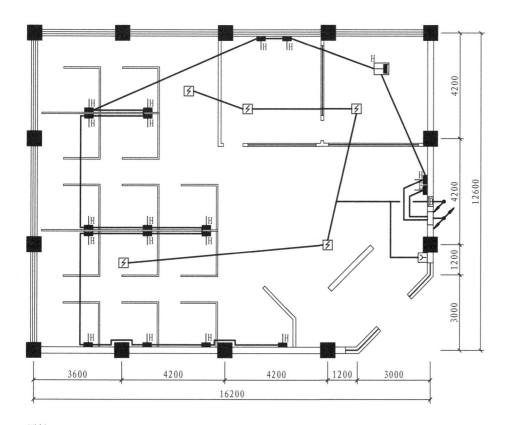

←弱电布置图的设计绘制方式与强电一致，但是连接布局相对简单，也可以不用绘制系统图。如今在住宅、中小型商业空间与办公空间中，多使用无线传输信号，结构更简单，因此一般也无需绘制弱电系统图。

图例：

网线插座   ⌐E

电话插座   ⌐H   ⌐H

烟感火灾探测器   ⚡

火灾报警按钮   Y

火灾报警控制器   B

弱电配电箱   ▭

设计说明：
    如无特殊说明，本图网线、电话插座安装高度为300，网络采用无线路由器，火灾报警按钮安装高度为1300；烟感火灾探测器安装高度为吊顶扣板高度3000。

办公空间弱电布置图 1:150

图6-11 办公空间弱电布置图

6.4

电气图案例

除去了解强电图和弱电图的绘制方法以及绘制时需要注意的事项，对于优秀的设计图还需经常翻阅，这些优秀图纸积攒了前人在绘制和施工过程中的经验，对后期的实际绘制会有很大帮助（图6-12~图6-15）。

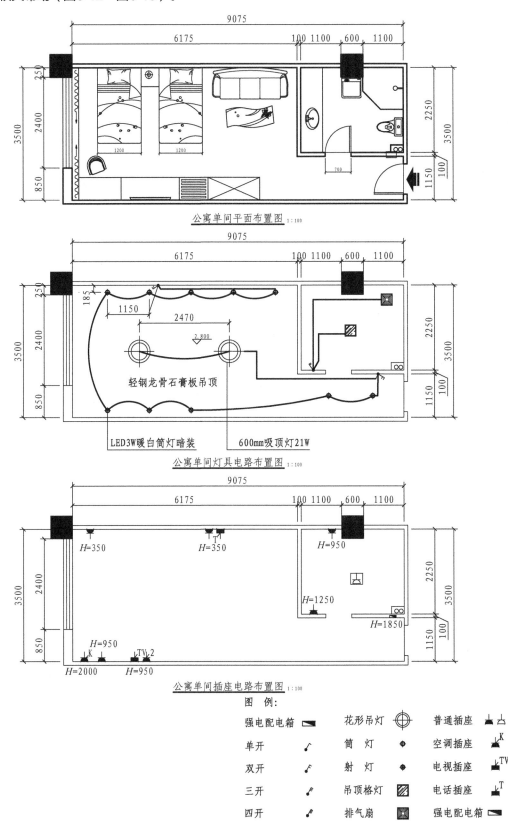

公寓单间平面布置图 1:100

公寓单间灯具电路布置图 1:100

轻钢龙骨石膏板吊顶

LED3W暖白筒灯暗装　　600mm吸顶灯21W

公寓单间插座电路布置图 1:100

图　例：

强电配电	⌐	花形吊灯	⊕	普通插座	⊥△
单开	𝄪	筒　灯	⊕	空调插座	⊥K
双开	𝄪	射　灯	◆	电视插座	⊥TV
三开	𝄪	吊顶格灯	▨	电话插座	⊥T
四开	𝄪	排气扇	▣	强电配电箱	⌐

图6-12　公寓单间强电布置图

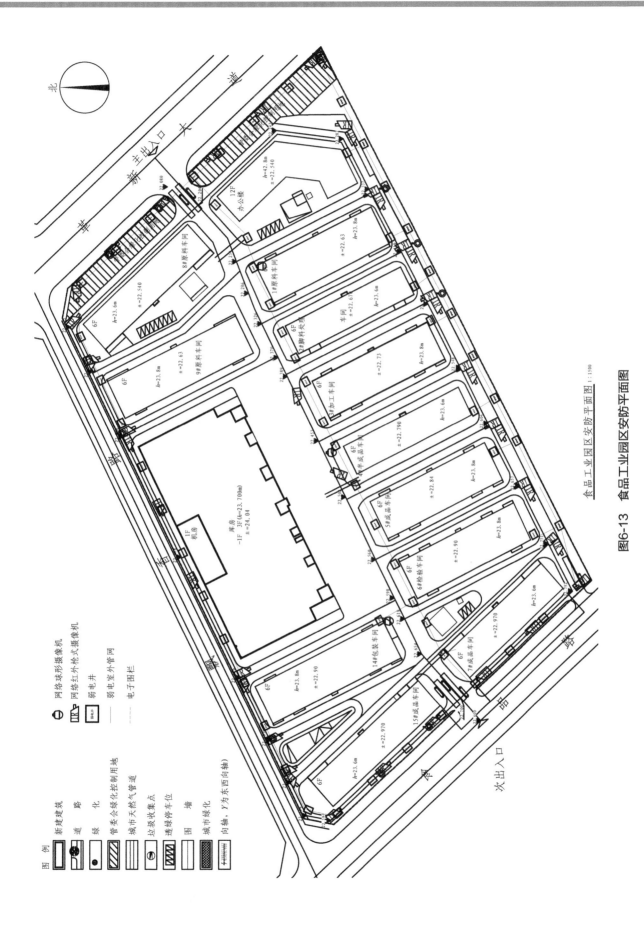

图6-13 食品工业园区安防平面图

食品工业园区安防平面图 1:500

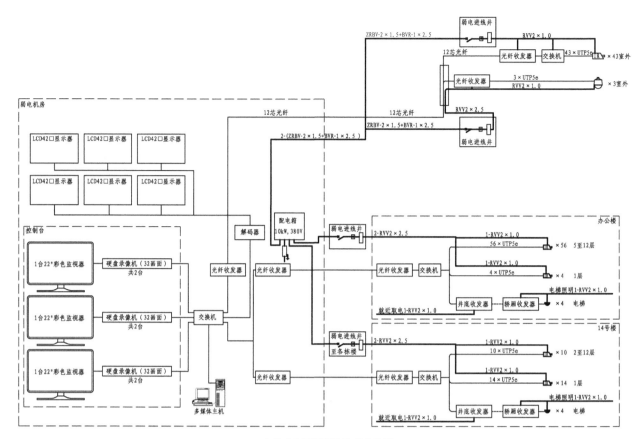

食品工业园区安防监控系统图

图6-14　食品工业园区安防监控系统图

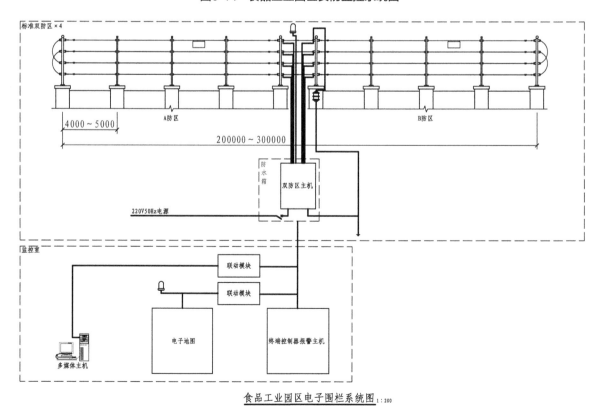

食品工业园区电子围栏系统图 1:200

图6-15　食品工业园区电子围栏系统图

第7章
要求严格的
暖通空调图

识图难度：★★★★☆

核心概念：热水、暖通、中央空调

章节导读：暖通与空调系统可以控制空气的温度与湿度，可以提高室内的舒适度，这些设备的存在是为了改善现代生产、生活条件而设置的，其主要包括采暖、通风、空调调节等内容。这些设备、构造的方案实施需要绘制相应的图纸，虽然暖通、空调系统的工作原理各不相同，但是绘制方法相似，在设计制图中仍需要根据设计要求分别绘制。

按照规范绘制暖通空调图，营造舒适家居。

从功能要求识图。

空调运回来的那一刻：

"所有的回路都具备高安全性，且能源利用合理，完美！"

"管道间距控制合理，管道布局也符合规范，开工！"

章节要点：

绘制暖通空调图之前要规定好线宽和线型，所用管道的管径要确定好，管道的布局也要提前设想好，对于前期绘制的相关图纸和收集到的相关资料要记录在册，并进行编号处理，以便后期进行查阅。

暖通与空调系统主要包括采暖、通风、空调调解等内容，绘制暖通空调专业图纸要求根据《暖通空调制图标准》（GB／T 50114—2010）定制的规则，保证图面清晰、简明，符合设计、施工、存档的要求。该标准主要适用于暖通空调设计中的新建、改建、扩建工程各阶段设计图、竣工图；适用于原有建筑物、构筑物等的实测图；适用于通用设计图、标准设计图。暖通空调专业制图还应符合《房屋建筑制图统一标准》（GB／T 50001—2017）以及国家现行有关强制性标准的规定。

7.1.1　一般规定

（1）图线的基本宽度b和线宽组，应根据图样的比例、类别及使用方式确定。

（2）基本宽度b宜选用0.18mm、0.35mm、0.5mm、0.7mm、1.0mm，图样中仅使用两种线宽的情况，线宽组宜为b和0.25b，三种线宽的线宽组宜为b、0.5b和0.25b。

（3）在同一张图纸内，各不同线宽组的细线，可统一采用最小线宽组的细线。

（4）暖通空调专业制图采用的线型及其含义有具体要求，具体可参照表7-1，图样中也可以使用自定义图线及含义，但应明确说明，且其含义不应与本标准相反。

（5）总平面图、平面图的比例，宜与工程项目设计的主导专业一致。

表7-1　暖通空调专业制图常用线型　　　　　　　　　（单位：mm）

名　称	线　型	线　宽	用　途
粗实线	————————	b	单线表示的管道
中实线	————————	0.5b	本专业设备轮廓、双线表示的管道轮廓
细实线	————————	0.25b	建筑物轮廓；尺寸、标高、角度等标注线及引出线；非本专业设备轮廓
粗虚线	■ ■ ■ ■ ■ ■	b	回水管线
中虚线	– – – – – – –	0.5b	本专业设备及管道被遮挡的轮廓
细虚线	- - - - - - - -	0.25b	地下管沟，改造前风管的轮廓线；示意性连接
单点长画线	—— - —— - ——	0.25b	轴线、中心线
双点长画线	—— ·· —— ·· —	0.25b	假想或工艺设备轮廓线
中波浪线	∿∿∿∿∿	0.5b	单线表示的软管
细波浪线	∿∿∿∿∿∿	0.25b	断开界限
折断线	——／\——	0.25b	断开界线

7.1.2　常用图例

水、气管道代号宜按表7-2选用，自定义水、气管道代号应避免与其相矛盾，并应在相应图面中说明。自定义可取管道内介质汉语名称的拼音首个字母，如与表内已有代号重复，应继续选取第2、3个字母，最多不超过3个。如果采用非汉语名称标注管道代号，需明确表明对应的汉语名称。

风道代号宜按表7-3采用，暖通空调图常用图例宜按表7-4采用。

相关国家标准规范

7.1

表7-2 水、气管道代号

序号	代号	管道名称	备 注
1	R	（供暖、生活、工艺用）热水管	①用粗实线、粗虚线区分供水、回水时，可省略代号 ②可附加阿拉伯数字1、2区分供水、回水 ③可附加阿拉伯数字1、2、3……表示一个代号、不同参数的多种管道
2	Z	蒸汽管	需要区分饱和、过热、自用蒸汽时，可在代号前分别附加B、G、Z
3	N	凝结水管	
4	P	膨胀水管、排污管、排气管、旁通管	需要区分时，可在代号后附加一位小写拼音字母，即Pz、Pw、Pq、Pt
5	G	补给水管	
6	X	泄水管	
7	XH	循环管、信号管	循环管为粗实线，信号管为细虚线。不致引起误解时，循环管也可为X
8	Y	溢排管	
9	L	空调冷水管	
10	LR	空调冷／热水管	
11	LQ	空调冷却水管	
12	N	空调冷凝水管	
13	RH	软化水管	
14	CY	除氧水管	
15	YS	盐液管	
16	FQ	氟气管	
17	FY	氟液管	

表7-3 风道代号

序号	代号	风道名称	序号	代号	风道名称
1	K	空调风管	4	H	回风管（一、二次回风可附加1、2区别）
2	S	送风管	5	P	排风管
3	X	新风管	6	PY	排烟管或排风、排烟共用管道

表7-4 暖通空调图常用图例

序号	名称	图例	备 注
1	阀门（通用）、截止阀		①没有说明时，表示螺纹连接、法兰连接时 焊接时　　②轴测图画法 阀杆为垂直 阀杆为水平

（续）

序号	名　称	图　例	备　注	序号	名　称	图　例	备　注
2	闸　阀	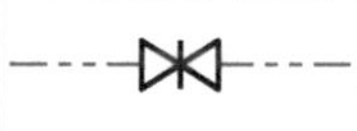		19	蝶　阀	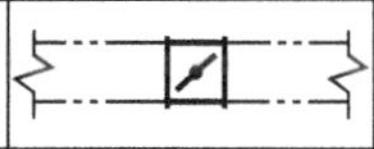	
3	手动调节阀	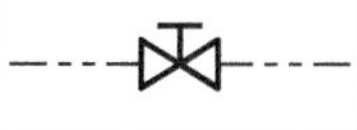		20	风管止回阀	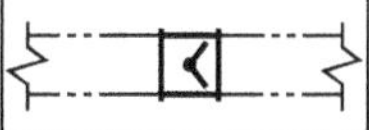	
4	角　阀	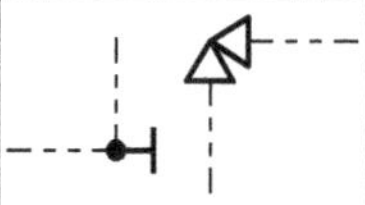		21	三通调节阀	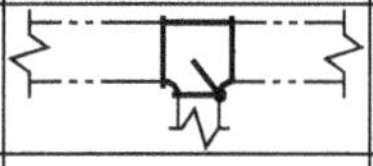	
5	集气罐、排气装置	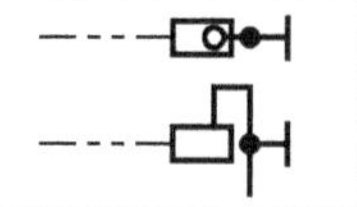	上为平面图	22	防火阀	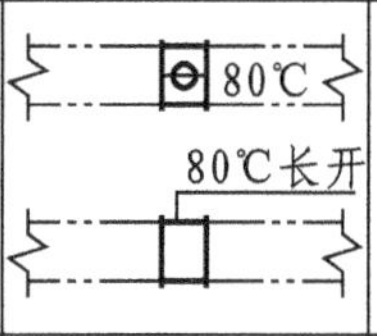	表示80℃动作的长开阀，若因图面小，可表示为下图
6	自动排气阀	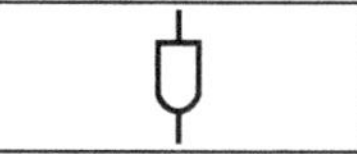		23	排烟阀	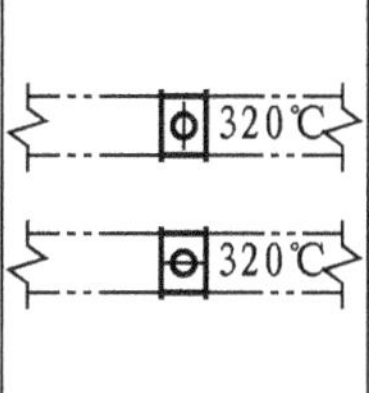	上图为320℃的长闭阀，下图为长开阀，若因图面小，表示方法同上
7	除污器（过滤器）	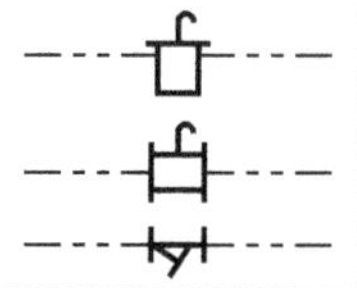	上为立式除污器；中为卧式除污器；下为Y形过滤器			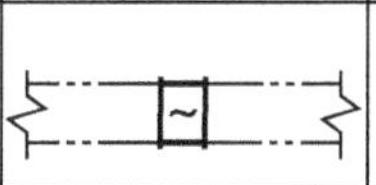	
8	变径管异径管		上为同心异径管；下为偏心异径管	24	软接头		
9	法兰盖			25	软　管		也可表示为光滑曲线（中粗）
10	螺　塞	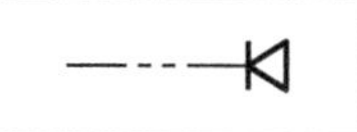	也可表示为： 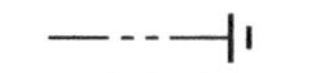 ———‖	26	风口（通用）		
11	金属软管	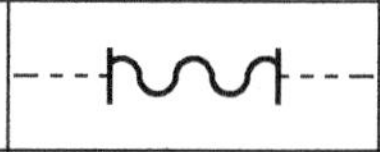	也可表示为： 				
12	绝热管			27	气流方向	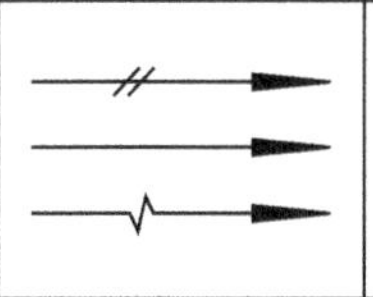	上为通用表示法，中表示送风，下表示回风
13	保护套管	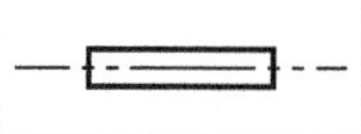					
14	固定支架	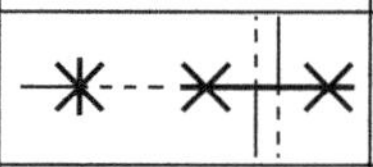		28	散流器	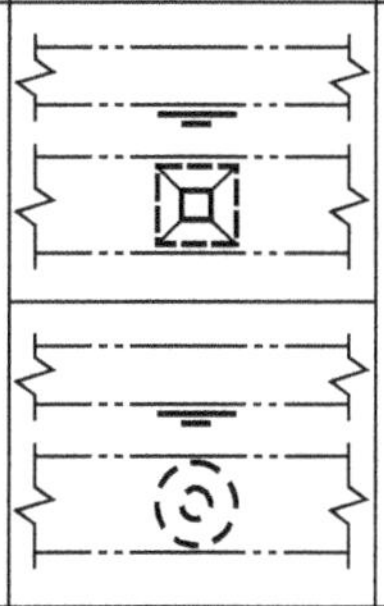	上为矩形散流器，下为圆形散流器。散流器为可见时，虚线改为实线
15	介质流向	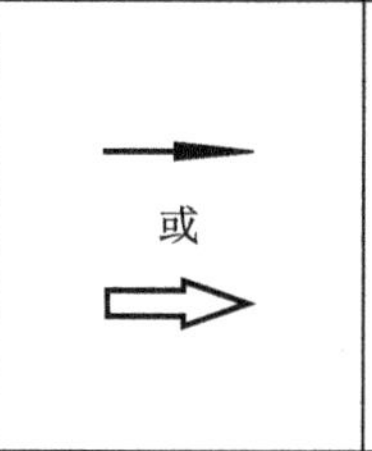 或	在管道断开处时，流向符号宜标注在管道中心线上，其余可同管径标注位置				
16	砌筑风、烟道	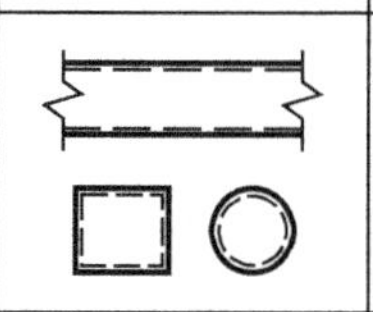	其余均为： 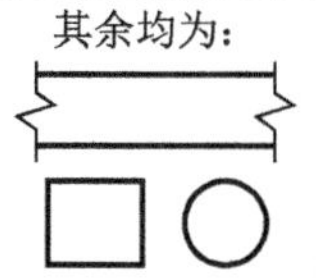	29	检查孔测量孔	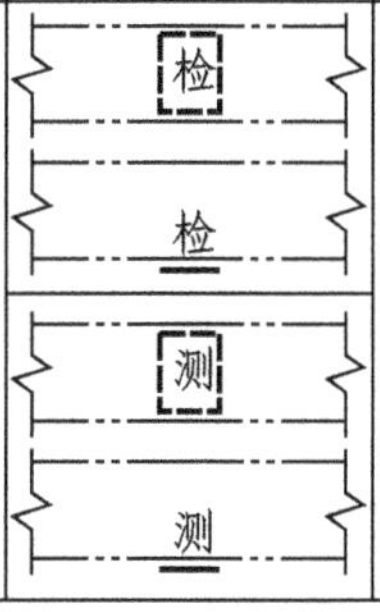	
17	带导流片弯头						
18	天圆地方	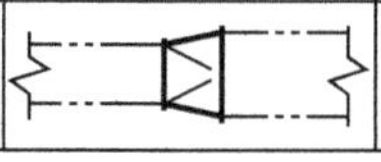	左接矩形风管，右接圆形风管				

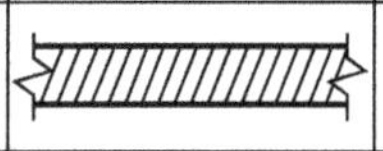

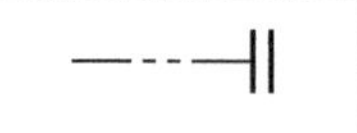

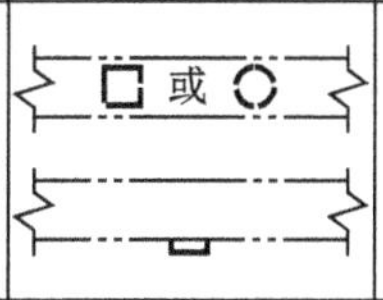

（续）

序号	名称	图例	备注	序号	名称	图例	备注
30	散热器及控制阀	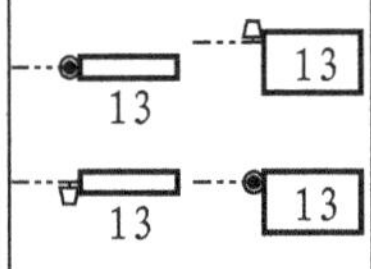	左为平面图画法，右为剖面图画法	42	温度传感器		
31	轴流风机			43	湿度传感器		
32	离心风机		左为左式风机，右为右式风机	44	压力传感器		
33	水泵		左侧为进水，右侧为出水				
34	空气加热、冷却器		左、中分别为单加热、单冷却，右为双功能换热装置	45	记录仪		
35	板式换热器			46	温度计		左为圆盘式温度计，右为管式温度计
36	空气过滤器		左为粗效，中为中效，右为高效	47	压力表		
37	电加热器			48	流量计		也可表示为光滑曲线（中粗）
38	加湿器						
39	挡水板			49	能量计	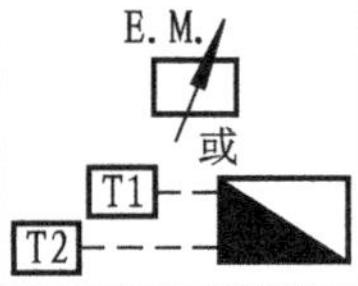	
40	窗式空调器						
41	分体空调器			50	水流开关	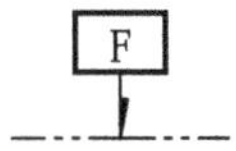	

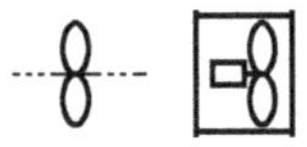

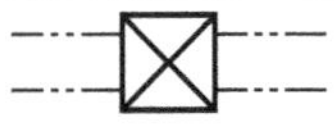

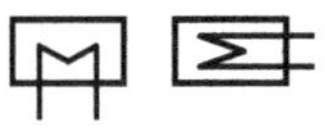

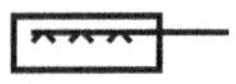

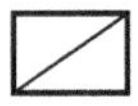

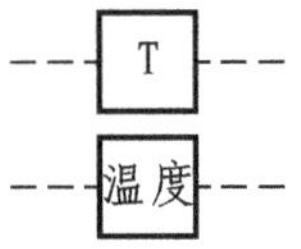

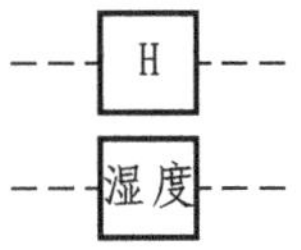

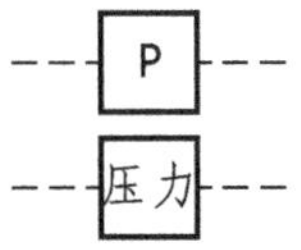

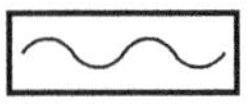

7.1.3 图样画法

1.一般规定

各工程、各阶段的设计图应满足相应的设计深度要求。

（1）在同一套设计图中，图样的线宽组、图例、符号等应一致。

（2）在设计中，宜依次表示图纸目录、选用图集（纸）目录、设计施工说明、图例、设备、主要材料表、总图、工艺图、系统图、平面图、剖面图、详图等。

（3）单独成图时，其图纸编号应按所述顺序排列，图样需用的文字说明，宜以"注："、"附注："或"说明："的形式在图纸右下方、标题栏的上方书写，并用"1、2、3……"进行编号。

（4）当一张图幅内绘制有平、剖面等多种图样时，宜按平面图、剖面图、安装详图，从上至下、从左至右的顺序排列。

（5）当一张图幅绘有多层平面图时，宜按建筑层次由低至高、由下至上的顺序排列，图纸中的设备或部件不便用文字标注时，可进行编号，图样中只注明编号，如还需表明其型号（规格）、性能等内容时，宜用"明细栏"表示。

（6）初步设计和施工图设计的设备表至少应包括序号（编号）、设备名称、技术要求、数量、备注栏，材料表至少应包括序号（编号）、材料名称、规格、物理性能、数量、单位、备注栏。

2.管道设备平面图、剖面图及详图

这类图纸一般应以直接正投影法绘制。

（1）用于暖通空调系统设计的建筑平面图、剖面图，应用细实线绘出建筑轮廓线和与暖通空调系统有关的门、窗、梁、柱、平台等建筑构配件，并标明相应定位轴线编号、房间名称、平面标高。

（2）暖通空调图中的管道和设备布置平面图应按假想除去上层板后俯视规则绘制，否则应在相应垂直剖面图中表示剖切符号。

（3）在绘制暖通空调图时需要注意的是平面图上应注出设备、管道定位（中心、外轮廓、地脚螺栓孔中心）线与建筑定位（墙边、柱边、柱中）线间的关系，剖面图上应注出设备、管道（中、底或顶）标高，必要时，还应注出距该层楼（地）板面的距离。

（4）暖通空调图的剖面图应在平面图上选择能反映系统全貌的部位作垂直剖切后绘制，当剖切的投射方向为向下和向右，且不致引起误解时可省略剖切方向线。

（5）建筑平面图采用分区绘制时，暖通空调专业平面图也可分区绘制，但分区部位应与建筑平面图一致，并应绘制分区组合示意图。

（6）暖通空调图中平面图、剖面图所包含的水、汽管道可用单线绘制，风管不宜用单线绘制（方案设计和初步设计除外），平面图、剖面图中的局部需另绘详图时，应在平、剖面图上标注索引符号，相关图纸可见本书第1章的图1-31、图1-32。

3.管道系统图

管道系统图一般应能确认管径、标高及末端设备，可按系统编号分别绘制。

（1）管道系统图如果采用轴测投影法绘制，宜采用与相应平面图一致的比例，按正面等轴测或正面斜二轴测的投影规则绘制，在不致引起误解时，管道系统图可不按轴测投影法绘制。

（2）管道系统图的基本要素应与平、剖面图相对应，水、汽管道及通风、空调管道系统图均可用单线绘制。

（3）管道系统图中的管线重叠、密集处，可采用断开画法，断开处宜以相同的小写拉丁字母表示，也可用细虚线连接。

4.系统编号

一项工程设计中同时有供暖、通风、空调等两个及两个以上的不同系统时，应进行系统编号。

（1）暖通空调系统编号、入口编号，应由系统代号和顺序号组成，系统代号由大写拉丁字母表示，具体编号可参考表7-5，顺序号由阿拉伯数字表示（图7-1）。

表7-5 系统代号

序号	代号	系统名称	序号	代号	系统名称
1	N	（室内）供暖系统	9	X	新风系统
2	L	制冷系统	10	H	回风系统
3	R	热力系统	11	P	排风系统
4	K	空调系统	12	JS	加压送风系统
5	T	通风系统	13	PY	排烟系统
6	J	净化系统	14	P(Y)	排风兼排烟系统
7	C	除尘系统	15	RS	人防送风系统
8	S	送风系统	16	RP	人防排烟系统

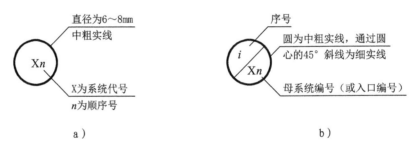

图7-1 系统代号、入口编号的画法

（2）系统编号宜标注在系统总管处，竖向布置的垂直管道系统，应标注立管号（图7-2），在不致引起误解时，可只标注序号，但应与建筑轴线编号有明显区别。

图7-2 立管号的画法

5.管道标高、管径、尺寸标注

在不宜标注垂直尺寸的图样中，应标注标高。

（1）标高一般以米为单位，可精确到厘米或毫米，当标准层较多时，可只标注与本层楼（地）板面的相对标高（图7-3）。

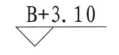

图7-3 相对标高的画法

（2）水、汽管道所注标高未予说明时，表示管中心标高，水、汽管道标注管外底或顶标高时，应在数字前加"底"或"顶"字样。

（3）矩形风管所注标高未予说明时，表示管底标高，圆形风管所注标高未予说明时，表示管中心标高。

（4）低压流体输送用焊接管道规格应标注公称通径或压力，公称通径的标记由字母"DN"后跟一个以毫米表示的数值组成，如DN15、DN32，公称压力的代号为"PN"。

（5）输送流体用无缝钢管、螺旋缝或直缝焊接钢管、铜管、不锈钢管，当需要注明外径和壁厚时，用"D"或"ϕ"和"外径×壁厚"表示，如"$D108×4$""$\phi108×4$"。在不致引起误解时，也可采用公称通径表示。

（6）金属或塑料管应采用"d"表示，如"$d10$"。

（7）圆形风管的截面定形尺寸应以直径符号"ϕ"后跟以毫米为单位的数值表示；矩形风管（风道）的截面定形尺寸应以"$A×B$"表示。"A"为该视图投影面的边长尺寸，"B"为另一边尺寸，A、B单位均为毫米。

（8）平面图中无坡度要求的管道标高可以标注在管道截面尺寸后的括号内，如"DN32（2.50）""200×200（3.10）"。必要时，应在标高数字前加"底"或"顶"的字样。

（9）水平管道的规格宜标注在管道的上方，竖向管道的规格宜标在管道的左侧。双线表示的管道，其规格可标注在管道轮廓线内部（图7-4）。当斜管道不在图7-5所示30°的范围内时，其管径（压力）、尺寸应平行标注在管道的斜上方，否则，用引出线水平或90°方向引出标注。多条管线的规格标注且管线密集时还可采用中间图画法，其中短斜线也可统一用圆点（图7-6）。

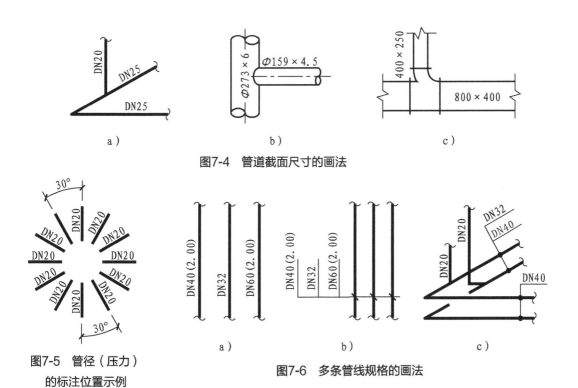

图7-4 管道截面尺寸的画法

图7-5 管径（压力）
的标注位置示例

图7-6 多条管线规格的画法

157

（10）风口、散流器的规格、数量及风量的表示方法可参考图7-7。平面图、剖面图上如需标注连续排列的设备或管道的定位尺寸或标高时，应至少有一个自由段（图7-8），挂墙安装的散热器应说明安装高度。

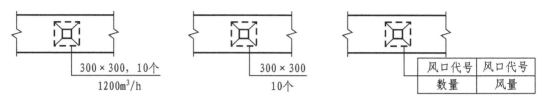

图7-7　风口、散流器的表示方法

图7-8　定位尺寸的表示方法

注：括号内数字应为不保证尺寸，不宜与上排尺寸同时标注。

（11）针对管道转向、分支、重叠及密集处，还需要依据现场情况更加详细地绘制（图7-9～图7-18）。

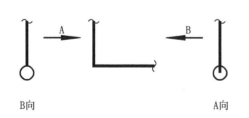

图7-9　单线管道转向的画法

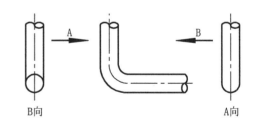

图7-10　双线管道转向的画法

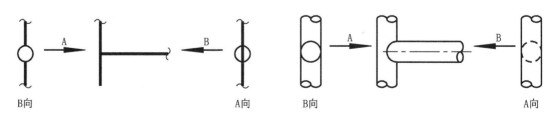

图7-11　单线管道的分支画法　　　　图7-12　双线管道的分支画法

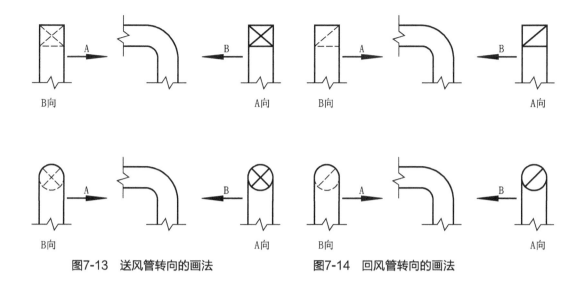

图7-13　送风管转向的画法　　　　图7-14　回风管转向的画法

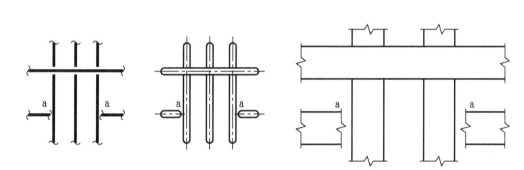

图7-15　管道断开画法

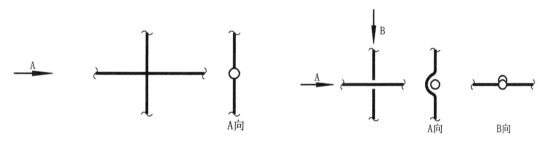

图7-16　管道交叉的画法　　　　图7-17　管道跨越的画法

图7-18　管道在暖通空调图中中断的画法

159

7.2.1　热水暖通构造

现代设计项目中，需要绘制热水暖通图的设计方案一般是采用集中采暖系统，这类系统是指热源和散热设备分别设置，利用一个热源产生的热能通过输热管道向各个建筑空间供给热量的采暖方式。

1.特点

热水暖通系统构造复杂，一次性投入大、采暖效率高、方便洁净，从经济、卫生和供暖效果来看，是目前大型公共空间中常见的采暖系统。

（1）集中采暖系统一般都是以供暖锅炉、天然温泉水源、热电厂余热供汽站、太阳能集热器等作为热源，分别以热水、蒸汽、热空气作为热媒，通过供热管网将热水、蒸汽、热空气等热能从热源输送到各种散热设备，散热设备再以对流或辐射方式将热量传递到室内空气中，用来提高室内温度，满足人们的工作和生活需要。

（2）热水采暖系统是目前广泛采用的一种供热方式，它是由锅炉或热水器将水加热至90℃左右以后，热水通过供热管网输送到各采暖空间，再经由供热干管、立管、支管送至各散热器内，散热后已冷却的凉水回流到回水干管，再返回至锅炉或热水器重新加热，如此循环供热。

2.分类

热水采暖系统按照供暖立管与散热器的连接形式不同，连接每组散热器的立管有双管均流输送供暖和单管顺流输送供暖两种安装形式。由于供暖干管的位置不同，其热水输送的循环方式也不相同。比较常见的是上供下回式、下供下回式两种形式。

（1）上供下回式热水输送循环系统。上供下回式热水输送循环系统是指供水干管设在整个采暖系统之上，回水干管则设在采暖系统的最下面。

（2）下供下回式热水输送循环系统。下供下回式热水输送循环系统是指热水输送干管和回水干管均设置在采暖系统中所有散热器的下面。

1）供热干管应按水流方向设上升坡度，以便使系统内空气聚集到采暖系统上部设置的空气管，并通过集气罐或自动放风阀门将空气排至系统外的大气中。

2）回水干管则应按水流方向设下降坡度，以便使系统内的水全部排出。一般情况下，采暖系统上面的干管敷设在顶层的顶棚处，而下面的干管应敷设在底层地板上。

7.2.2　绘制方法

下面列举KTV娱乐空间的热水暖通图。热水暖通图一般会需要参考平面布置图来绘制（图7-19），经常采用单线表示管路，附有必要的设计施工说明，主要分为热水地暖平面图（图7-20）、热水采暖平面图（图7-21）和采暖系统图（图7-22）三种，前两种绘制内容有差异，但是绘制方法和连接原理一致，只是形式不同，统称采暖平面图。

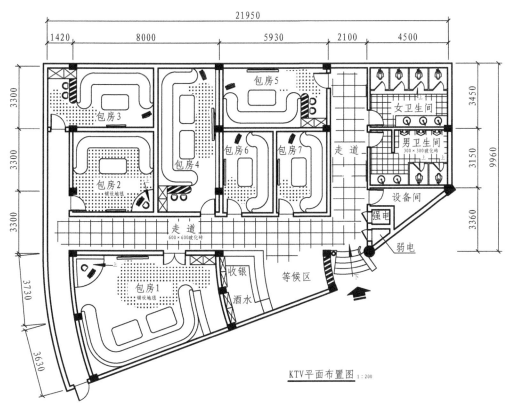

← 平面布置图是后续其他暖通空调图的基础,家具布置、设备所在位置都会影响暖通管道的布局走向。

KTV平面布置图 1:200

图7-19　KTV平面布置图

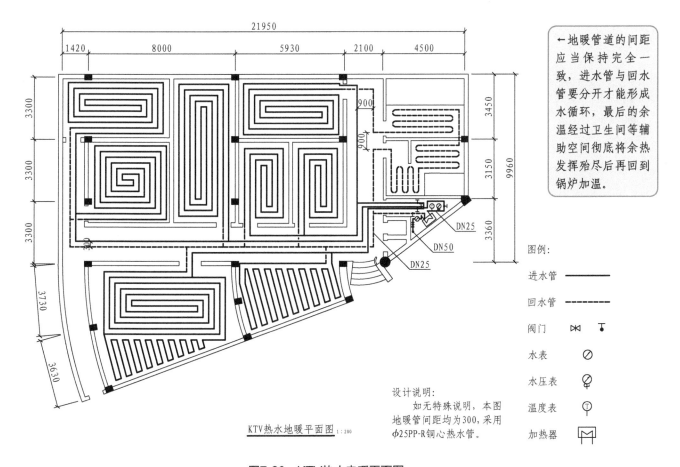

← 地暖管道的间距应当保持完全一致,进水管与回水管要分开才能形成水循环,最后的余温经过卫生间等辅助空间彻底将余热发挥殆尽后再回到锅炉加温。

图例:

进水管 ————
回水管 --------
阀门 ▷◁ ┬
水表 ∅
水压表 ∅
温度表 Ⓣ
加热器 ⋈

设计说明:
　　如无特殊说明,本图地暖管间距均为300,采用φ25PP-R铜心热水管。

KTV热水地暖平面图 1:200

图7-20　KTV热水电暖平面图

1.采暖平面图

绘制热水暖通图时经常采用与平面布置图相同的比例。

（1）绘制采暖平面图所选用的图样应表达设计空间的平面轮廓、定位轴线和建筑主要尺寸，如各层楼面标高、房间各部位尺寸等。

（2）为突出整个供暖系统，散热器、立管、支管用中实线画出；供热干管用粗实线画出；回水干管用粗虚线画出；回水立管、支管用中虚线画出。

（3）在绘制采暖平面图时还需表示出采暖系统中各干管支管、散热器位置及其他附属设备的平面布置，每组散热器的近旁应标注片数。

（4）在采暖平面图中还需标注各主干管的编号，编号应从总立管开始按照①、②、③……的顺序标注，为了避免影响图形清晰，编号应标注在建筑物平面图形外侧，同时标注各段管路的安装尺寸、坡度，如3‰，即管路坡度为千分之三，箭头指向下坡方向等，并应示意性表示管路支架的位置。

（5）采暖平面图中立管的位置，支架和立管的具体间距、距墙的详细尺寸等在施工说明中予以说明，或按照施工规范确定，一般不标注。

> ↓ 先绘制热水采暖设备，并确定位置，再根据所在位置连接管道，标注管道直径，最后再设备旁标注数字编号。管道尽量简洁，减少转角数量，尽量与实际施工状况保持一致。

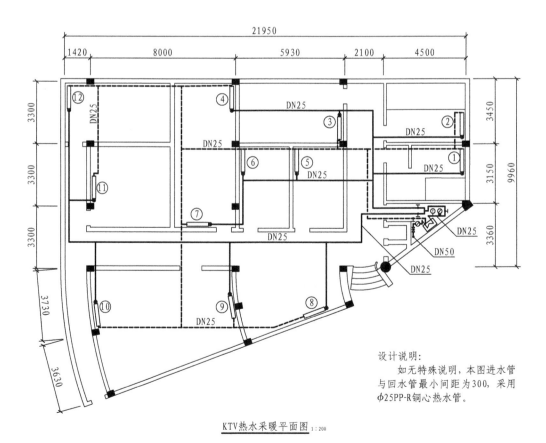

设计说明：
　　如无特殊说明，本图进水管与回水管最小间距为300，采用φ25PP-R铜心热水管。

KTV热水采暖平面图 1:200

图7-21　热水采暖平面图

2.采暖系统图

采暖系统图主要表示从热水（汽）入口至出口的采暖管道、散热器、各种安装附件的空间位置和相互关系的图样，能清楚地表达整个供暖系统的空间情况。采暖系统图以供暖平面图为依据，采用与平面图相同的比例以正面斜轴测投影方法绘制。在绘制采暖系统图时要参考采暖平面图。

（1）首先确定地面标高为±0.000的位置及各层楼地面的标高，从引入水（汽）管开始，先绘制总立管和建筑顶层顶棚下的供暖干管，干管的位置、走向应与采暖平面图一致。

（2）根据采暖平面图中各个立管的位置，绘制与供暖干管相连接的各个立管，再绘制出各楼层的散热器及与散热器连接的立管、支管。

（3）接着依次绘制回水立管、回水干管，直至回水出口，在管线中需画出每一个固定支架、阀门、补偿器、集气罐等附件和设备的位置。

（4）最后标出各立管的编号、各干管相对于各层楼面的主要标高、干管各段的管径尺寸、坡度等，并在散热器的近旁标注暖气片的片数。

↓ 在系统图中，可以将所有热水采暖设备统一方向，数字编号可置入其中，根据标高，系统图中能清晰反映出管道是布置在室内空间的顶部。

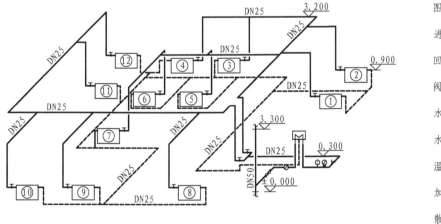

KTV热水采暖系统图 1:200

图7-22　热水采暖系统图

7.3.1 中央空调构造

1.定义

空调系统泛指以各种通风系统,主要是由空气加温、冷却与过滤系统共同工作,对室内空气进行加温、冷却、过滤或净化后,采用气体输送管道进行空气调节的系统,实际上包括通风系统,空气加温、冷却与过滤系统两类,在某些特殊空间环境中通风系统往往单独使用(图7-23)。

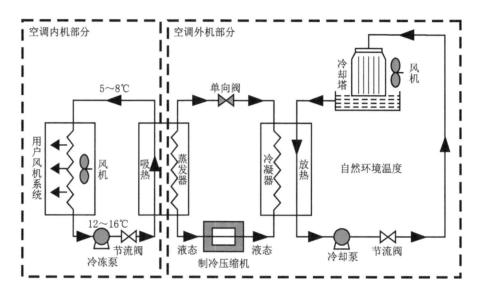

图7-23 中央空调系统图

2.分类

中央空气调节系统又分为集中式中央空气调节系统和半集中式中央空气调节系统两种。

(1)集中式中央空气调节。集中式中央空气调节是指将各种空气处理设备以及风机都集中设在专用机房室,是各种商场、商住楼、酒店经常采用的空气调节形式,中央空调系统将经过加热、冷却、加湿、净化等处理过的暖风或冷风通过送风管道输送到房间的各个部位,室内空气交换后用排风装置经回风管道排向室外。有空气净化处理装置的,空气经处理后再回送到各个空间,使室内空气循环达到调节室内温度、湿度和净化的目的。

(2)半集中式的中央空气调节。半集中式的中央空气调节是将各种空气处理设备、风机或空调器都集中设在机房外,通过送风和回风装置将处理后的空气送至各个住宅空间,但是在各个空调房间内还有二次控制处理设备,以便灵活控制空气调节系统。

中央空调通风系统通风包括排风和送风两个方面的内容,从室内排出污浊的空气称为排风,向室内补充新鲜空气称为送风,给室内排和送风所采用的一系列设备、装置构成了通风系统。而空气加温、冷却与过滤系统是对室内外交换的空气进行处理的设备系统,它只是空气调节的一部分,将其单独称之为空调系统是不准确的。但是很多室内空气的加温、循环水冷却、过滤系统往往与通风系统结合在一起,构成一个完善的空气调节体系,即空调系统。

7.3.2　中央空调图绘制方法

结合热水暖通图的内容，下面将同样以KTV娱乐空间为对象，讲述其中央空调图绘制方法。

1.了解概念

空气调节系统包括通风系统和空气的加温、冷却、过滤系统两个部分。虽然通风系统有单独使用的情况，但在许多空间环境这两个系统是共同工作的，除主要设备外，一些输送气体的风机、管线等设备、附件往往是共用的，因此通风系统同空气的加温、冷却与过滤系统的施工图绘制方法基本上是相同的，统称空调系统施工图，主要包括空调送风平面图（图7-24）和空调回风平面图（图7-25）。

2.图纸绘制

中央空调图主要是表明空调通风管道和空调设备的平面布置图样。

（1）图中一般采用中粗实线绘制墙体轮廓，采用细实线绘制门窗，采用细单点长画线绘制建筑轴线，并标注空间尺寸、楼面标高等。

（2）然后根据空调系统中各种管线、风道尺寸大小，由风机箱开始，采用分段绘制的方法，按比例逐段绘制送风管的每一段风管、弯管、分支管的平面位置，并标明各段管路的

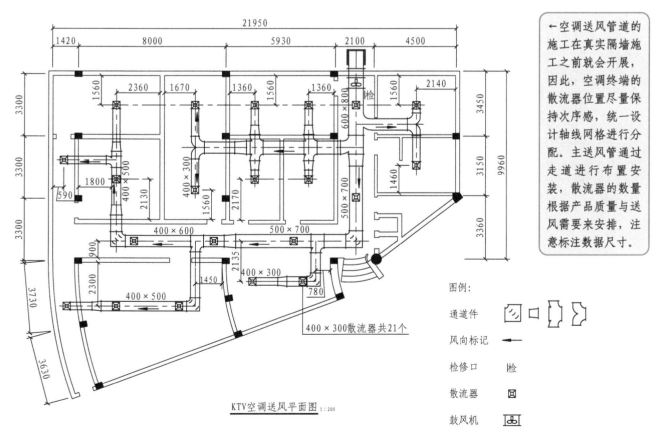

←空调送风管道的施工在真实隔墙施工之前就会开展，因此，空调终端的散流器位置尽量保持次序感，统一设计轴线网格进行分配。主送风管通过走道进行布置安装，散流器的数量根据产品质量与送风需要来安排，注意标注数据尺寸。

400×300散流器共21个

KTV空调送风平面图 1:200

图例：

通道件

风向标记 ←

检修口 检

散流器 ⊠

鼓风机

图7-24　空调送风平面图

编号、坡度等。

（3）用图例符号绘出主要设备、送风口、回风口、盘管风机、附属设备及各种阀门等附件的平面布置。注意标明各段风管的长度和截面尺寸及通风管道的通风量、方向等。

（4）图样中应注写相关技术说明，如设计依据、施工和制作的技术要求、材料质地等。

（5）空调工程中的风管一般都是根据系统的结构和规格需要，采用镀锌钢板分段制作的矩形风管，安装时将各段风管、风机用法兰连接起来即可。

（6）需要明确的是回风平面图的绘制过程与送风平面图相似，只不过是送风口改成了回风口。

> ↓空调排风扇的吸气能力要低于空调散流器，且污浊空气自重较大，容易沉降在空间底部，因此排风扇的数量要多于散流器，同样以轴线网格的形式来分配，但是要让位于空调送风管道，且回风管道相对较小。

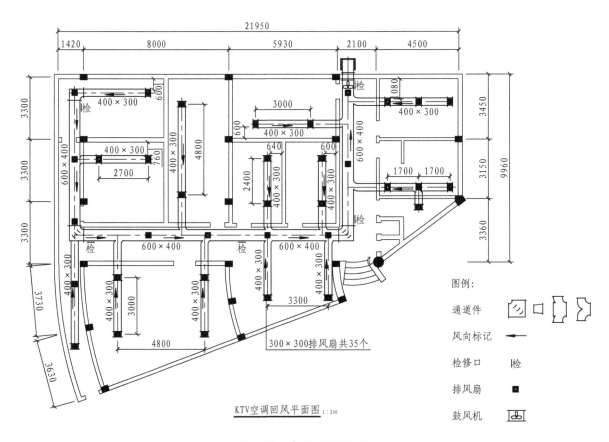

KTV空调回风平面图 1:200

图7-25 空调回风平面图

暖通空调设计图需要根据具体设计要求和施工情况来确定绘制内容，关键在于标明管线型号和设备位置，及彼此的空间关系。绘图前最好能到相关施工现场参观考察，并查阅其他同类型图纸，建立较为直观的印象后再着手绘图（图7-26、图7-27）。

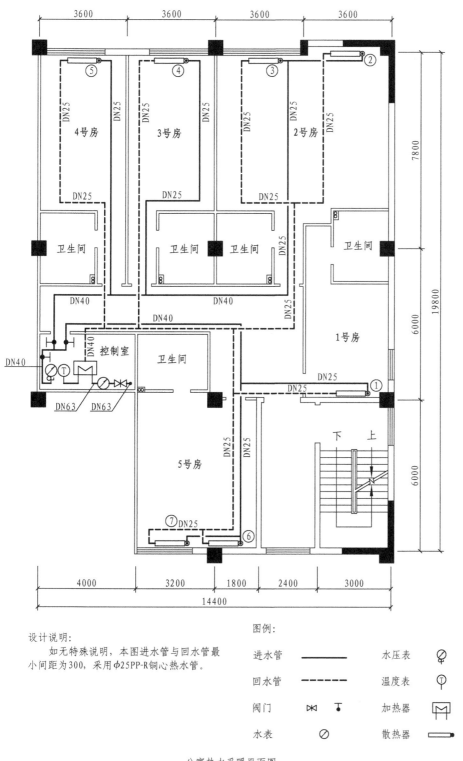

设计说明：
如无特殊说明，本图进水管与回水管最小间距为300，采用φ25PP-R铜心热水管。

图例：

进水管	———	水压表	⌀
回水管	- - -	温度表	Ⓣ
阀门	⋈ ●	加热器	⛛
水表	⊘	散热器	▭

公寓热水采暖平面图 1:150

图7-26 公寓热水采暖平面图

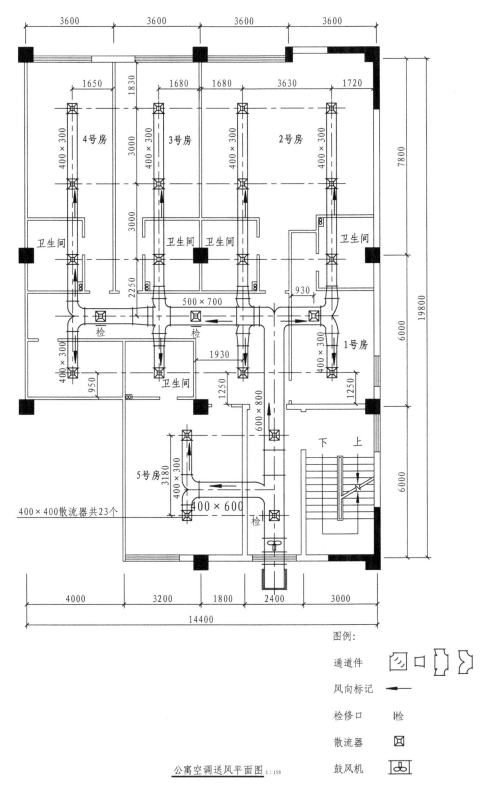

公寓空调送风平面图 1:150

图例:

通道件			
风向标记	←		
检修口	检		
散流器	⊠		
鼓风机			

图7-27 公寓空调送风平面图

第8章

形象化的立面图

识图难度：★★★★★

核心概念：立面、结构、材料、工艺

章节导读：一套施工图设计方案是否美观，主要取决于它在主要立面上的艺术处理，包括造型与装修是否优美。在设计阶段，立面图主要是用来研究这种艺术处理的。立面图与总平面图、平面布置图相呼应，适用于室内外空间中各重要立面的形状构造、相关尺寸、相应位置和基础施工工艺。在施工图中，它主要反映结构立面装修的做法。

依据尺寸和设计绘制立面图，创造优美方案。

立面图交底的那一刻：

"结合现场和理论绘制的立面图，施工后的效果一定很好。"

"细节部位的处理也考虑到了，层次分明，可以轻松地施工了。"

章节要点：

在绘制立面图之前，必须了解立面图需要绘制的内容，一般立面图中会包含立面分格、必要的文字说明、详尽的材料表、配套的效果图以及构造的相关标高等，了解清楚这些，对于后期绘制立面图也有很大帮助。

立面图一般采用相对标高，以室内地坪为基准进而表明立面有关部位的标高尺寸，其中室内墙面或独立设计构造高度以常规形式标注。

（1）室内立面图（图8-1）要求绘制吊顶高度及其层级造型的构造和尺寸关系，表明墙面设计形体的构造方式、饰面方法，并标明所需材料及施工工艺要求。

（2）室内立面图在绘制时还要求详细标注墙、柱等各立面所需设备及其位置尺寸和规格尺寸，在细节部位要对关键设计项目作精确绘制，尤其要表明墙、柱等立面与平顶及吊顶的连接构造和收口形式（图8-2）。

8.1

仔细绘制基础立面内容

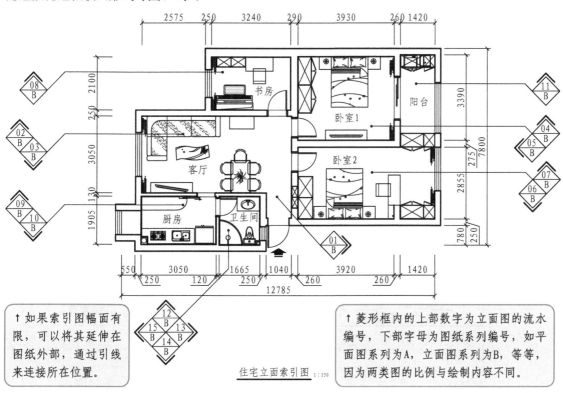

↑如果索引图幅面有限，可以将其延伸在图纸外部，通过引线来连接所在位置。

↑菱形框内的上部数字为立面图的流水编号，下部字母为图纸系列编号，如平面图系列为A，立面图系列为B，等等，因为两类图的比例与绘制内容不同。

住宅立面索引图 1:150

图8-1 住宅立面索引图

→↓如果立面图较多，应当在平面布置图中截取一部分放在立面图上方对应的位置，这样看起来更直观。

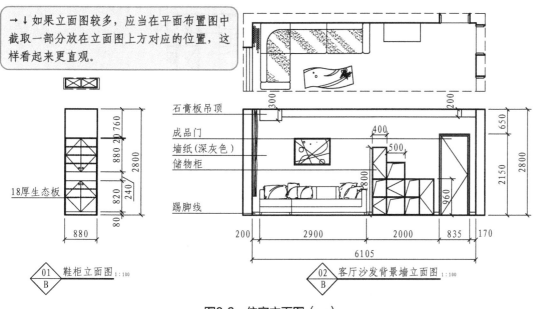

石膏板吊顶
成品门
墙纸(深灰色)
储物柜
18厚生态板
踢脚线

01 鞋柜立面图 1:100
B

02 客厅沙发背景墙立面图 1:100
B

图8-2 住宅立面图（一）

→立面图的绘制重点在于结构与材料，材料标注应当在图中无数字标注或少数字标注的一侧，文字与数字不应相互叠加。材料标注中的文字应当对齐，保证图纸的规范性与美观性。

（3）立面图中需标注门、窗、轻质隔墙、装饰隔断等设施的高度尺寸和安装尺寸，标注与立面设计有关的装饰造型及其他艺术造型体的高低错落位置尺寸。

（4）立面图要与后期绘制的剖面图或节点图相配合，表明设计结构连接方法、衔接方式及其相应的尺寸关系（图8-3）。

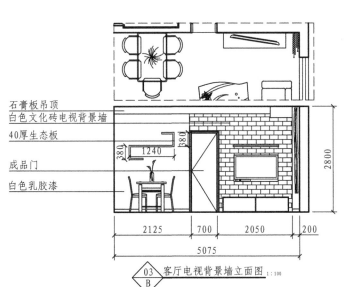

石膏板吊顶
白色文化砖电视背景墙
40厚生态板
成品门
白色乳胶漆

380 1240 380

2800

2125 700 2050 200
5075

◇03 客厅电视背景墙立面图 1:100
B

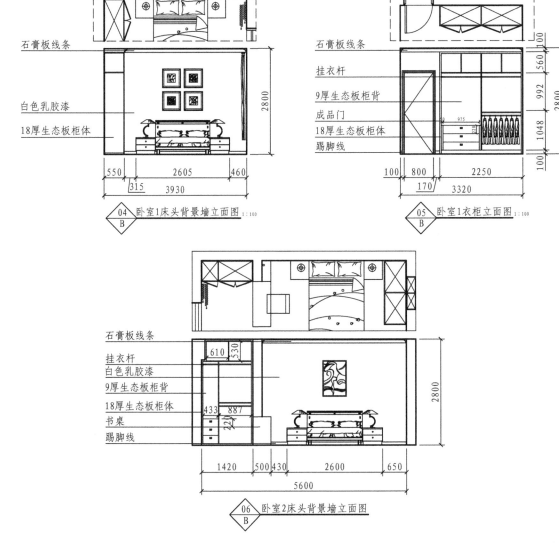

石膏板线条
白色乳胶漆
18厚生态板柜体

2800

550 2605 460
315
3930

◇04 卧室1床头背景墙立面图 1:100
B

石膏板线条
挂衣杆
9厚生态板柜背
成品门
18厚生态板柜体
踢脚线

100 560 100
992
975
1048
100
2800

100 800 2250
170
3320

◇05 卧室1衣柜立面图 1:100
B

石膏板线条
挂衣杆
白色乳胶漆
9厚生态板柜背
18厚生态板柜体
书桌
踢脚线

610 530
433 887
220
2800

1420 500 430 2600 650
5600

◇06 卧室2床头背景墙立面图
B

图8-3 住宅立面图（二）

8.2.1 识读要点

（1）识读时立面图需与平面图相配合对照，明确立面图所表示的投影面平面位置及其造型轮廓形状、尺寸和功能特点。

（2）识读时要明确地面标高、楼面标高、楼地面装修设计起伏高度尺寸，以及工程项目所涉及的楼梯平台等有关部位的标高尺寸。

（3）识读时要非常清楚了解每个立面上的装修构造层次及饰面类型，明确装饰面的材料要求和施工工艺要求。

（4）立面图上各设计部位与饰面的衔接处理方式较为复杂时，要同时查阅配套的构造节点图、细部大样图等，明确造型分格、图案拼接、收边封口、组装做法与尺寸。

（5）绘图者与读图者要熟悉装修构造与主体结构的连接固定要求，明确各种预埋件、后置埋件、紧固件和连接件的种类、布置间距、数量和处理方法等详细的设计规定。

（6）识读要配合设计说明，了解有关施工设置或固定设施在墙体上的安装构造，有需要预留的洞口、线槽或要求预埋的线管，明确其位置尺寸关系，并将其纳入施工计划。

8.2.2 卧室床头背景墙立面图

这里列举某卧室床头背景墙立面图，详细讲解绘制步骤与要点。

1.建立构架

（1）根据已绘制完成的平面图，引出地面长度尺寸，在适当的图纸幅面中建立墙面构架（图8-4）。立面图的比例可以定在1：50，对于比较复杂的设计构造，可以扩大到1：30或1：20，但是立面图不宜大于后期将要绘制的节点详图，以能清晰、准确反映设计细节来确定图纸幅面。

←绘制基础框架时要注重建筑结构的完整性，在绘制立面图之前要对空间内部的构造进行设想或经过实地考察后再绘制。

图8-4 卧室床头背景墙立面图绘制步骤一

（2）一套设计图中，立面图的数量较多的，可以将全套图纸的幅面规格以立面图为主。墙面构架主要包括确定墙面宽度与高度，并绘制墙面上主要装饰设计结构，如吊顶、墙面造型、踢脚线等，除四周地、墙、顶边缘采用粗实线外，这类构造一般都采用中实线，被遮挡的重要构造可以采用细虚线。

（3）基础构架的尺寸一定要精确，为后期绘制奠定基础。当然，也不宜急于标注尺寸，绘图过程也是设计思考过程，要以最终绘制结果为参照来标注。

2.调用成品模型

（1）基本构架绘制完毕后，就可以从图集、图库中调用相关的图块和模型，如家具、电器、陈设品等，这些图形要预先经过线型处理，将外围图线改为中实线，内部构造或装饰改为细实线，对于特别复杂的预制图形要作适当处理，简化其间的线条，否则图线过于繁杂，会影响最终打印输出的效果。

（2）注意成品模型的尺寸和比例，要适合该立面图的图面表现。针对手绘制图，可以适当简化成品模型的构造，如将局部弧线改为直线，省略繁琐的内部填充等。

（3）立面图调入成品模型时，要根据设计风格来选择，针对特殊的创意作品，还是需要单独绘制，设计者最好能根据日常学习、工作需求创建自己的模型库，日后用起来会得心应手。

（4）摆放好成品模型后，还需绘制无模型可用的设计构造，尽量深入绘制，使形态和风格与成品模型统一（图8-5）。

→绘制背景墙上的装饰构造，从图库中调用家具的立面图摆放在相应的位置，对于个性化较强的定制设计与施工，家具的立面图需要自行绘制。

图8-5 卧室床头背景墙立面图绘制步骤二

3.填充与标注

（1）当基本图线都绘制完毕后，就需要对特殊构造作适当填充，以区分彼此间的表现效果，如墙面壁纸、木纹、玻璃镜面等，填充时注意填充密度，小幅面图纸不宜填充面积过大、过饱满，大幅面图纸不宜填充面积过小、过稀疏。

（2）填充完毕后要能清晰分辨出特殊材料的运用部位和面积，最好形成明确的黑、灰、白图面对比关系，这样会使立面图的表现效果更加丰富。

（3）当立面图中的线条全部绘制完毕后需要作全面检查，及时修改错误，最后对设计构造与材料作详细标注，为了适应阅读习惯，一般宜将尺寸数据标注在图面的右侧和下方，将引出文字标注在图面的左侧和上方，文字表述要求简单、准确，表述方式一般为材料名称加上构造方法。

（4）数据与文字要求整齐一致，并标注图名与比例（图8-6）。

> ↓ 对立面图中的特殊材质进行填充不同图案，标注材料名称与尺寸数据，完善调整图纸。

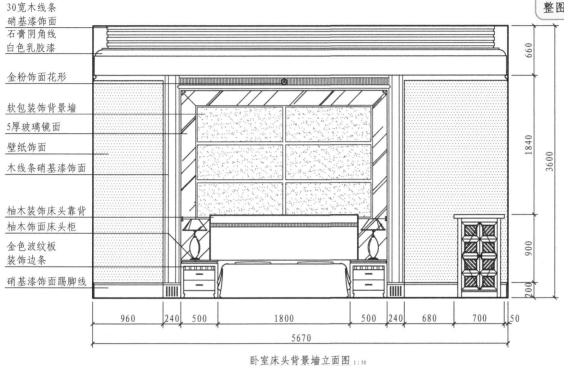

图8-6 卧室床头背景墙立面图绘制步骤三

8.2.3 建筑外墙立面图

通过对绘图步骤的深入了解可以更清晰地绘制立面图，这里列举某建筑外墙立面图，详细讲解绘制步骤与要点。

1.建立构架

（1）根据已绘制完成的平面图，引出地面长度尺寸，在适当的图纸幅面中建立基础构架。立面图的比例可以定在1：50，对于比较复杂的设计构造，可以扩大到1：30或1：20，绘图时需要注意的是立面图不宜大于后期将要绘制的节点详图，以能清晰、准确反映设计细节为最佳。

（2）一套设计图中，立面图的数量较多的，可以将全套图纸的幅面规格以立面图为主。构造的外围圈一般采用粗实线绘制，被遮挡的重要构造可以采用细虚线绘制。

（3）基础构架的尺寸一定要精确，这也能为后期绘制奠定基础，可以绘制结束后再标注尺寸，要明白绘图过程也是设计思考过程，要以最终绘制结果为参照来标注（图8-7）。

→建筑外墙的基础框架包括外墙的主要装饰线条，虽然这一步不用标注数据，但是在绘制过程中要以真实尺寸进行绘制。

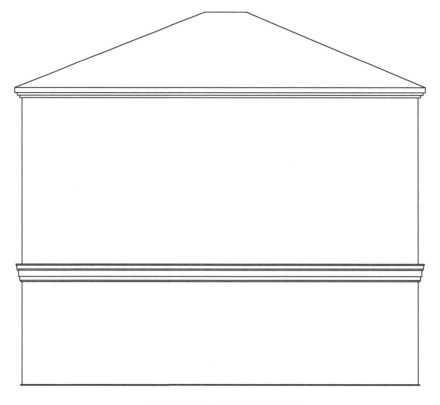

图8-7　建筑外墙立面图步骤一

2.补充基础构造

（1）基本构架绘制完毕后，可以开始补充基础构造，如门窗、柱点等，同时依据图纸需要还可以从图集、图库中调用相关的图块和模型，如植物、灯具等，这些图形要预先经过线型处理，将外围图线改为中实线，内部构造或装饰改为细实线。

（2）需要注意的是导入的成品模型的尺寸和比例要符合该立面图的图面表现，如果是针对手绘制图，可以适当简化成品模型的构造，如将局部弧线改为直线，省略繁琐的内部填充等，基础构造补充需要依据设计要求来定。

（3）摆放好成品模型后，还需绘制无模型可用的设计构造，尽量深入绘制，使形态和风格与成品模型统一（图8-8）。

3.填充与标注

（1）当基本图线都绘制完毕后，可对特殊构造作适当填充，以区分彼此间的表现效果，如树池台面、喷泉表面、亭子顶地面构造等，填充时注意填充密度，小幅面图纸不宜填充面积过大、过饱满，大幅面图纸不宜填充面积过小、过稀疏。

（2）当立面图中的线条全部绘制完毕后需要作全面检查，及时修改错误，最后对设计构造与材料作详细标注，为了适应阅读习惯，一般宜将尺寸数据标注在图面的右侧和下方，将引出文字标注在图面的左侧和上方，文字表述要求简单、准确，表述方式一般为材料名称加构造方法。

（3）数据与文字要求整齐一致，并标注图名与比例（图8-9）。

← 立面图调入成品模型时，要根据景观设计的整体色调和风格来选择，针对特殊的创意作品，还需要单独绘制，绘图者最好能根据日常学习、工作需求创建自己的模型库，日后用起来会得心应手。

↓ 填充完毕后要能清晰分辨出特殊材料的运用部位和面积，最好形成明确的黑、白、灰图面来进行对比，这样也能使立面图的表现效果更丰富。

图8-8 建筑外墙立面图步骤二

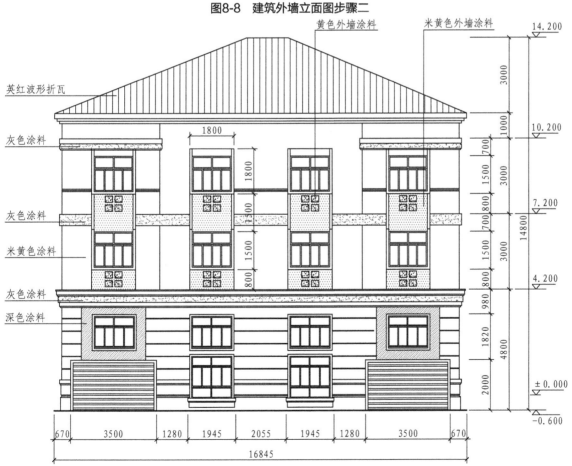

建筑外墙立面图 1:150

图8-9 建筑外墙立面图步骤三

绘制立面图的关键在于把握丰富的细节，既不宜过于繁琐，也不宜过于简单，太繁琐的构造可以通过后期的大样图来深入表现，太简单的构造则可以通过多层次填充来弥补，不同的构造绘制的立面图有其独特的特色，可以多多查阅其他优秀的图纸，作为参考（图8-10～图8-18）。

8.3

立面图案例

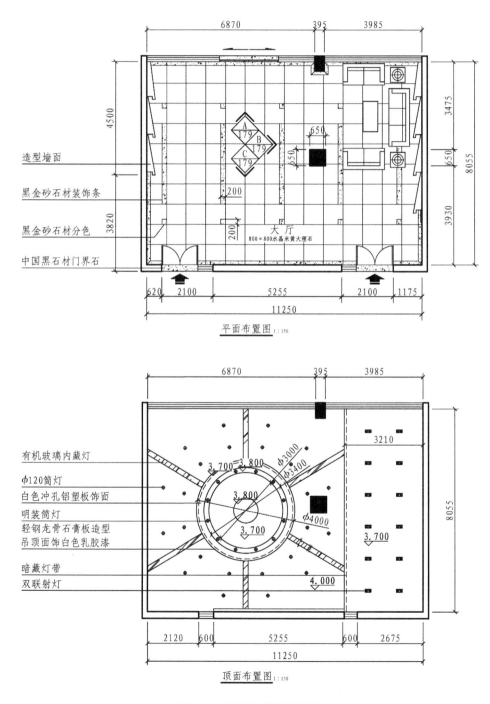

造型墙面

黑金砂石材装饰条

黑金砂石材分色

中国黑石材门界石

平面布置图 1:150

有机玻璃内藏灯

φ120筒灯

白色冲孔铝塑板饰面

明装筒灯

轻钢龙骨石膏板造型
吊顶面饰白色乳胶漆

暗藏灯带

双联射灯

顶面布置图 1:150

图8-10　展厅大堂平顶面图

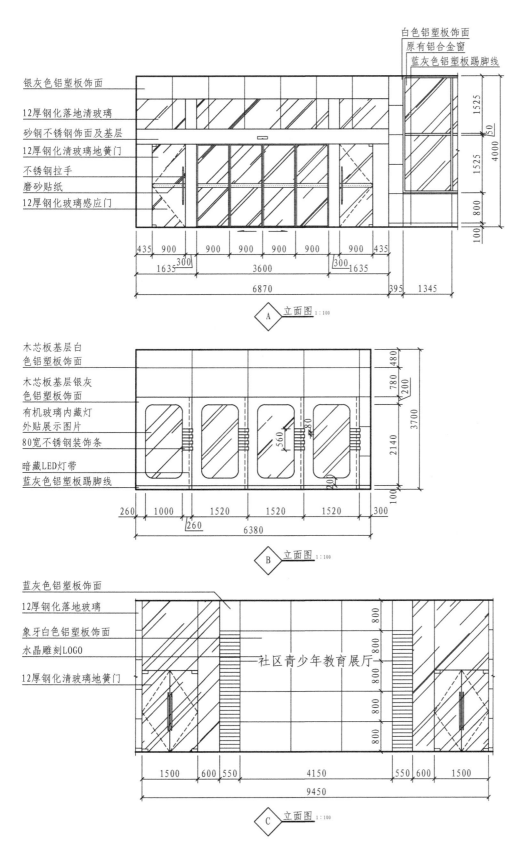

图8-11 展厅大堂主要立面图

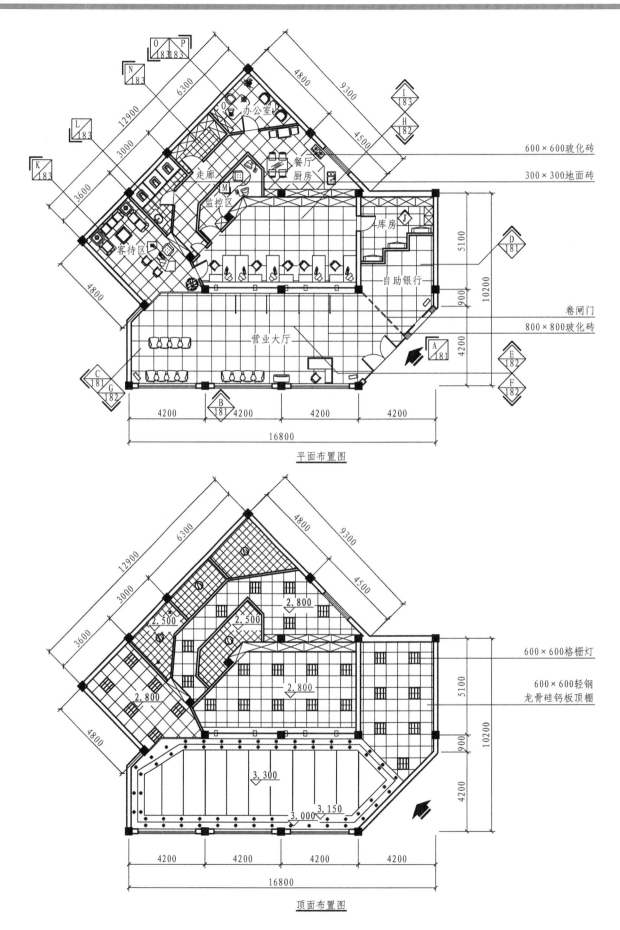

平面布置图

600×600玻化砖
300×300地面砖

卷闸门
800×800玻化砖

办公室
餐厅
厨房
走廊
监控区
客待区
库房
自助银行
营业大厅

顶面布置图

600×600格栅灯

600×600轻钢
龙骨硅钙板顶棚

图8-12　银行办公平顶面图

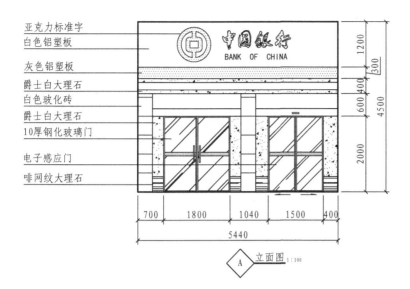

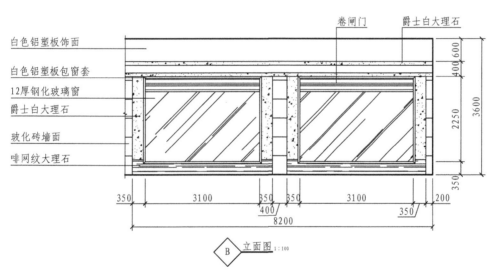

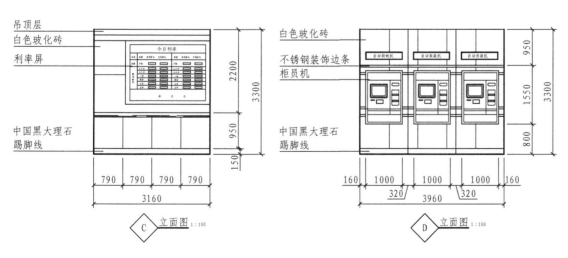

图8-13　银行办公主要立面图（一）

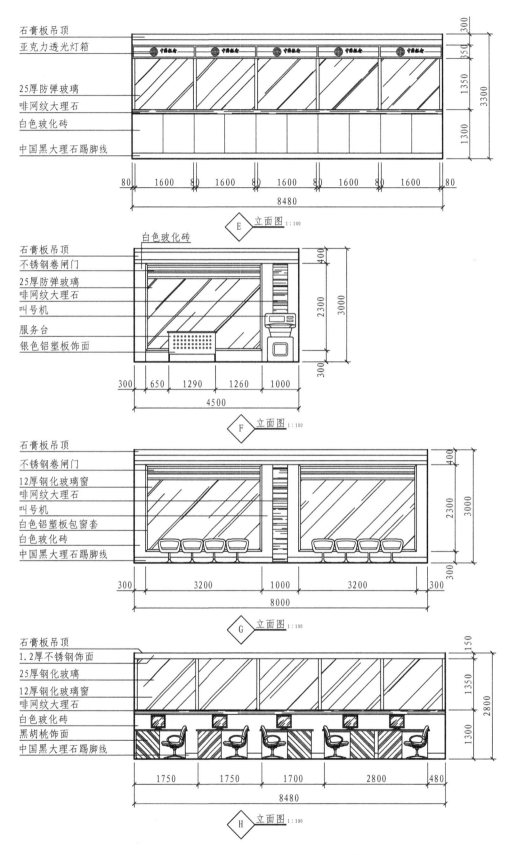

石膏板吊顶
亚克力透光灯箱

25厚防弹玻璃
啡网纹大理石

白色玻化砖

中国黑大理石踢脚线

300
350
1350
1300
3300

80 1600 80 1600 80 1600 80 1600 80 1600 80
8480

E 立面图 1:100

白色玻化砖

石膏板吊顶
不锈钢卷闸门
25厚防弹玻璃
啡网纹大理石
叫号机
服务台
银色铝塑板饰面

400
2300
3000
300

300 650 1290 1260 1000
4500

F 立面图 1:100

石膏板吊顶

不锈钢卷闸门
12厚钢化玻璃窗
啡网纹大理石
叫号机
白色铝塑板包窗套
白色玻化砖
中国黑大理石踢脚线

400
2300
3000
300

300 3200 1000 3200 300
8000

G 立面图 1:100

石膏板吊顶
1.2厚不锈钢饰面
25厚钢化玻璃
12厚钢化玻璃窗
啡网纹大理石
白色玻化砖
黑胡桃饰面
中国黑大理石踢脚线

150
1350
2800
1300

1750 1750 1700 2800 480
8480

H 立面图 1:100

图8-14 银行办公主要立面图（二）

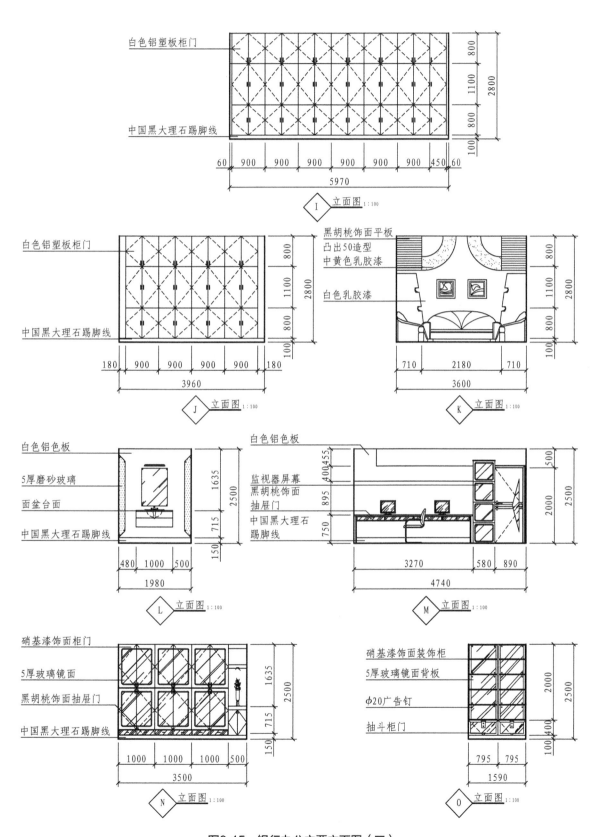

图8-15 银行办公主要立面图（三）

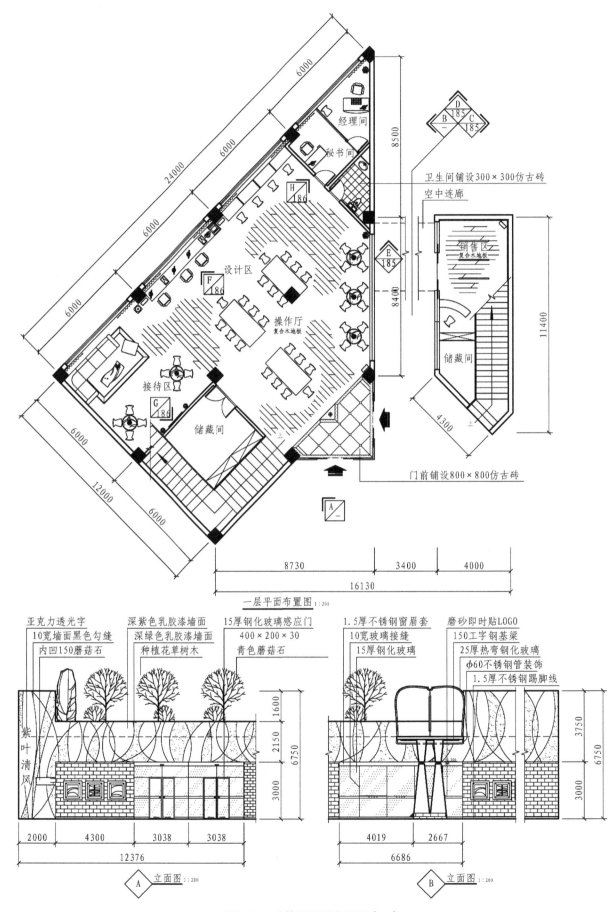

图8-16　建筑景观平立面图（一）

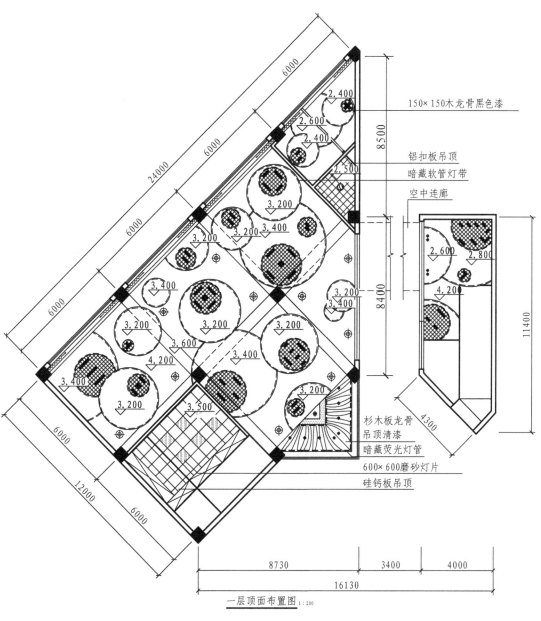

一层顶面布置图 1:200

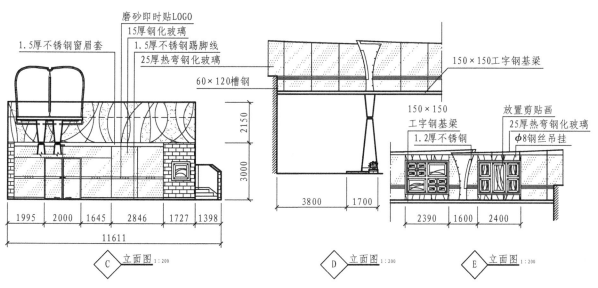

图8-17　建筑景观平立面图（二）

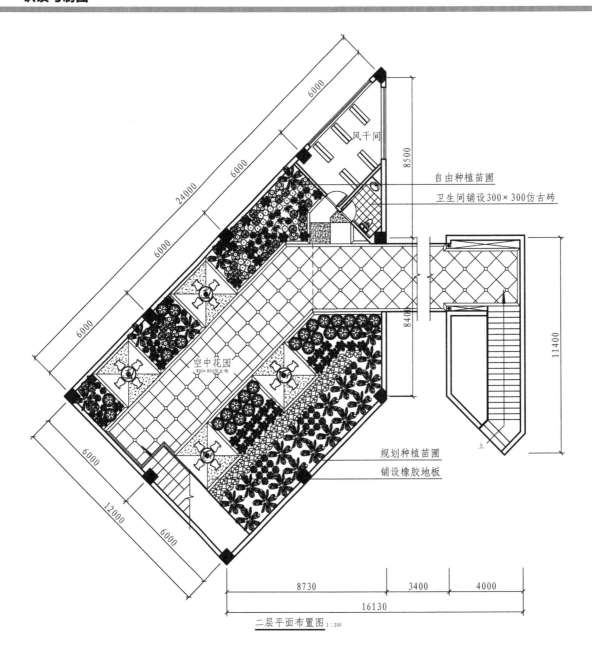

风干间

8500

自由种植苗圃

卫生间铺设300×300仿古砖

11400

840

6000

6000

24000

6000

6000

空中花园
800×800仿古砖

6000

12000

6000

规划种植苗圃

铺设橡胶地板

8730   3400   4000

16130

二层平面布置图 1:200

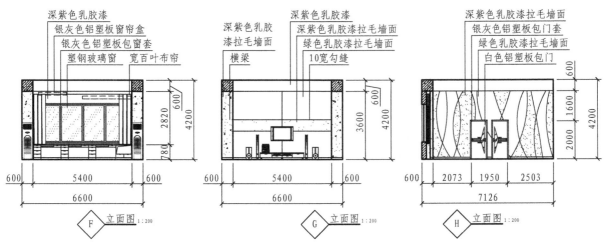

深紫色乳胶漆
银灰色铝塑板窗帘盒
银灰色铝塑板包窗套
塑钢玻璃窗   宽百叶布帘

深紫色乳胶漆
深紫色乳胶漆拉毛墙面
绿色乳胶漆拉毛墙面
10宽勾缝

深紫色乳胶漆拉毛墙面
银灰色铝塑板包门套
绿色乳胶漆拉毛墙面
白色铝塑板包门

深紫色乳胶
漆拉毛墙面
横梁

600   2820   4200   780

600   5400   600

6600

◇ F 立面图 1:200

600   3600   4200

600   5400   600

6600

◇ G 立面图 1:200

600   1600   2000   4200

600   2073   1950   2503

7126

◇ H 立面图 1:200

图8-18　建筑景观平立面图（三）

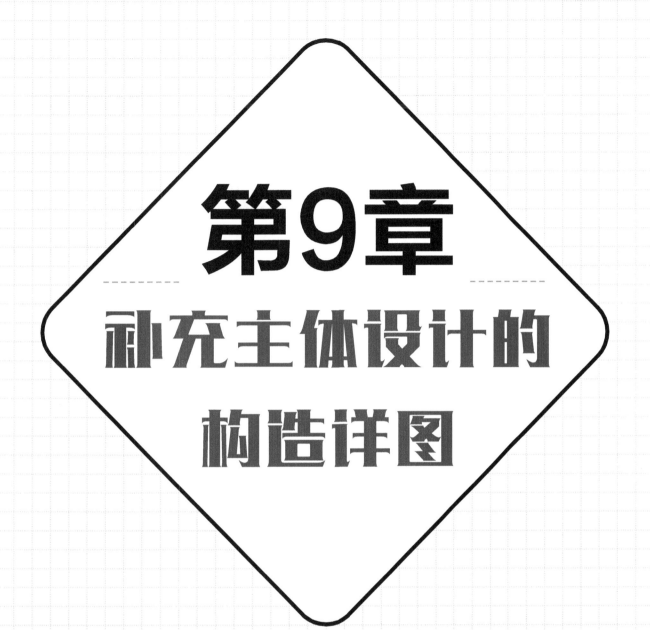

第9章
补充主体设计的构造详图

识图难度：★★★★★

核心概念：构造、剖面、节点、大样

章节导读：在实际设计中，需要绘制的构造详图种类其实并不多，主要表现为剖面图、构造节点图和大样图三种形式，绘制时选用的图线应与平面图、立面图一致，只是地面界限与主要剖切轮廓线一般采用粗实线。构造详图是为了弥补装修施工图中，各类平面图和立面图因比例较小而导致的很多设计造型、创意细节、材料选用等信息无法表现或表现不清晰等问题，一般采用1：20、1：10，甚至1：5、1：2的比例。

了解清楚构造层次，合理绘制构造详图。

材料开始加工的那一刻：

"构造的造型方式、连接件的运用方式等都已经详细地标明，可以依图施工了。"

"构配件的尺寸绘制得很详细，工艺做法也一一标明，可以按图施工了。"

章节要点：

在绘制构造详图之前必须了解空间内哪些区域需要绘制构造详图，一般内墙节点、楼梯、厨房、卫生间等局部平面，是需要单独绘制构造详图的。此外，特殊的门、窗等也是需要绘制构造详图的，这一点需了解。

构造详图是将设计对象中的重要部位作整体或局部放大，甚至作必要剖切，用以精确表达在普通投影图上难以表明的内部构造。

9.1.1 剖面图

1.定义

剖面图是假想用一个或多个纵、横向剖切面，将设计构造剖开，所得的投影图，称为剖面图，用以表示设计对象的内部构造形式、分层情况、各部位的联系、材料选用、标高尺度等，需与平、立面图相互配合，是不可缺少的重要图样之一（图9-1）。

↓下图中2号详图属于大样图，由于幅面受到限制，因此2号与3号详图排版在190页，故本张图中的索引符号下半部标为190。剖切线为粗实线，方向指引线为细实线，方向线位于剖切线下方，表示构造经过剖切后向下看，即可得出一个全新的剖面图。

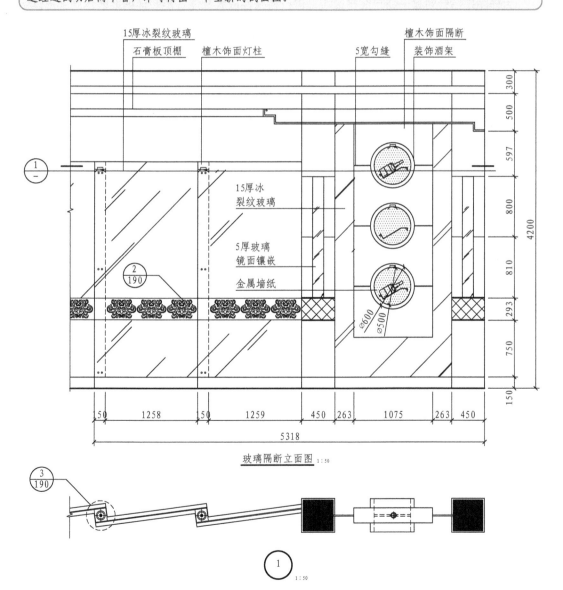

图9-1 玻璃隔断立面图与剖面图

分类识读构造详图

9.1

2.相关要求

（1）剖面图的数量要根据具体设计情况和施工实际需要来决定。剖切面一般横向，即平行于侧面，必要时也可纵向，即平行于正面，其位置应选择很重要，且要求能反映内部复杂的构造与典型的部位。

（2）在大型设计项目中，尤其是针对多层建筑，剖切面应通过门窗洞的位置，选择在楼梯间或层高不同、层数不同的部位，剖面图的图名应与平面图上所标注剖切符号的编号一致。

9.1.2 大样图和构造节点图

1.大样图

大样图是指针对某一特定图样区域，进行特殊性放大标注，能较详细地表示局部形体结构的图样。大样图适用于绘制某些形状特殊、开孔或连接较复杂的零件或节点，在常规平面图、立面图、剖面图或构造节点图中不便表达清楚时，就需要单独绘制大样图，它与构造节点图一样，需要在图样中标明相关图号，方便读图者查找（图9-2a）。

2.构造节点图

构造节点图是用来表现复杂设计构造的详细图样，又称为详图，它可以是常规平面图、立面图中复杂构造的直接放大图样，也可以是将某构造经过剖切后局部放大的图样，这类图样一般用于表现设计施工要点，需要针对复杂的设计构造专项绘制，也可以在国家标准图集、图库中查阅并引用。绘制构造节点图需要在图样中标明相关图号，方便读图者查找（图9-2b）。

↓剖面图与大样图都属于详图，经过剖切和放大之后的图能清晰观察设计构造，放大的程度根据图纸幅面与构造复杂程度来定，要求能清晰表现内部细节，如材料、尺寸、文字标注等，详图的编号要与立面图的编号一致，在一套装修施工图中，详图的编号一般为流水号，顺序编排即可。

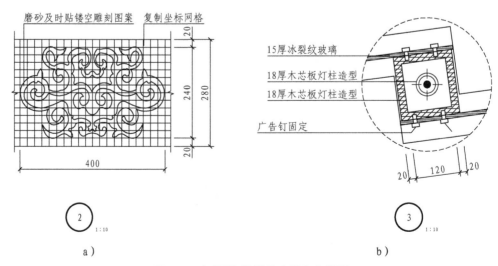

图9-2　玻璃隔断构造节点图和大样图

9.1.3　相关联系

（1）在装修施工图中，剖面图是常规平面图、立面图中不可见面域的表现，绘制方法、识读要点都与平面图、立面图基本一致。

（2）构造节点图则是对深入设计、施工的局部细节强化表现，重点在于表明构造间的逻辑关系，而大样图特指将某一局部单独放大，重点在于标注精确的尺寸数据。

（3）绘制构造详图需要结合预先绘制的平面图与立面图，查找剖面图和构造节点图的来源，辨明与之相对应的剖切符号或节点编号，确认其剖切部位和剖切投影方向。

（4）在复杂设计中，要求熟悉图中所要求的预埋件、后置埋件、紧固件、连接件、黏结材料、衬垫和填充材料，以及防腐、防潮、补强、密封、嵌条等工艺措施规定，明确构配件、零辅件及各种材料的品种、规格和数量，准确地用于施工准备和施工操作。

（5）剖面图和构造节点图涉及重要的隐蔽工程及功能性处理措施，必须严格按图施工，明确责任，不得随意更改。

（6）绘大样图、剖面图和构造节点图主要是表明构造层次、造型方式、材料组成、连接件运用等方式方法，并提出必须采用的构配件及其详细尺寸、加工装配、工艺做法和施工要求。表明不同构造层以及各构造层之间、饰面与饰面之间的结合或拼接方式，表明收边、封口、盖缝、嵌条等工艺的详细做法和尺寸要求等细节。

国家建筑标准设计图库

在实际设计工作中，需要绘制的构造详图种类其实并不多，为了提高制图效率，保证制图质量，中国建筑标准设计研究院制作了《国家建筑标准设计图库》（以下简称《图库》）。《图库》以电子化形式集成了50年来国家建筑标准设计的成果，旨在通过现代化的技术手段，使国家标准设计能更好地服务于整个设计领域乃至整个建设行业，缩短设计周期、节约设计成本、保证设计质量。《图库》收录了国家建筑标准设计图集、全国民用建筑工程设计技术措施、建筑产品选用技术三大基础技术资源，形成了全方位的信息化产品。

《图库》同时还提供了图集快速查询、图集管理、图集介绍、图集应用方法交流等多项功能，而且可以以图片方式阅览图集全部内容。设计者可以迅速查询、阅读需要的图集，并获得如何使用该图集等相关信息。《图库》充分利用网络技术优势，实现了国家标准图库动态更新功能。用户可通过互联网与国家建筑标准设计网站服务器链接，获取标准图集最新成果信息、最新废止信息，并可下载最新国家标准图集。通过动态更新功能，使《图库》中资源与国家建筑标准设计网保持同步，设计者可在第一时间获取国家标准动态信息。

《图库》采用信息化手段，为国家标准图集的推广、宣传、使用开辟了新的途径，有效地解决了由于信息传播渠道不畅造成的国家标准技术资源没有被充分有效的利用，或误用失效图集的问题，使国家建筑标准设计更加及时地服务于工程建设。

9.2.1 剖面图的定义和要求

1.定义

在日常设计制图中，大多数剖面图都用于表现平面图或立面图中的不可见构造，要求使用粗实线清晰绘制出剖切部位的投影，在建筑设计图中需标注轴线、轴线编号、轴线尺寸。

2.要求

（1）剖切部位的楼板、梁、墙体等结构部分应该按照原有图样或实际情况测量绘制，并标注地面、顶棚标高和各层层高。

（2）剖面图中的可视内容应该按照平面图和立面图中的内容绘制，标注定位尺寸，注写材料名称和制作工艺。

（3）绘制时要特别注意剖面图在平面图或立面图中剖切符号的方向，并在剖面图下方注明该剖面图图名和比例。

9.2.2 绘图与识读步骤

这里列举某停车位的设计方案，讲解其中剖面图的绘制与识读步骤。

（1）首先，根据设计绘制出停车位的平面图，该平面图也可以从总平面图或建筑设计图中节选一部分，在图面中对具体尺寸作重新标注，检查核对后即可在适当部位标注剖切符号。

（2）绘制剖切符号的具体位置要根据施工要求来定，一般选择构造最复杂或最具有代表性的部位，图9-3方案中的剖切符号定在停车位中央，作纵向剖切并向右侧观察，这样更具有代表性，能够清晰反映出地面铺装构造。

9.2

剖面图表现不可见的构造

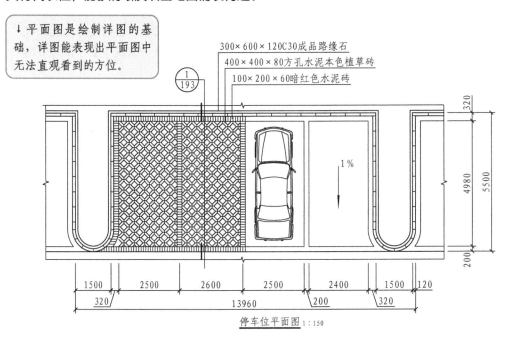

↓ 平面图是绘制详图的基础，详图能表现出平面图中无法直观看到的方位。

300×600×120C30成品路缘石
400×400×80方孔水泥本色植草砖
100×200×60暗红色水泥砖

停车位平面图 1:150

图9-3 停车位平面图

（3）绘制剖切形态，根据剖切符号的标示绘制剖切轮廓，包括轮廓内的各种构造，绘制时应该按施工工序绘制，如从下向上，由里向外等，目的在于分清绘制层次和图面的逻辑关系，然后分别进行材料填充，区分不同构造和材料。

（4）最后标注尺寸和文字说明。剖面图绘制完成后要重新检查一遍，避免在构造上出现错误。此外，要注意剖面图与平面图之间的关系，图样中的构图组合要保持均衡、间距适当（图9-4）。

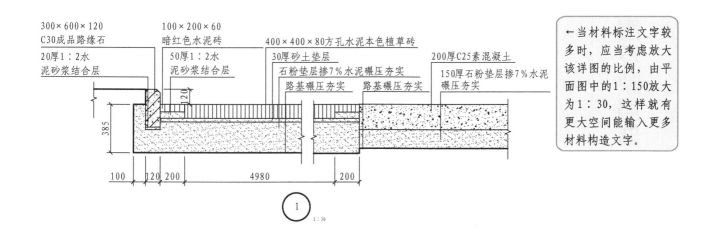

图9-4 停车位剖面图

9.3.1 构造节点图的定义和要求

1.定义

构造节点图是装修装饰施工图中最微观的图样，在大多情况下，它是剖面图与大样图的结合体。构造节点图一般要将设计对象的局部放大后详细表现，它相对于普通剖面图而言，比例会更大些，以表现局部为主，当原始平面图、立面图和剖面图的投影方向不能完整表现构造时，还需对该构造作必要剖切，并绘制引出符号。

2.要求

（1）绘制构造节点图时需详细标注尺寸和文字说明，如果构造繁琐，尺寸多样，可以不断扩大该图的比例，甚至达到2∶1、5∶1、10∶1，最终目的是为了将局部构造说明清楚。

（2）构造节点图中的地面构造和主要剖切轮廓采用粗实线绘制，其他轮廓采用中实线绘制，而标注和内部材料填充均采用细实线。

（3）构造节点图的绘制方向主要有各类设计构造、家具、门窗、楼地面、小品与陈设等，任何设计细节都可以通过不同形式的构造节点图来表现。

9.3.2 绘图与识读步骤

这里列举某围墙的正立面图来讲解构造节点图的绘制步骤。

（1）首先，绘制围墙的正立面图，做好必要尺寸标注和文字说明，对需要绘制构造节点图的部位作剖切引出线并标注图号，针对复杂结构，一般需要从纵、横两个方向对该处构造剖切放大（图9-5）。

（2）然后，根据表现需要确定合适的比例和图纸幅面，同一处构造的节点图最好安排在同一图面中。

（3）接着，依次绘制不同剖切方向的放大投影图，一般先绘制大比例图样，再绘制小比例图样。

（4）单个图样的绘制顺序一般从下向上，或从内向外，根据制作工序来绘制，不能有所遗漏，由于图样复杂，可以边绘制边标注尺寸和文字说明。

（5）当全部图样绘制完成后再作细致地检查，纠正错误，最后，标注图名、图号和比例等图样信息（图9-6）。

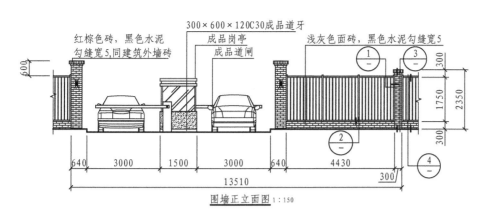

围墙正立面图 1:150

图9-5 围墙正立面图

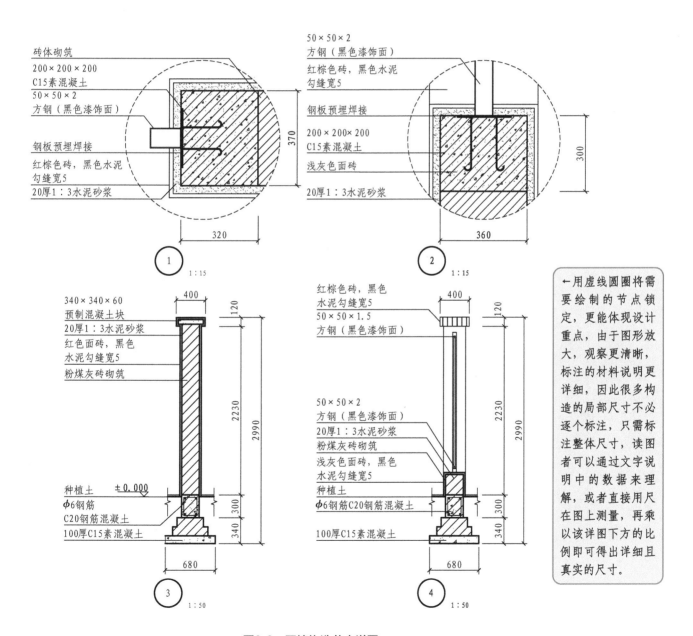

图9-6 围墙构造节点详图

9.4.1 大样图的定义和要求

1.定义

大样图与构造节点图不同，它主要针对平面图、立面图、剖面图或构造节点图的局部图形作单一性放大，表现目的是该图样的形态和尺寸，而对构造不作深入绘制，适用于表现设计项目中的某种图样或预制品构件，将其放大后一般还需套用坐标网格对形体和尺寸作精确定位。

2.要求

（1）绘制剖面图、构造节点图和大样图需要了解相关的施工工艺，这类图样最终仍为施工服务，设计者的思维必须清晰无误，绘图过程实际上是施工预演过程，绘制时要反复检查结构，核对数据，将所绘制的图样熟记在心。

（2）可以建立属于设计者个人的图集、图库，在日后的学习、工作中也就无需再重复绘图，能大幅提高制图效率。

9.4.2 绘图与识读步骤

这里列举某围墙上的铜质装饰栏板的大样图。

（1）大样图的绘制方法比较简单，只需将原图样放大绘制即可，在手绘制图中，原图样也可以保留空白，直接在大样图中绘制明确（图9-7）。

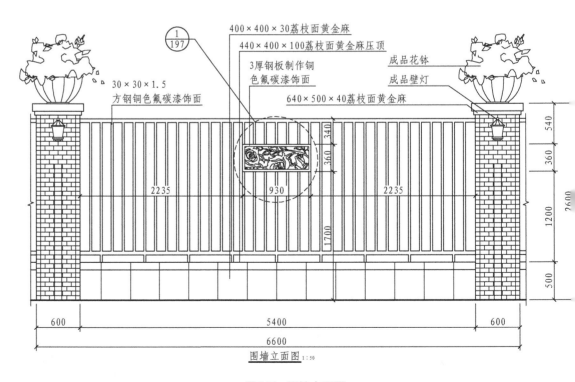

图9-7　围墙立面图

（2）如果大样图中曲线繁多，还需绘制坐标网格，每个单元的尺寸宜为1、5、10、20、50、100等整数，方便缩放。

（3）大样图中的主要形体采用中实线绘制，坐标网格采用细实线绘制，大样图绘制完成后仍需标注引出符号，但是对表述构造的文字说明不作要求（图9-8）。

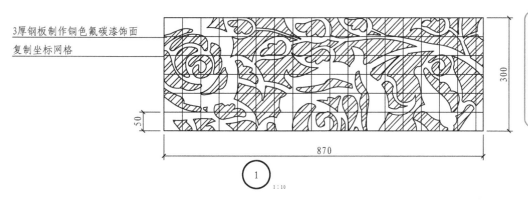

3厚钢板制作铜色氟碳漆饰面
复制坐标网格

300

50

870

1
1:10

←大样图中的镂空图形采用阴影状斜线填充表示，坐标网格的整体尺寸与单位尺寸都要精确标注。

图9-8 围墙装饰栏板局部大样图

为了强化训练，下面列举了一批室内外优秀图样作为参考（图9-9～图9-15）。

9.5
构造详图案例

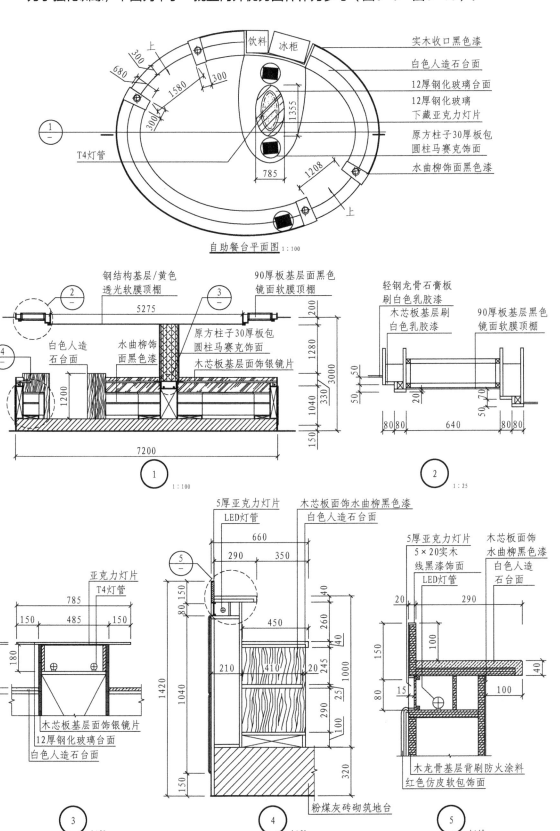

图9-9　自助餐台构造详图

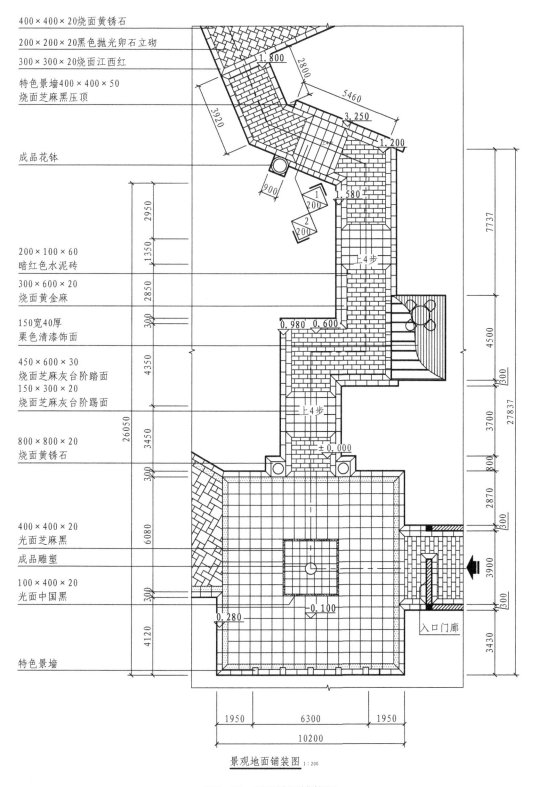

景观地面铺装图 1:200

图9-10 景观地面铺装图

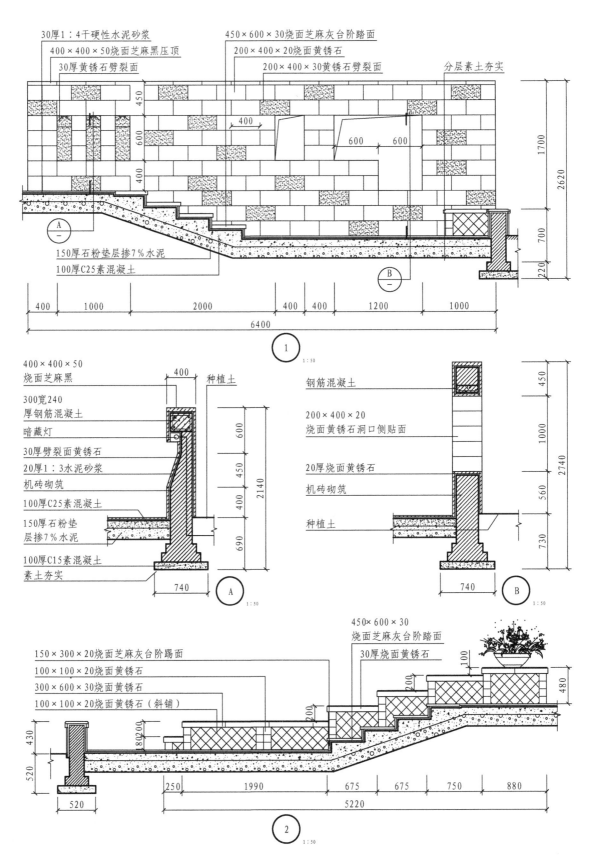

30厚1:4干硬性水泥砂浆
400×400×50烧面芝麻黑压顶
30厚黄锈石劈裂面
450×600×30烧面芝麻灰台阶踏面
200×400×20烧面黄锈石
200×400×30黄锈石劈裂面
分层素土夯实

150厚石粉垫层掺7%水泥
100厚C25素混凝土

① 1:50

400×400×50
烧面芝麻黑
300宽240
厚钢筋混凝土
暗藏灯
30厚劈裂面黄锈石
20厚1:3水泥砂浆
机砖砌筑
100厚C25素混凝土
150厚石粉垫
层掺7%水泥
100厚C15素混凝土
素土夯实

种植土

Ⓐ 1:50

钢筋混凝土
200×400×20
烧面黄锈石洞口侧贴面
20厚烧面黄锈石
机砖砌筑
种植土

Ⓑ 1:50

150×300×20烧面芝麻灰台阶踢面
100×100×20烧面黄锈石
300×600×30烧面黄锈石
100×100×20烧面黄锈石（斜铺）

450×600×30
烧面芝麻灰台阶踏面
30厚烧面黄锈石

② 1:50

图9-11 景观地面铺装构造详图

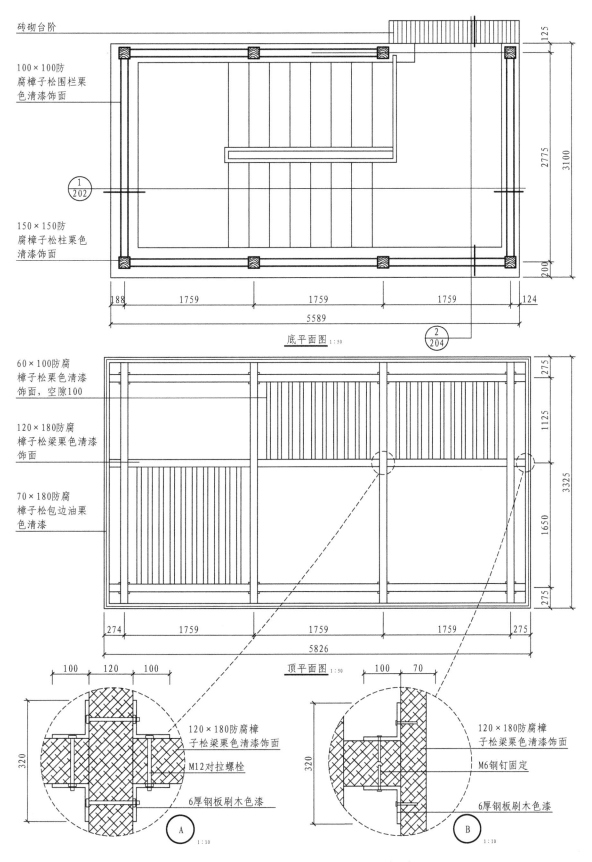

砖砌台阶

100×100防
腐樟子松围栏栗
色清漆饰面

150×150防
腐樟子松柱栗色
清漆饰面

底平面图 1:50

60×100防腐
樟子松栗色清漆
饰面，空隙100

120×180防腐
樟子松梁栗色清漆
饰面

70×180防腐
樟子松包边油栗
色清漆

顶平面图 1:50

120×180防腐樟
子松梁栗色清漆饰面

M12对拉螺栓

6厚钢板刷木色漆

A 1:10

120×180防腐樟
子松梁栗色清漆饰面

M6钢钉固定

6厚钢板刷木色漆

B 1:10

图9-12 地下通道出入口雨篷构造详图（一）

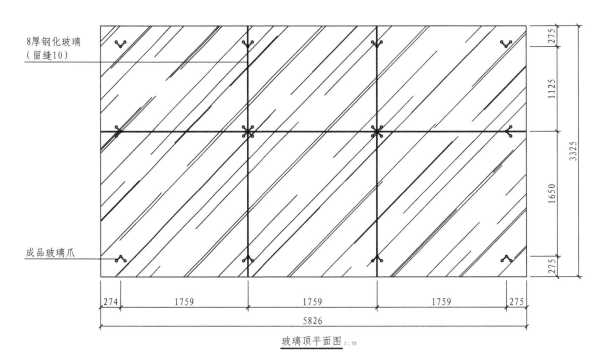

8厚钢化玻璃
(留缝10)

成品玻璃爪

275
1125
3325
1650
275

274 1759 1759 1759 275
5826

玻璃顶平面图 1:50

8厚钢化玻璃
60×100防
腐樟子松栗色
清漆饰面

C 203
D 203
E 203

120×150防腐
樟子松油栗色清漆

150×150防
腐樟子松栗色清
漆饰面

100×100防
腐樟子松栗色清
漆饰面

80×80防腐
樟子松栗色清漆
饰面，空隙50

外刷米黄色质感
涂料

230
1320
2600
900
150

混凝土栏杆
现浇台阶

274 1759 1759 1759 275
5826

1
1:50

图9-13 地下通道出入口雨篷构造详图（二）

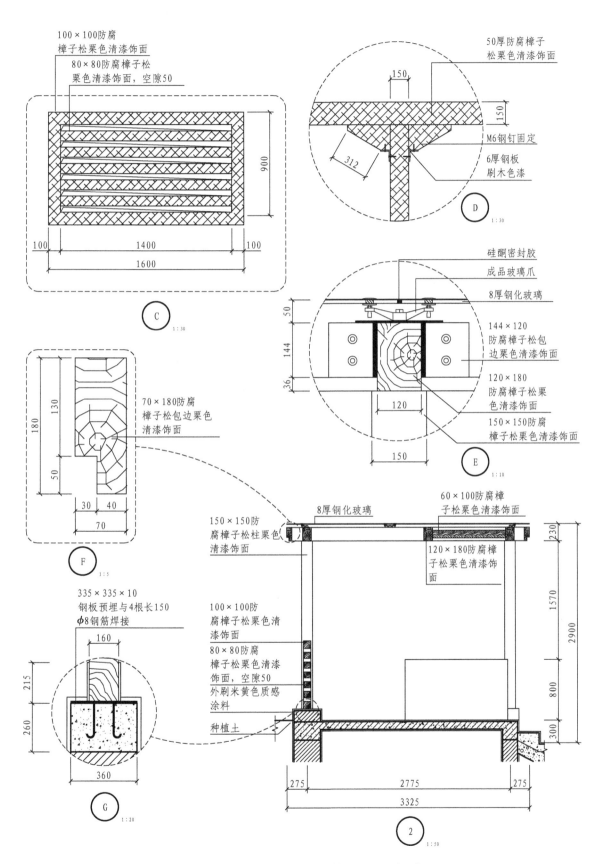

图9-14 地下通道出入口雨篷构造详图（三）

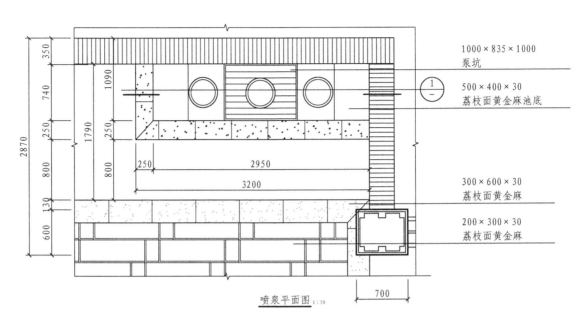

喷泉平面图 1:50

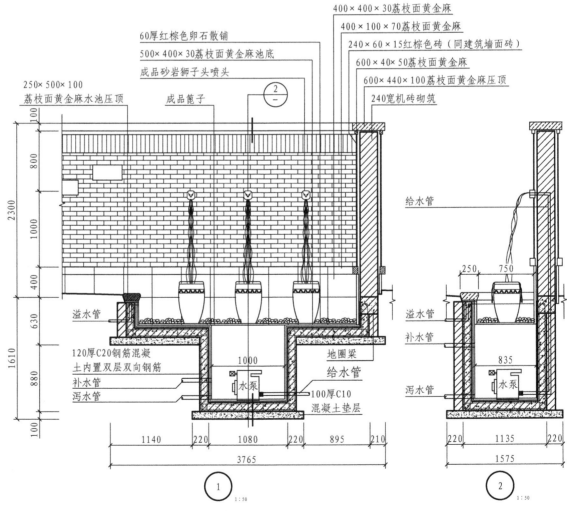

图9-15 喷泉构造详图

第10章

具有立体感的轴测图

识图难度：★★★★★

核心概念：轴测图、空间、纵深

章节导读：轴测图是一种单面投影图，在一个投影面上同时反映出物体三个坐标面的形状，形象、逼真，且富有立体感。在装修设计图中，轴测图作为辅助图样，是用轴测投影的方式画出来的富有立体感的图形，它接近人们的视觉习惯，但不能确切地反映物体真实的形状和大小。

从不同角度绘制轴测图，让构造更立体。

第一次图纸对接的那一刻：

"正轴测图和斜测图都已经绘制了，尺寸也都已经标明，第二次对接不用担心了。"

"绘制很具体，尺寸和相关术语标注得很详细，施工失误率可以减少了。"

章节要点：

在绘制轴测图之前需要提前了解轴测图的相关概念，如轴测图的特性、轴测图的分类等。对于绘制轴测图时需要遵守的相关绘图标准也需要有一个系统的了解，在需要时可以快速地查找到。

《房屋建筑制图统一标准》（GB／T 50001—2017）中对轴测图的绘制作了明确规定，绘制轴测图时要严格遵守。

10.1.1 轴测图概念

轴测图是指用平行投影法将物体连同确定该物体的直角坐标系一起，沿不平行于任一坐标平面的方向投射到一个投影面上所得到的图形，它不仅能反映出形体的立体形状，还能反映出形体长、宽、高三个方向的尺度，因此是一种较为简单的立体图。

10.1.2 轴测图术语

1.轴测投影面

轴测投影的平面，一般称为轴测投影面（图10-1）。

2.轴测投影轴

空间直角坐标轴 OX、OY、OZ 在轴测投影面上的投影 O_1X_1、O_1Y_1、O_1Z_1 称为轴测投影轴，一般简称为轴测轴（图10-2）。

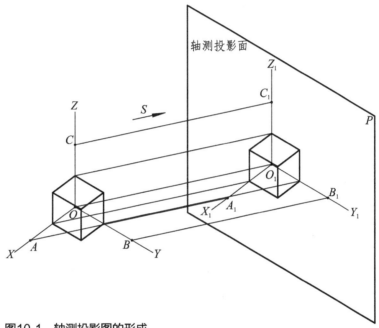

图10-1 轴测投影图的形成

3.轴间角

轴测轴之间的夹角 $\angle X_1O_1Z_1$、$\angle X_1O_1Y_1$、$\angle Y_1O_1Z_1$，称为轴间角（图10-2a）。

4.轴向伸缩系数

轴测轴与空间直角坐标轴单位长度的比值，称为轴向伸缩系数，简称伸缩系数，图10-2a中三个轴向伸缩系数均为0.82。图中，三个轴的轴向伸缩系数常用 p、q、r 来表示。

5.简化系数

为作图方便，常采用简化的轴向伸缩系数来作图，如正等测的轴向伸缩系数由0.82放大到1，一般将轴向伸缩系数"1"称为简化系数。用简化系数画出的轴测图和用伸缩系数画出的正等测测图，其形状是完全一样的，只是用简化系数画出的轴测图在三个轴向上都放大了1.22倍（图10-2b）。

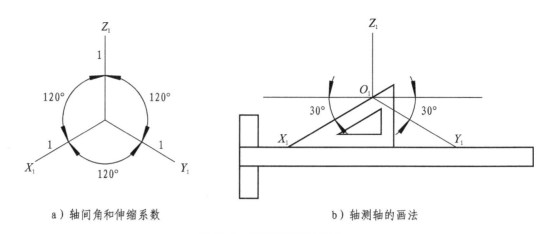

a）轴间角和伸缩系数　　　　　　　　　b）轴测轴的画法

图10-2　轴测投影图的形成

10.1.3　轴测图特性

1.单面且平行

轴测图是用平行投影法进行投影所形成的一种单面投影图，它仍然具有平行投影的所有特性，形体上互相平行的线段或平面，在轴测图中仍然互相平行。

2.线段平行且可测量

轴测图在形体上平行于空间坐标轴的线段，在轴测图中仍与相应的轴测轴平行，并且在同一轴向上的线段，其伸缩系数相同，这种线段在轴测图中可以测量。

3.平行投影面的形态真实

在轴测图中，与空间坐标轴不平行的线段，它的投影会变形（变长或变短），不能在轴测图上测量，形体上平行于轴测投影面的平面，在轴测图中则反映其实际形态。

10.1.4　轴测图分类

按平行投影线是否垂直于轴测投影面，轴测图可分为两类。

1.正轴测投影

平行投影线垂直于轴测投影面所形成的轴测投影图，称为正轴测投影图，简称正轴测图（图10-3、图10-4），根据轴向伸缩系数和轴间角的不同，又分为正等测和正二测。

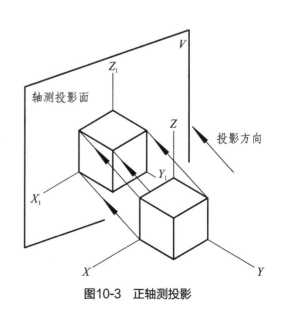

图10-3　正轴测投影

↓正轴测图的根本是三视图，即整个设计构造的正立面图、侧立面图、顶平面图，对于复杂构造还要绘制出底平面图、后立面图等，这些图中的构造细节与尺寸直接影响轴测图的绘制。正轴测图的立体效果能给读图者带来真实的空间感受。

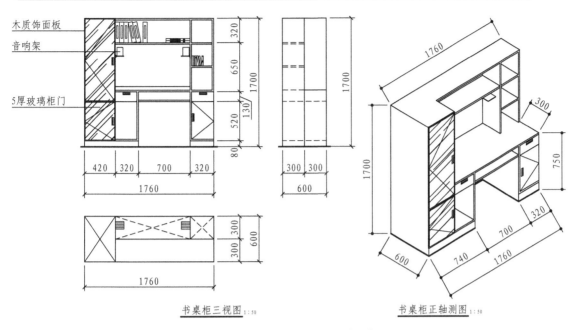

书桌柜三视图 1:50

书桌柜正轴测图 1:50

图10-4　书桌柜三视图与正轴测图

2.斜轴测投影

平行的投影线倾斜于轴测投影面所形成的轴测投影图，称为斜轴测投影图，简称斜轴测图（图10-5、图10-6）。斜轴测又分为正面斜轴测投影和水平斜轴测投影。

→斜轴测图可以直接从正立面图延伸出侧面深度，绘制简单，空间感强烈，但是延伸出的侧面构造比较简单，甚至会让人感到失真。因此，斜轴测图适用于表现正立面面积较大，内容较复杂，而侧立面与其他立面面积较小，内容较简单的形体构造。

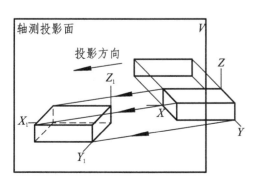

图10-5　斜轴测投影

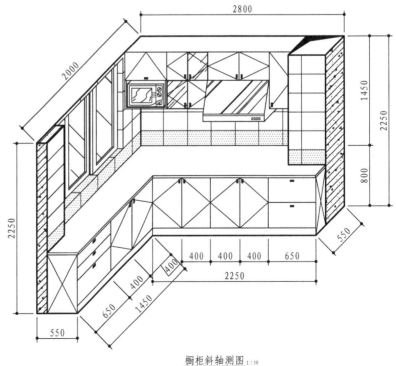

橱柜斜轴测图 1:50

图10-6　橱柜斜轴测图

10.2.1 规范推荐使用的轴测图类型

《房屋建筑制图统一标准》（GB／T 50001—2017）中第10.5小节指出：房屋建筑的轴测图宜采用正等测投影并用简化轴向伸缩系数绘制。

为了进一步提高轴测图的适用性与表意性，在装修施工图中，轴测图除了采用正等测（图10-7）外，还可以考虑采用正二测（图10-8）、正面斜等测（图10-9）和正面斜二测（图10-10）、水平斜等测（图10-11）和水平斜二测（图10-12）等轴测投影，并用简化的轴向伸缩系数来绘制。

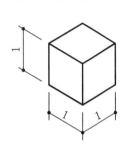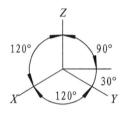

$p=q=r=1$

图10-7 正等测的画法

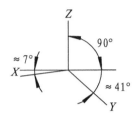

$p=r=1$ $q=1/2$

图10-8 正二测的画法

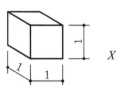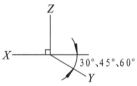

正面斜等测$p=q=r=1$

图10-9 正面斜等测的画法

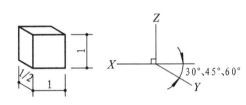

正面斜二测$p=r=1$ $q=1/2$

图10-10 正面斜二测的画法

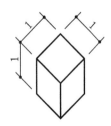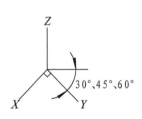

水平斜等测$p=q=r=1$

图10-11 水平斜等测的画法

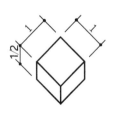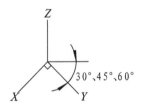

水平斜二测$p=r=1$ $r=1/2$

图10-12 水平斜二测的画法

10.2.2 轴测图的线型规定

1.轮廓线

轴测图的可见轮廓线宜采用中实线绘制，断面轮廓线宜用粗实线绘制。不可见轮廓线一般不必绘出，必要时，可用细虚线绘出所需部分。

2.材料图例线

轴测图的断面上应画出其材料图例线，图例线应按其断面所在坐标面的轴测方向绘制，如以45°斜线绘制材料图例线时，应按规定绘制（图10-13）。

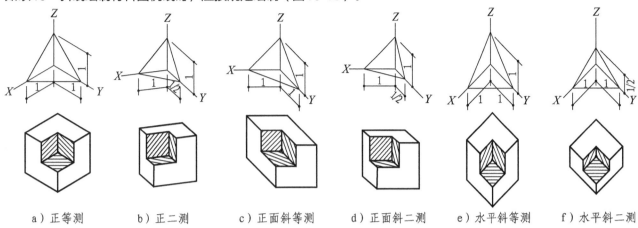

| a）正等测 | b）正二测 | c）正面斜等测 | d）正面斜二测 | e）水平斜等测 | f）水平斜二测 |

图10-13　轴测图断面图例线画法

10.2.3　轴测图的尺寸标注

（1）轴测图线性尺寸，应标注在各自所在的坐标面内，尺寸线应与被注长度平行，尺寸界线应平行于相应的轴测轴，尺寸数字应平行于尺寸线注写，如果出现字头向下倾斜时，应将尺寸线断开，在尺寸线断开处水平方向注写尺寸数字。

（2）轴测图的尺寸起止符号宜用小圆点（图10-14），轴测图中的圆直径尺寸，应标注在圆所在的坐标面内，尺寸线与尺寸界线应分别平行于各自的轴测轴。

（3）圆弧半径和小圆直径尺寸也引出标注，但尺寸数字应注写在平行于轴测轴的引出线上（图10-15）。

（4）轴测图的角度尺寸，应标注在该角所在的坐标面内，尺寸线应画成相应的椭圆弧或圆弧,尺寸数字应沿水平方向注写（图10-16）。

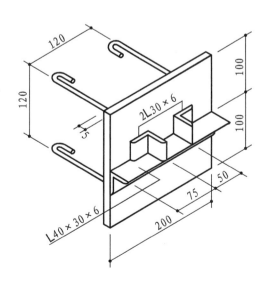

图10-14　轴测图线性尺寸的标注方法

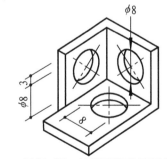

图10-15　轴测图圆直径标注方法

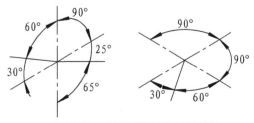

图10-16　轴测图角度的标注方法

10.3

从细节处识读绘制轴测图

轴测图的表现效果比较直观，大多数人无需其他参考就能读懂，适用范围很广。高层建筑、园林景观、家具构造或饰品陈设等都能很完整、很直观地表现出来。这里列举某厨房中橱柜的设计方案案例，详细讲解轴测图的绘制与识读方法。

10.3.1 绘制完整的三视图

（1）绘制轴测图之前必须绘制完整的投影图，平面图、正立面图、侧立面图是最基本的投影图，又称为三视图，它能为绘制轴测图提供完整的尺寸数据（图10-17）。

（2）绘制三视图还能让绘图者辨明设计对象的空间概念和逻辑关系，是非常必要的前期准备。厨房的橱柜构造一般比较简单，以矩形体块为主，绘制三视图需完整，连同烟道、窗户、墙地面瓷砖铺设的形态都绘制出来。

↓→整体空间的三视图要经过仔细考虑、筛选，将后期需要绘制轴测图的主要立面绘制出来，通常，轴测图中只会显示出一个构造中的三个面。立面图的画法在本书前面相关章节中有所表述。

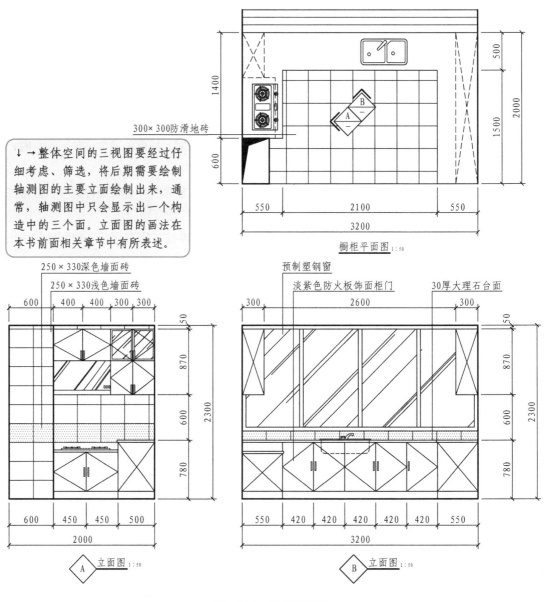

图10-17 橱柜三视图

（3）平面图中要标明内饰符号，并标注尺寸与简要文字说明，尤其要注意三视图的位置关系需彼此对齐，在绘制轴测图时才能方便识别。

10.3.2 正确选用轴测图种类

轴测图的表现效果关键在于选用的轴测图类型。根据上文所述，轴测图一般分为正轴测图与斜轴测图两类，其中分别又分为等测图、二测图甚至三测图。

（1）正轴测图适用于表现两个重要面域的设计对象，它能均衡设计对象各部位的特征，但是图中主要结构线都具有一定角度，不与图面保持水平。

（2）斜轴测图适用于表现一个重要面域的设计对象，它能完整表现平整面域中的细节内容，阅读更直观，但是立体效果没有正轴测图出色。

（3）轴测图中等测图、二测图甚至三测图的选择要视具体表现重点而定，等测图适用于纵、横两个方向都是表现重点的设计对象，二测图和三测图等则相应在纵向上作尺寸省略，在一定程度上提高了制图效率。该橱柜的主要表现构造可以定在A立面和B立面上，由于B立面的长度大于A立面，且柜门数量较多，故选用斜等测轴测图来绘制，这样既能着重表现B立面又能兼顾表现A立面。

10.3.3 建立空间构架

（1）绘制斜等测轴测图首先要定制倾斜角度，为了兼顾A立面中的主体构造，可以选择倾斜45°绘制基本空间构架。

（2）所有纵向结构全部以右倾45°方向绘制，等测图的尺度应该与实际相符。

（3）橱柜的主体结构采用中实线绘制，地面、墙面、顶棚边缘采用粗实线绘制，为了提高制图效率，可以采用折断线省略次要表现对象或非橱柜构造（图10-18）。

→ 由立面图延伸出主体构造，区分墙体与家具之间线条，墙体采用粗实线，家具构造采用中实线。

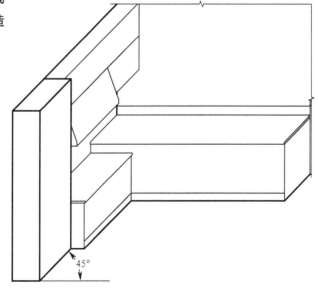

图10-18 橱柜轴测图绘制步骤一

10.3.4 增添细节形态

（1）对已经绘制完成的空间构架可以逐一绘制橱柜的细节形态，一般先绘制简单的平行面域，再绘制倾斜面域，或者由远及近绘制，不要遗漏各种细节。

（2）在斜轴测图中，平行面域中的构造可以直接复制或描绘立面图，如该橱柜三视图中的B立面图，只是要注意细节的凸凹。

（3）抽油烟机、水槽、炉灶等成品构件只需绘制基本轮廓形态，或指定放置位置即可，当然，也可以调用成品模型库，这样图面效果会更加精美。

（4）当全部细节绘制完成后，要仔细检查一遍，尤其是细节构造中的图线倾斜角度是否正确、一致，发现错误要及时更正（图10-19）。

→绘制出家具中的构造细节与墙面瓷砖填充，轴测图中的电气设备一般需要自行绘制，因为这些构造的角度要根据轴测图的角度来确定。

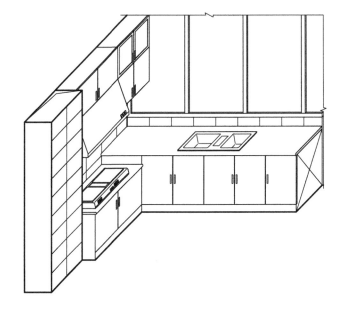

图10-19　橱柜轴测图绘制步骤二

10.3.5 填充与标注

（1）绘制完成后可以根据三视图中的设计构思对轴测图进行填充，材质填充要与三视图一致，着重表现橱柜中的材料区别。

（2）尺寸标注与文字标注可以直接抄绘三视图，但是要注意处理好位置关系，不宜相互交错，导致图面效果混淆不清。

（3）当轴测图全部绘制完毕后，再做一遍细致的检查，确认无误即可标写图名和比例。

（4）轴测图的绘制目的主要在于表现设计对象的空间逻辑关系，如果其他投影图表现完整，可以只绘制形体构造，不用标注尺寸与文字（图10-20）。

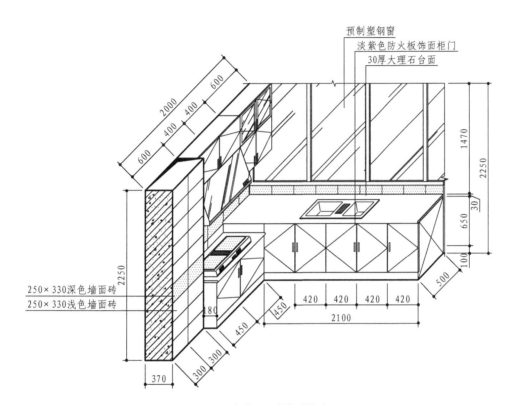

橱柜正面斜等测轴测图 1:50

图10-20　橱柜轴测图绘制步骤三

10.4

轴测图案例

　　绘制轴测图需要具备良好的空间辨析能力和逻辑思维能力，这些也可以在制图学习过程中逐渐培养，关键在于勤学勤练，初学阶段可以针对每个设计项目都绘制相关的轴测图，这对提高空间意识和专业素养会有很大的帮助（图10-21）。

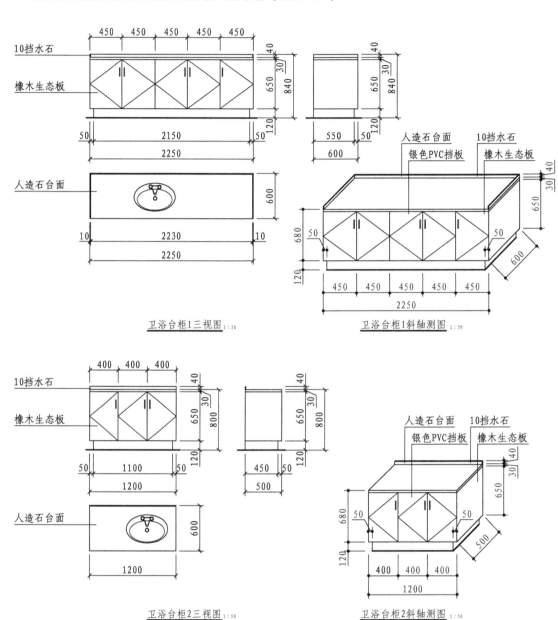

图10-21　卫浴台柜三视图与斜轴测图

第11章
优秀图样详解

识图难度：★★☆☆☆

核心概念：施工、构造、节点

章节导读：优秀的设计图无处不在，书籍、杂志、网络等都是来源，对于图面信息丰富、制图手法规范、视觉效果良好的设计图应该及时保存下来，复印、扫描、拍摄均可。关键在于日常养成良好的收集习惯，将设计制图与识读由专业学习转变为兴趣爱好。

深读优秀图纸，绘制优异施工图。学之，思之，绘之。

看到其他优秀图样的那一刻：

"绘制全面，尺寸合理，图纸规范，要好好借鉴。"

"多看看，有不理解的地方就问，下次可以自己绘制了。"

章节要点：

优秀的施工图能够有助于吸取到前辈的经验，对于实际的设计和现场施工操作也会有很大的帮助，但是要注意筛选图样。在查看相关图样时注意记录知识点，作以备用。

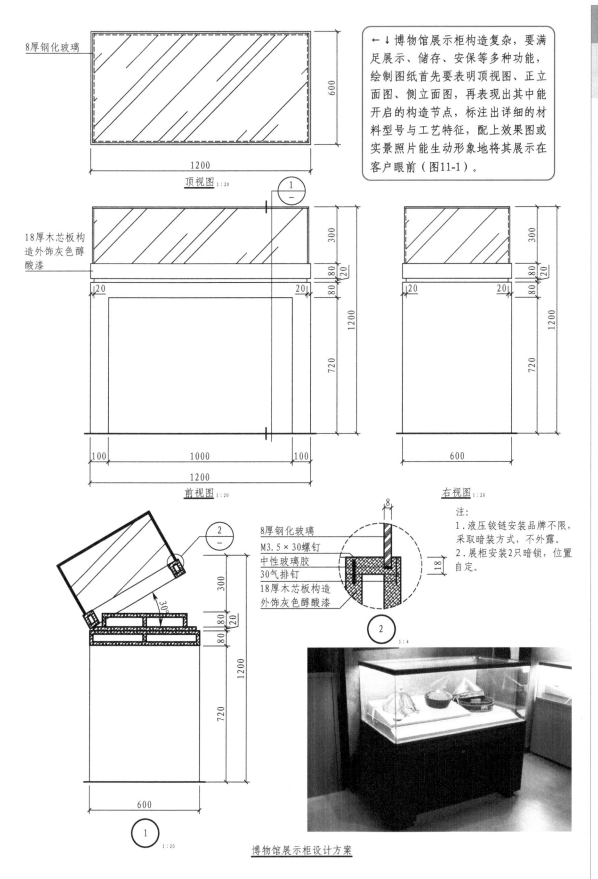

8厚钢化玻璃

600

1200

顶视图 1:20

18厚木芯板构造外饰灰色醇酸漆

1

—

300

80 80 20

1200

720

120

20

100 1000 100

1200

前视图 1:20

300

80 80 20

1200

720

20 20

600

右视图 1:20

2

—

300

80 80 20

1200

720

600

1

1:20

8厚钢化玻璃
M3.5×30螺钉
中性玻璃胶
30气排钉
18厚木芯板构造
外饰灰色醇酸漆

8

18

2

1:4

← ↓博物馆展示柜构造复杂，要满足展示、储存、安保等多种功能，绘制图纸首先要表明顶视图、正立面图、侧立面图，再表现出其中能开启的构造节点，标注出详细的材料型号与工艺特征，配上效果图或实景照片能生动形象地将其展示在客户眼前（图11-1）。

注：
1.液压铰链安装品牌不限，采取暗装方式，不外露。
2.展柜安装2只暗锁，位置自定。

博物馆展示柜设计方案

图11-1 展示柜设计方案施工图

11.2

功能齐备的住宅施工图

→住宅是最为常见的建筑空间，首先需要呈现给客户看的就是平面布置图，平面布置图展示了设计师的具体设计理念以及客户想要达到的一种平面效果，家居中的平面布置图一般根据功能分区主要包括客厅、餐厅、卫生间、厨房、阳台以及卧室。

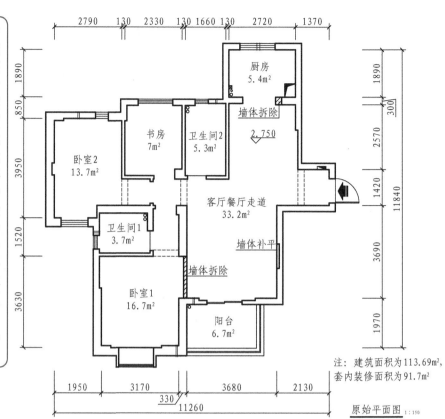

注：建筑面积为113.69m²，套内装修面积为91.7m²

原始平面图 1:150

图11-2 原始平面图

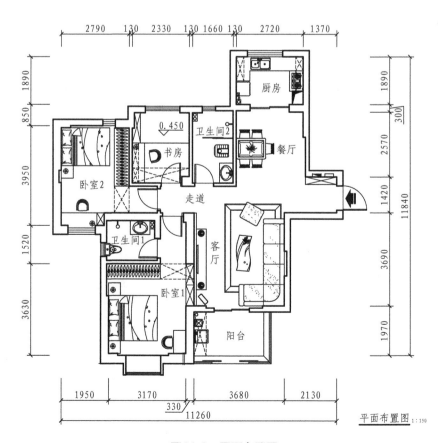

平面布置图 1:150

图11-3 平面布置图

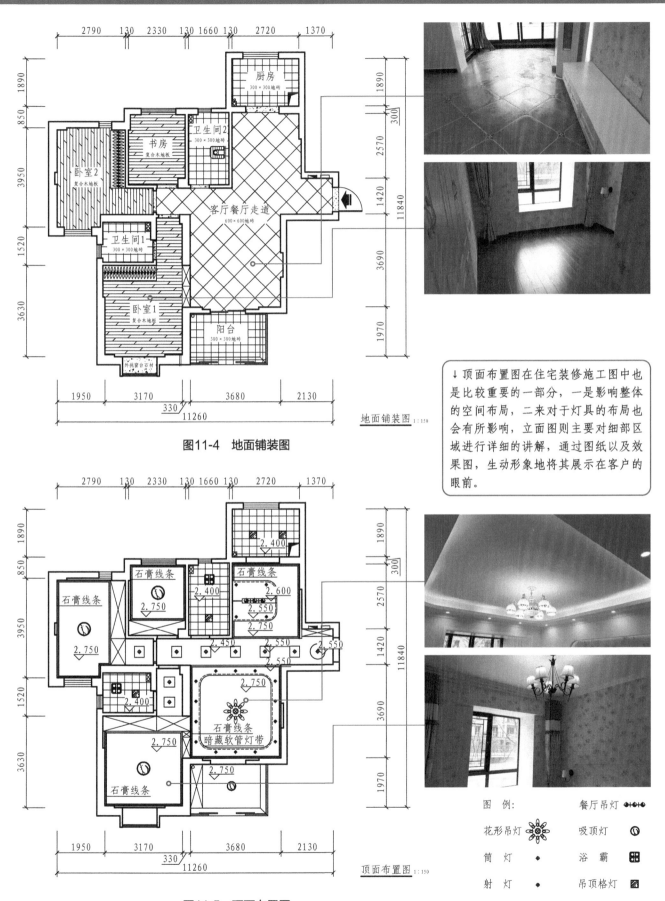

图11-4 地面铺装图

地面铺装图 1:150

↓顶面布置图在住宅装修施工图中也是比较重要的一部分,一是影响整体的空间布局,二来对于灯具的布局也会有所影响,立面图则主要对细部区域进行详细的讲解,通过图纸以及效果图,生动形象地将其展示在客户的眼前。

顶面布置图 1:150

图11-5 顶面布置图

图 例:　　　　餐厅吊灯

花形吊灯　　　吸顶灯

筒 灯　　　　浴 霸

射 灯　　　　吊顶格灯

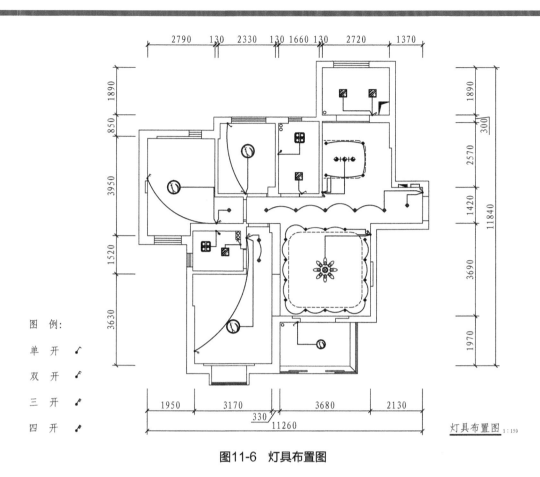

图例：

单　开　∫

双　开　∬

三　开　∭

四　开　∬

灯具布置图 1:150

图11-6　灯具布置图

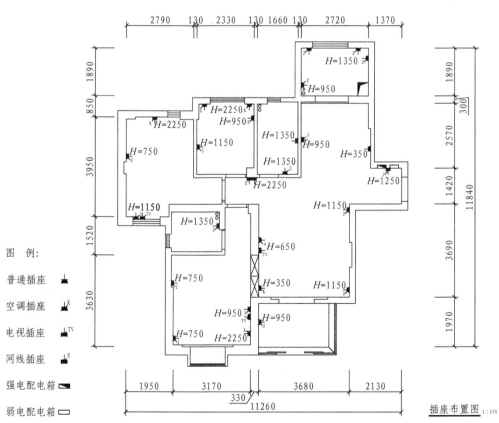

图例：

普通插座　⌐

空调插座　⌐ᴷ

电视插座　⌐ᵀⱽ

网线插座　⌐ᴱ

强电配电箱　◧

弱电配电箱　▢

插座布置图 1:150

图11-7　插座布置图

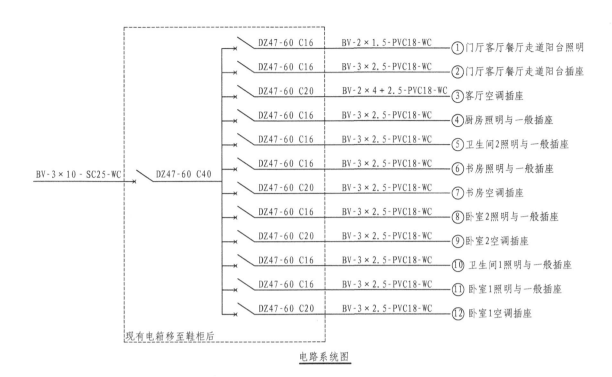

图11-8 电路系统图

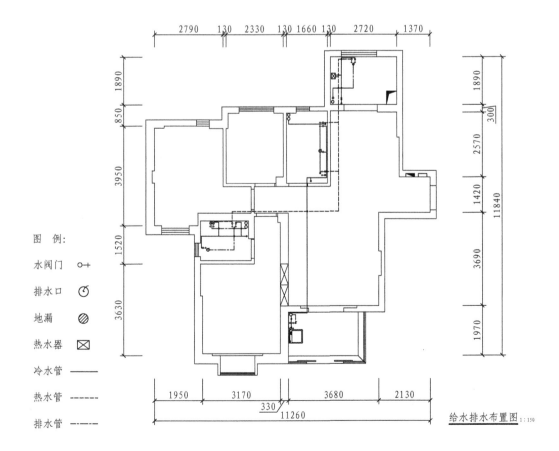

图11-9 给水排水布置图

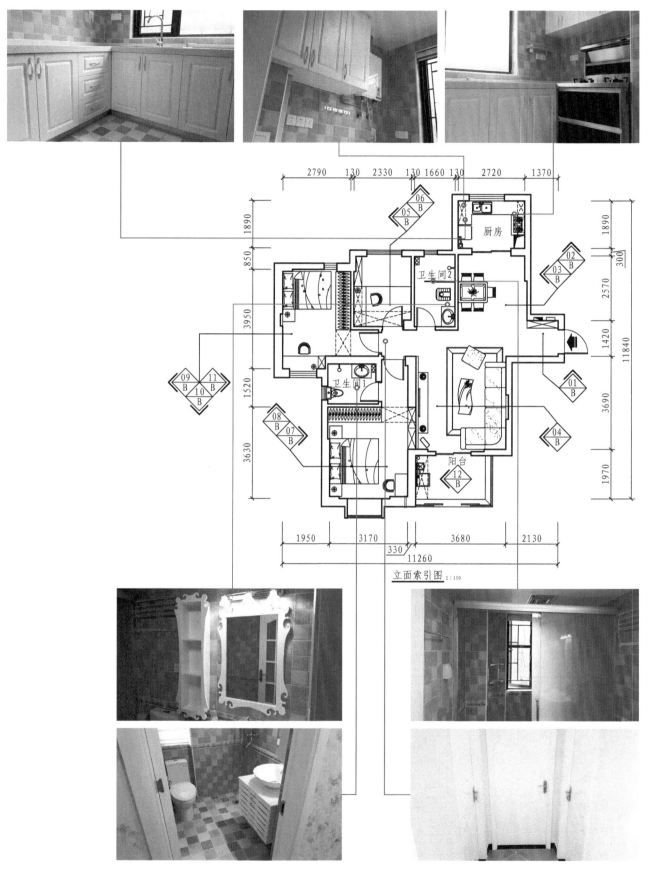

图11-10 立面索引图

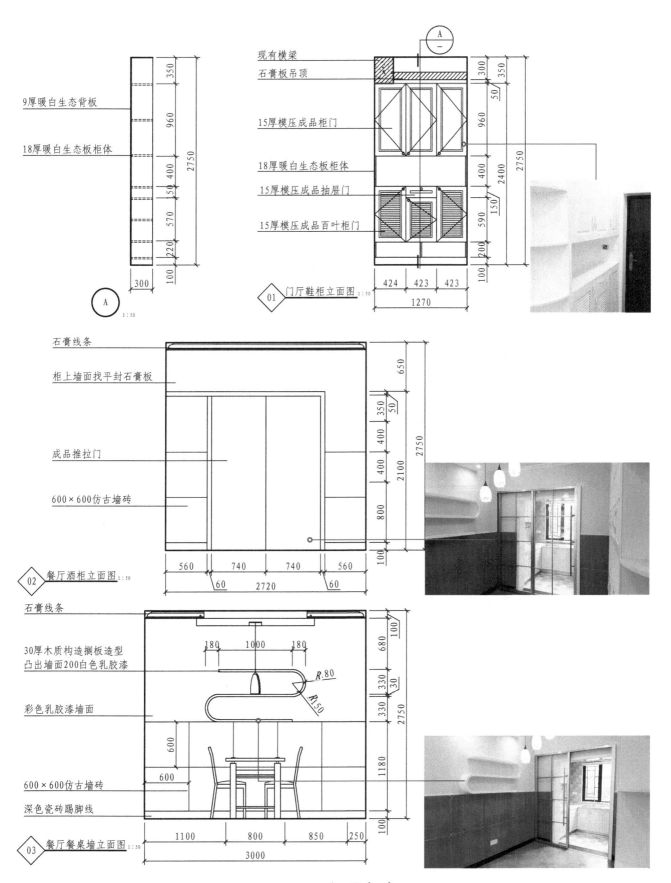

图11-11 立面图（一）

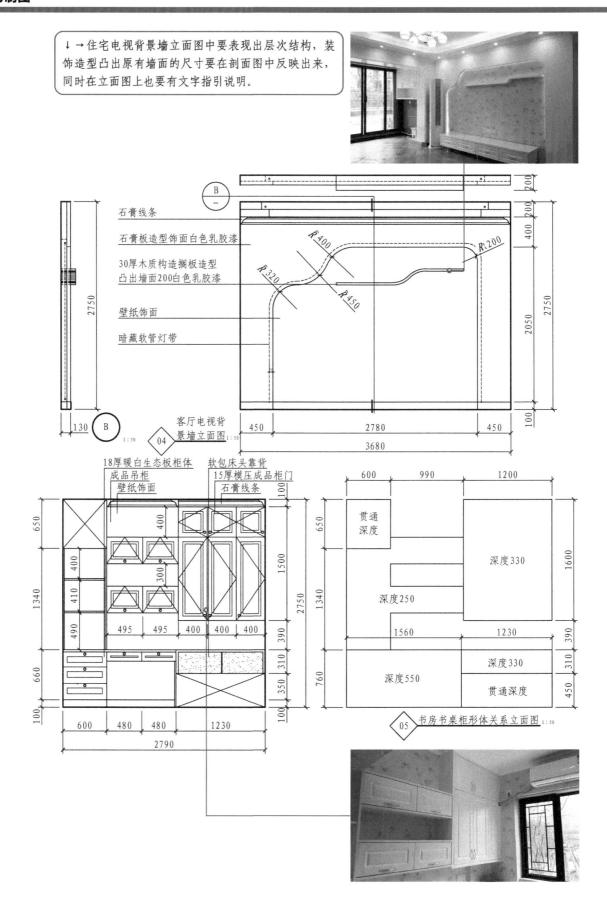

↓→住宅电视背景墙立面图中要表现出层次结构，装饰造型凸出原有墙面的尺寸要在剖面图中反映出来，同时在立面图上也要有文字指引说明。

石膏线条

石膏板造型饰面白色乳胶漆

30厚木质构造搁板造型
凸出墙面200白色乳胶漆

壁纸饰面

暗藏软管灯带

客厅电视背景墙立面图 1:50

04

18厚暖白生态板柜体
成品吊柜
壁纸饰面

软包床头靠背
15厚模压成品柜门
石膏线条

贯通深度

深度330

深度250

深度550

深度330

贯通深度

书房书桌柜形体关系立面图 1:50

05

图11-12　立面图（二）

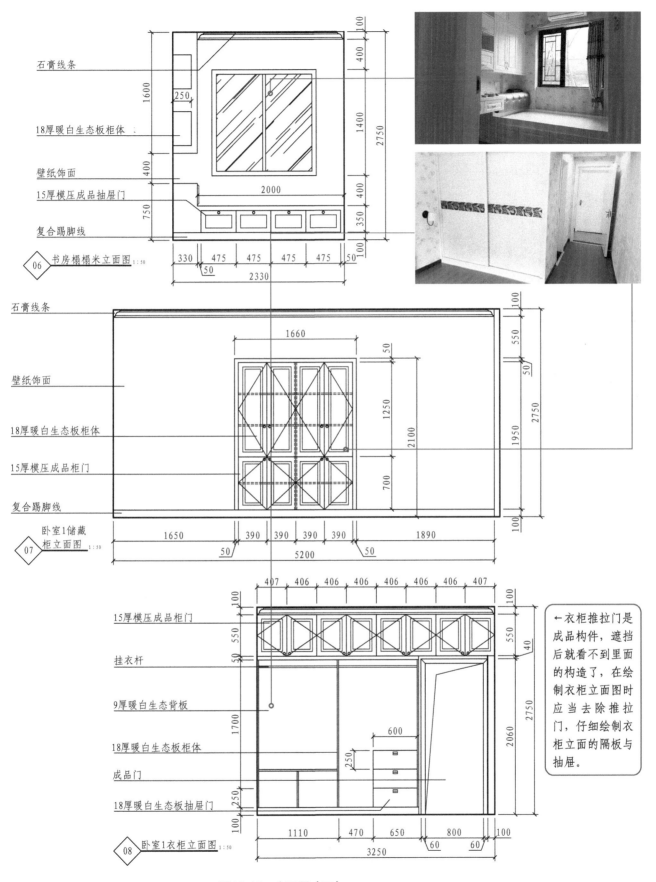

石膏线条

18厚暖白生态板柜体

壁纸饰面

15厚模压成品抽屉门

复合踢脚线

06　书房榻榻米立面图 1:50

石膏线条

壁纸饰面

18厚暖白生态板柜体

15厚模压成品柜门

复合踢脚线

07　卧室1储藏柜立面图 1:50

15厚模压成品柜门

挂衣杆

9厚暖白生态背板

18厚暖白生态板柜体

成品门

18厚暖白生态板抽屉门

08　卧室1衣柜立面图 1:50

←衣柜推拉门是成品构件，遮挡后就看不到里面的构造了，在绘制衣柜立面图时应当去除推拉门，仔细绘制衣柜立面的隔板与抽屉。

图11-13　立面图（三）

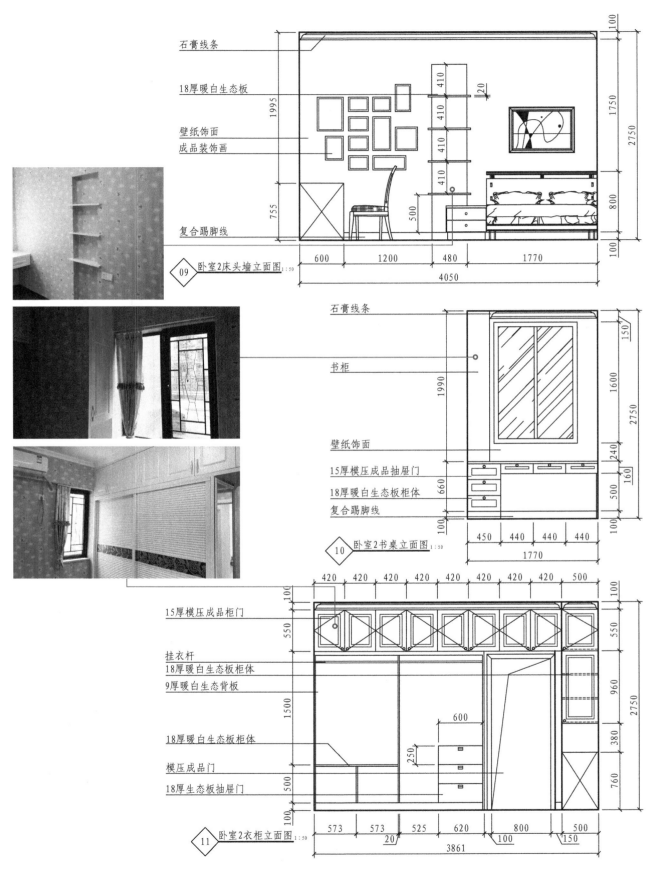

石膏线条

18厚暖白生态板

壁纸饰面
成品装饰画

复合踢脚线

⑨ 卧室2床头墙立面图 1:50

石膏线条

书柜

壁纸饰面
15厚模压成品抽屉门
18厚暖白生态板柜体
复合踢脚线

⑩ 卧室2书桌立面图 1:50

15厚模压成品柜门

挂衣杆
18厚暖白生态板柜体
9厚暖白生态背板

18厚暖白生态板柜体

模压成品门

18厚生态板抽屉门

⑪ 卧室2衣柜立面图 1:50

图11-14 立面图（四）

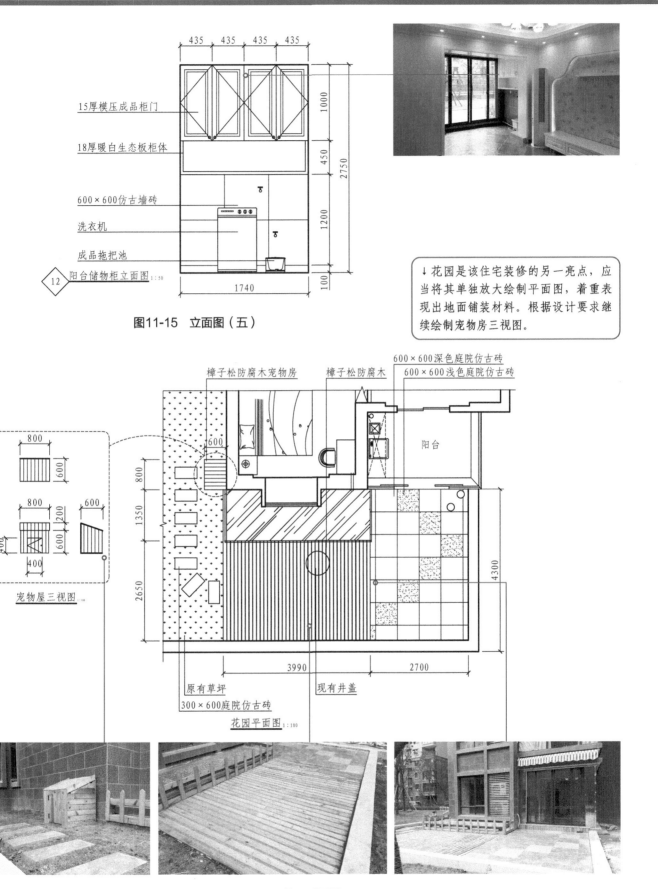

图11-15 立面图（五）

↓花园是该住宅装修的另一亮点，应当将其单独放大绘制平面图，着重表现出地面铺装材料。根据设计要求继续绘制宠物房三视图。

图11-16 花园平面图

11.3

井井有条的办公施工图

→办公室作为工作办公的场所，首先要考虑的就是通过装修施工活跃企业气氛，增强员工工作积极性，同时也要营造一种舒适感。办公室的工作空间要求有足够的绿化，足够的工作空间，足够的行走空间以及视觉上的不重复感，在设计和绘制施工图时就需要考虑到，并结合现场情况进行合理且有创新的设计。

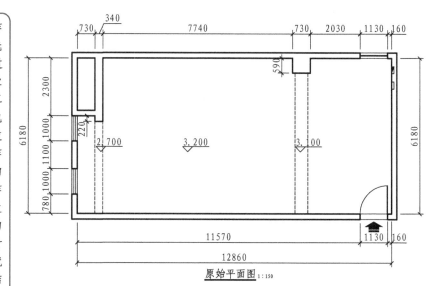

图11-17　原始平面图

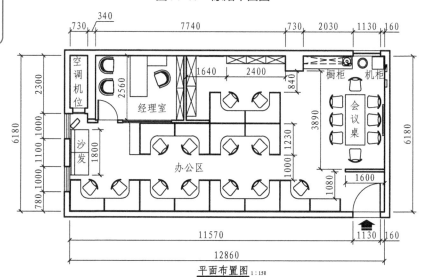

图11-18　平面布置图

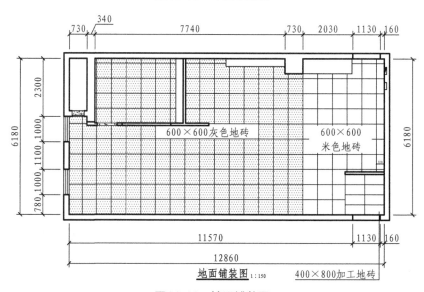

图11-19　地面铺装图

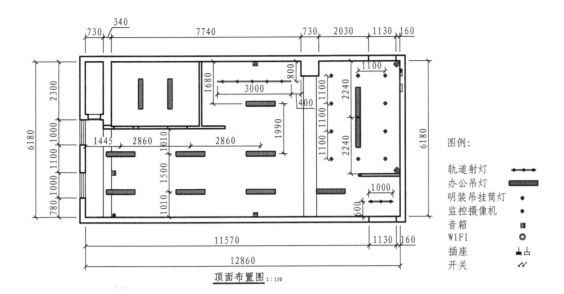

图例：
轨道射灯
办公吊灯
明装吊挂筒灯
监控摄像机
音箱
WIFI
插座
开关

顶面布置图 1:150

图11-20　顶面布置图

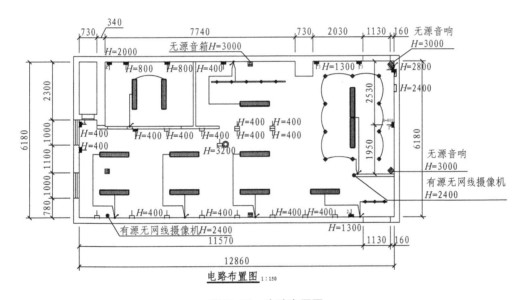

电路布置图 1:150

图11-21　电路布置图

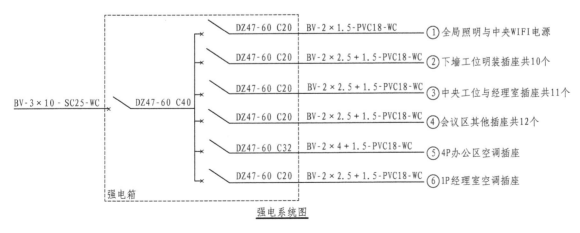

	DZ47-60 C20	BV-2×1.5-PVC18-WC	① 全局照明与中央WIFI电源
	DZ47-60 C20	BV-2×2.5+1.5-PVC18-WC	② 下墙工位明装插座共10个
	DZ47-60 C20	BV-2×2.5+1.5-PVC18-WC	③ 中央工位与经理室插座共11个
BV-3×10-SC25-WC　DZ47-60 C40	DZ47-60 C20	BV-2×2.5+1.5-PVC18-WC	④ 会议区其他插座共12个
	DZ47-60 C32	BV-2×4+1.5-PVC18-WC	⑤ 4P办公区空调插座
	DZ47-60 C20	BV-2×2.5+1.5-PVC18-WC	⑥ 1P经理室空调插座

强电箱

强电系统图

图11-22　强电系统图

→设计网络信号系统图与音响系统图需要有一定的安装经验，但是难度很低，这类图纸的绘制目的主要在于给设计者与使用者理清诸多设备之间的逻辑关系，同时便于后期制作工程预算。

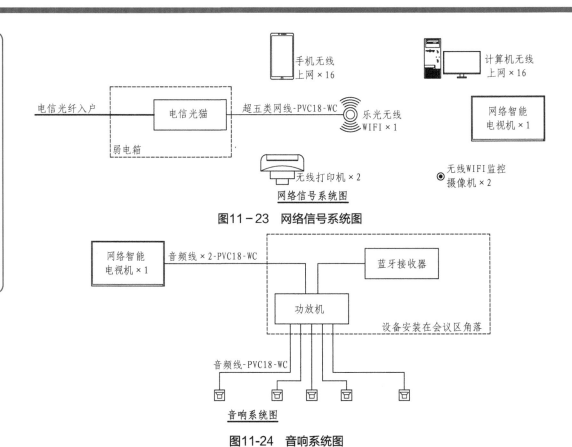

网络信号系统图

图11-23　网络信号系统图

音响系统图

图11-24　音响系统图

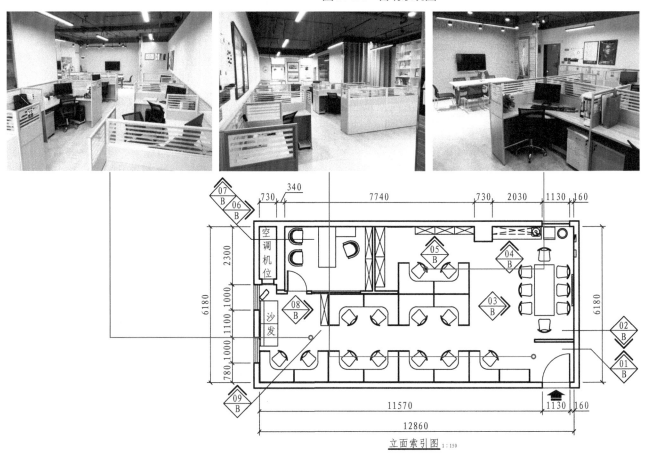

立面索引图 1:150

图11-25　立面索引图

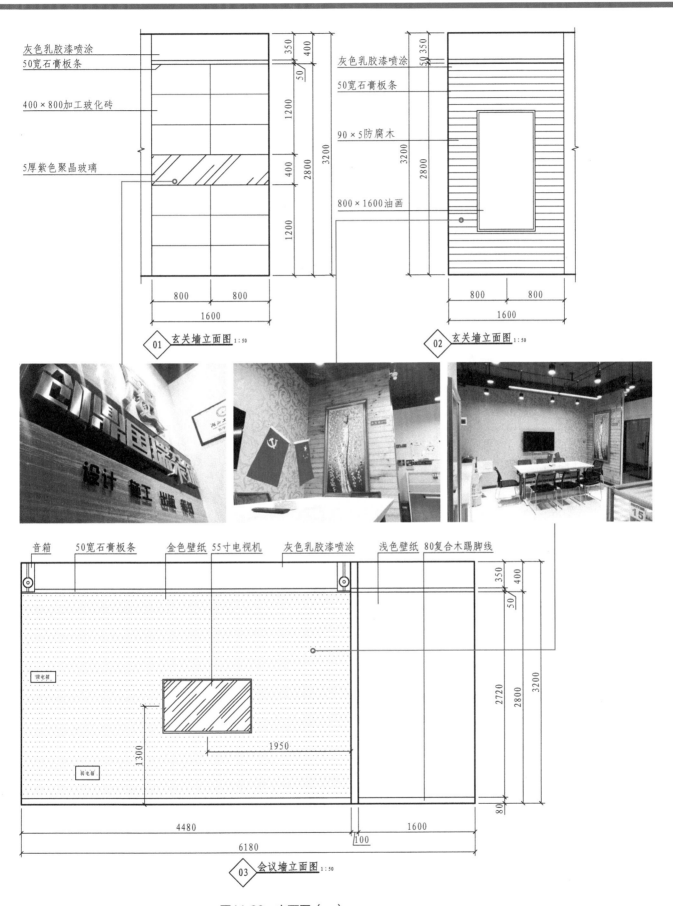

灰色乳胶漆喷涂

50宽石膏板条

400×800加工玻化砖

5厚紫色聚晶玻璃

灰色乳胶漆喷涂

50宽石膏板条

90×5防腐木

800×1600油画

350 400 50 1200 3200 400 2800 1200

800 800
1600

350 50 350 3200 2800

800 800
1600

01 玄关墙立面图 1:50

02 玄关墙立面图 1:50

音箱　50宽石膏板条　金色壁纸 55寸电视机　灰色乳胶漆喷涂　浅色壁纸 80复合木踢脚线

强电箱

弱电箱

1300

1950

350 400 50 2720 2800 3200

80

4480

100

1600

6180

03 会议墙立面图 1:50

图11-26　立面图（一）

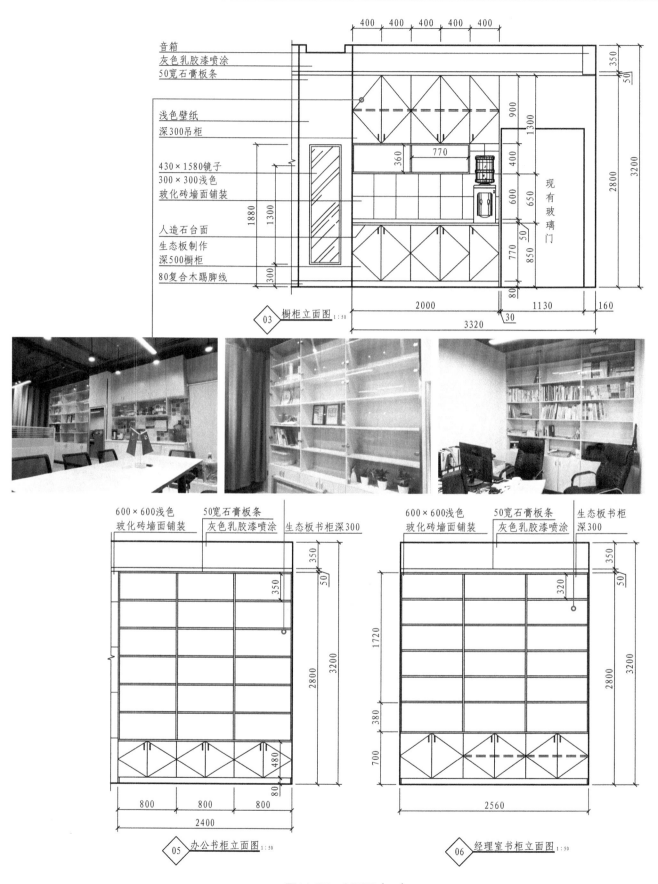

400 400 400 400 400

音箱
灰色乳胶漆喷涂
50宽石膏板条

浅色壁纸
深300吊柜

430×1580镜子
300×300浅色
玻化砖墙面铺装

人造石台面
生态板制作
深500橱柜
80复合木踢脚线

350
50
900
1300
3200
2800
360
770
400
600
650
现有玻璃门
770
50
850
80

1880
1300
300

2000
1130
160
30
3320

◇03 橱柜立面图 1:50

600×600浅色
玻化砖墙面铺装
50宽石膏板条
灰色乳胶漆喷涂
生态板书柜深300

350
50
350
3200
2800
480
80

800 800 800
2400

◇05 办公书柜立面图 1:50

600×600浅色
玻化砖墙面铺装
50宽石膏板条
灰色乳胶漆喷涂
生态板书柜
深300

350
50
320
1720
3200
2800
380
700

2560

◇06 经理室书柜立面图 1:50

图11-27 立面图（二）

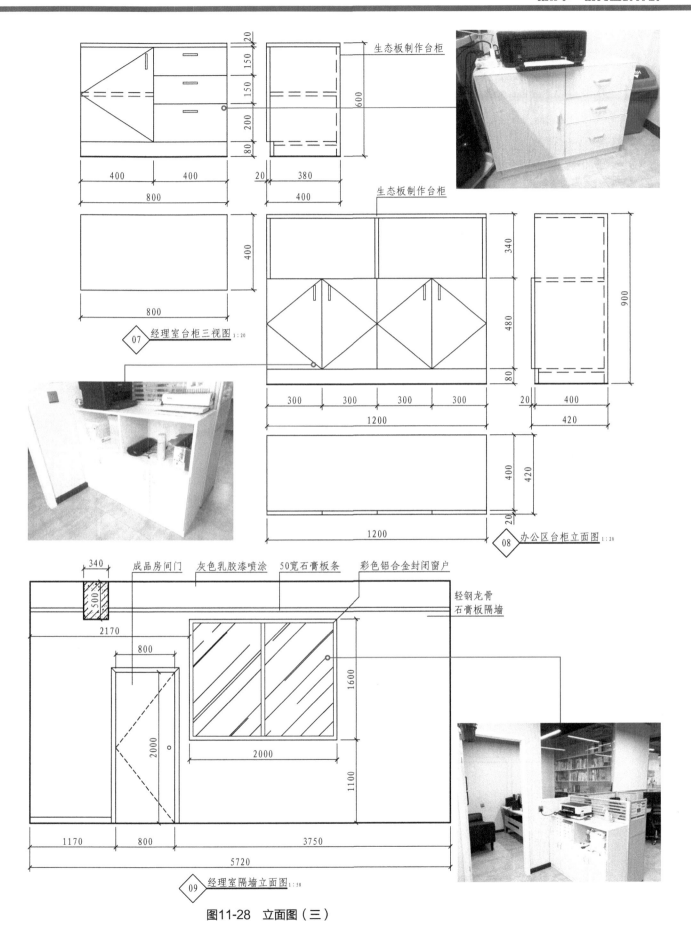

生态板制作台柜

生态板制作台柜

07 经理室台柜三视图 1:20

08 办公区台柜立面图 1:20

成品房间门 灰色乳胶漆喷涂 50宽石膏板条 彩色铝合金封闭窗户

轻钢龙骨
石膏板隔墙

09 经理室隔墙立面图 1:50

图11-28 立面图（三）

11.4

浪漫情怀咖啡厅施工图

装修项目说明：

1. 基层工程

搬离现有餐桌椅、厨房台柜等设施，保留柜式空调。拆除现有硅钙板吊顶与轻钢龙骨。拆除铝合金玻璃隔断，拆除包厢房门与中间隔墙。界面清扫。

2. 电气工程

改造现有电路，重新布置电路，顶面与墙面不开槽，局部隐藏在装饰构造后面，局部沿边角布置明线。安装 LED 筒灯与灯带，安装无线 WIFI 线路与设施。

3. 顶面工程

清理顶面基层，打磨干净，喷涂有色乳胶漆，局部制作石膏板吊顶。

4. 墙面工程

保留现有墙面、柱面瓷砖，墙面、柱面铺装复合木地板、生态板、仿古文化石等材料，局部刮拉毛腻子，包厢内贴壁纸。大堂卡座之间制作装饰隔断造型、包厢制作推拉门、瓷砖踢脚线。店面制作钢化玻璃墙，内置展示隔板造型。

5. 地面工程

大堂制作仿古水泥地坪。

6. 家具工程

厨房操作区制作收银台、高低橱柜、展示货柜、产品价格黑板招牌。工厂定制成品座椅、店外遮阳棚、侧挂灯箱。

视点1

视点2

视点3　　视点4

视点5

视点6

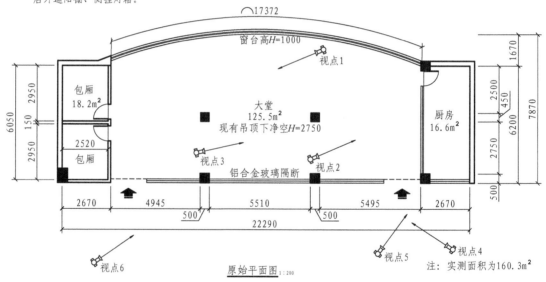

图11-29　原始平面图

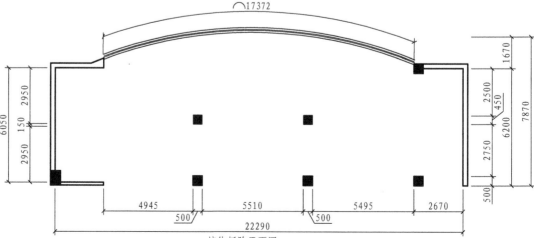

墙体拆除平面图 1:200

图11-30　墙体拆除平面图

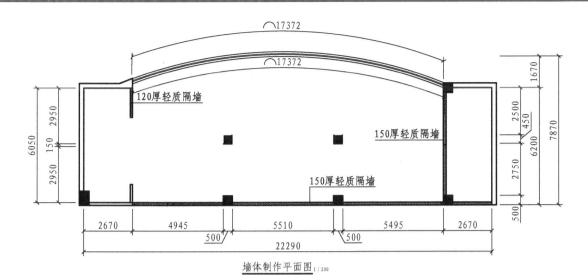

图11-31 墙体制作平面图

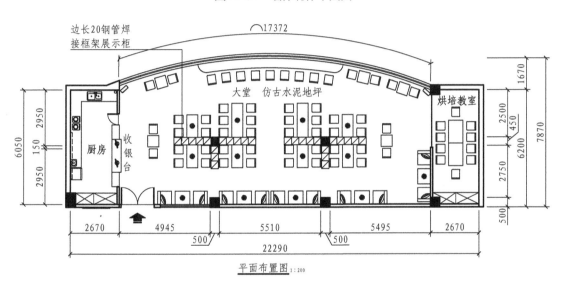

图11-32 平面布置图

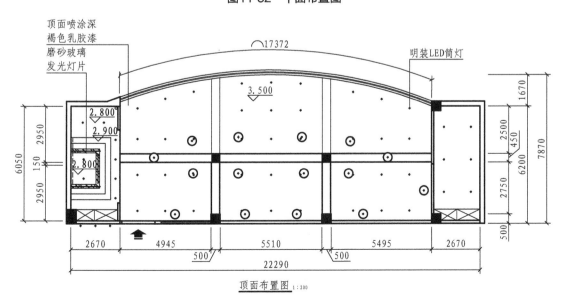

图11-33 顶面布置图

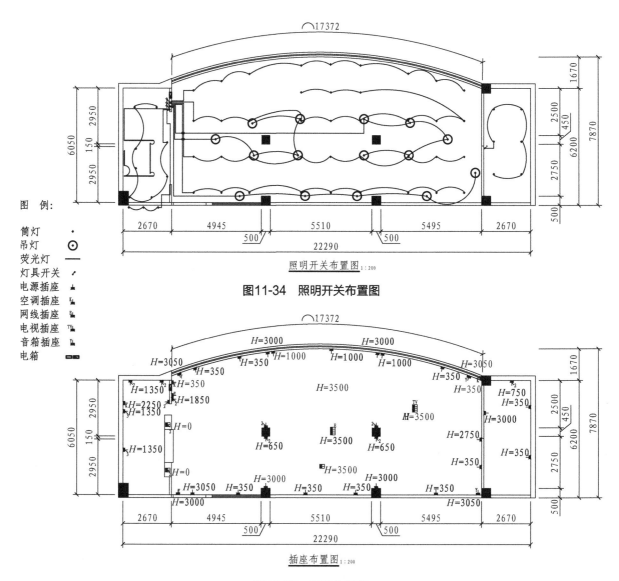

图例：

筒灯 ·
吊灯 ⊙
荧光灯 —
灯具开关 ↗
电源插座 ▬
空调插座 ▬
网线插座 ▬
电视插座 ▬
音箱插座 ▬
电箱 ▭

照明开关布置图 1:200

图11-34 照明开关布置图

插座布置图 1:200

图11-35 插座布置图

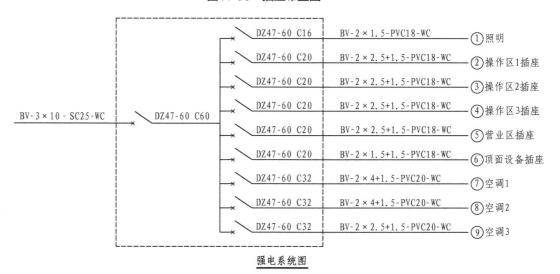

强电系统图

图11-36 强电系统图

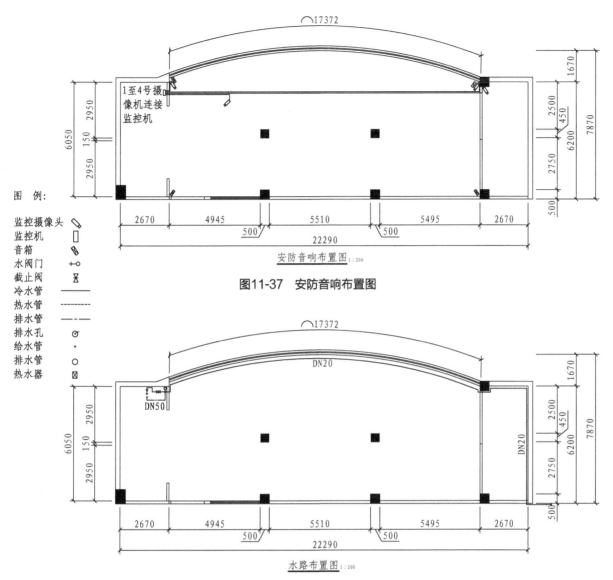

图11-37 安防音响布置图

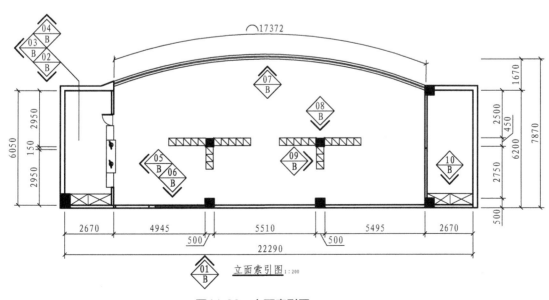

图11-38 水路布置图

图11-39 立面索引图

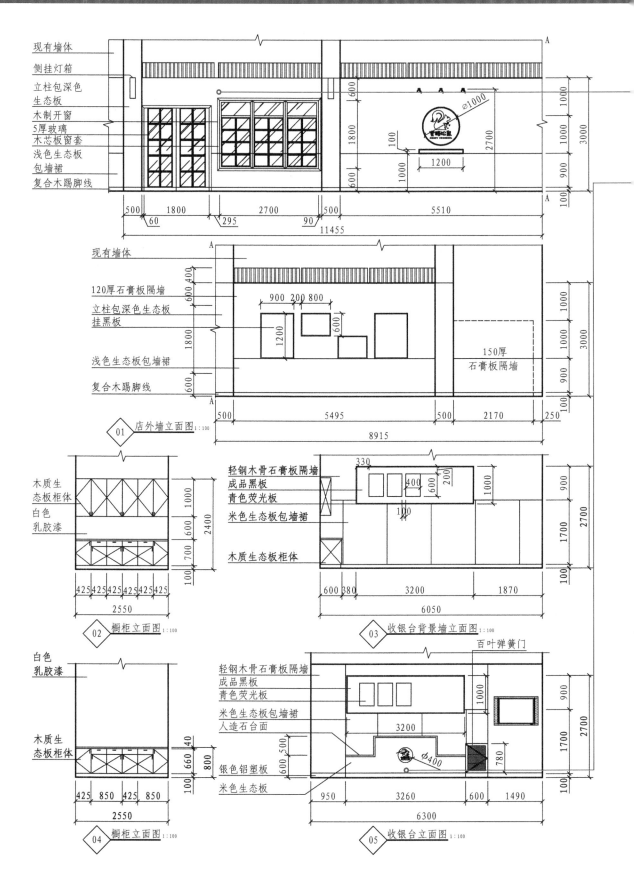

现有墙体
侧挂灯箱
立柱包深色
生态板
木制开窗
5厚玻璃
木芯板窗套
浅色生态板
包墙裙
复合木踢脚线

现有墙体
120厚石膏板隔墙
立柱包深色生态板
挂黑板
浅色生态板包墙裙
复合木踢脚线

01 店外墙立面图 1:100

木质生
态板柜体
白色
乳胶漆

02 橱柜立面图 1:100

轻钢木骨石膏板隔墙
成品黑板
青色荧光板
米色生态板包墙裙
木质生态板柜体

03 收银台背景墙立面图 1:100

白色
乳胶漆
木质生
态板柜体

04 橱柜立面图 1:100

轻钢木骨石膏板隔墙
成品黑板
青色荧光板
米色生态板包墙裙
人造石台面
银色铝塑板
米色生态板
百叶弹簧门

05 收银台立面图 1:100

图11-40 立面图（一）

↓装饰灯具属于后期安装配件，大多为客户自行采购，在立面图中一般无需绘制，但是在电路布置图中要有电线布置位置。

白色乳胶漆
立柱包深色生态板
木制开窗
5厚玻璃
木芯板窗套

复合木踢脚线

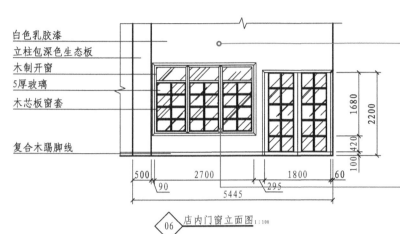

◇06 店内门窗立面图 1:100

←↓弧形吧台的宽度在平面图上有所反应，在立面图上主要表现弧形墙面的结构与变化，如果弧形墙面的弧度很小，可以按纯平的立面造型完全展开来绘制，如果弧度较大，应当根据实际投影立面来绘制。下图弧度很小，就按纯平的立面展开绘制。

白色
乳胶漆

5厚
钢化玻璃

米色生
态板吧台

深色生
态板
复合木
踢脚线

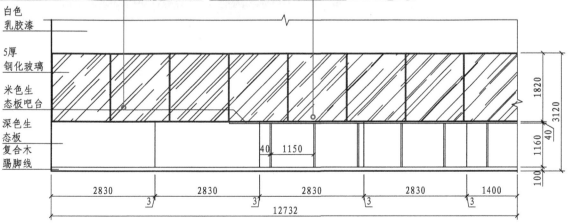

◇07 店内门窗立面图 1:100

图11-41　立面图（二）

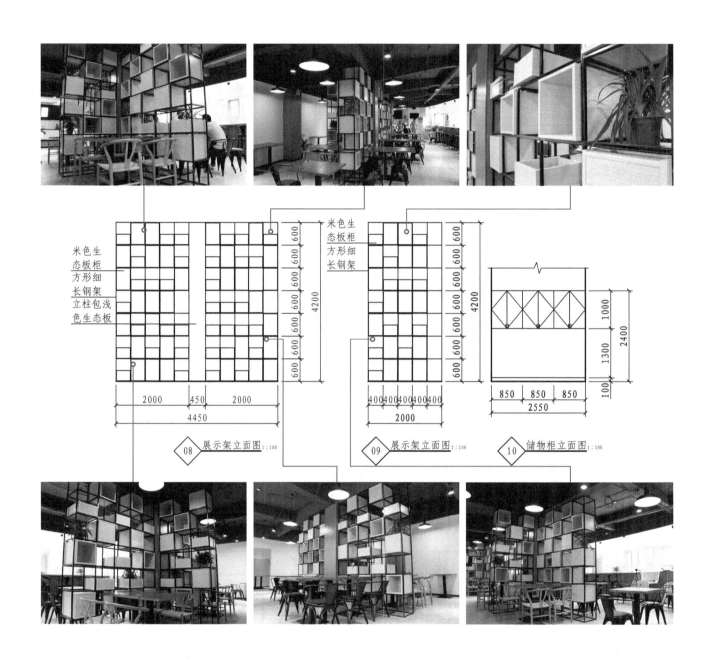

图11-42 立面图（三）

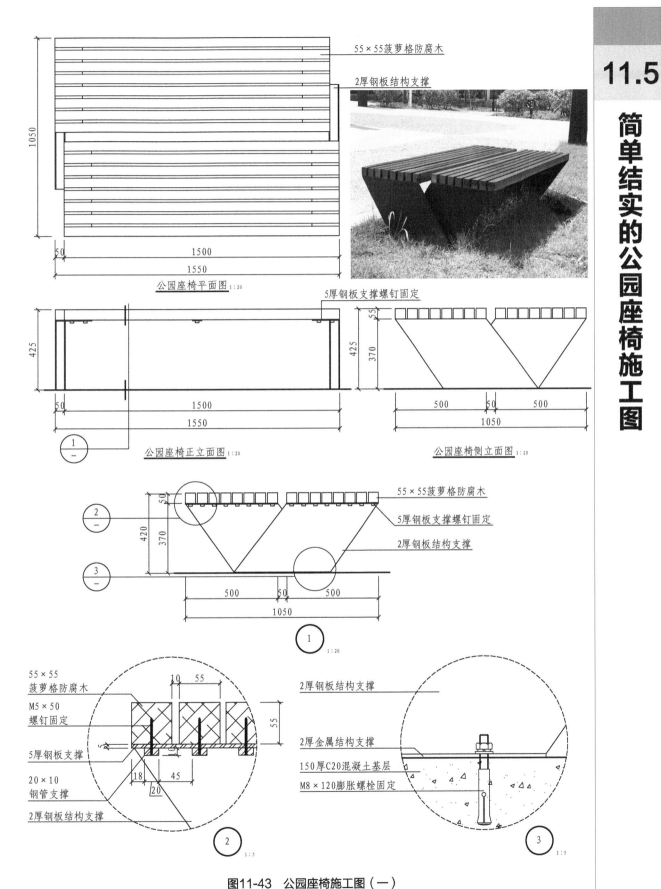

55×55菠萝格防腐木

2厚钢板结构支撑

公园座椅平面图 1:20

5厚钢板支撑螺钉固定

公园座椅正立面图 1:20

公园座椅侧立面图 1:20

55×55菠萝格防腐木

5厚钢板支撑螺钉固定

2厚钢板结构支撑

55×55
菠萝格防腐木

M5×50
螺钉固定

5厚钢板支撑

20×10
钢管支撑

2厚钢板结构支撑

2厚钢板结构支撑

2厚金属结构支撑

150厚C20混凝土基层

M8×120膨胀螺栓固定

图11-43 公园座椅施工图（一）

243

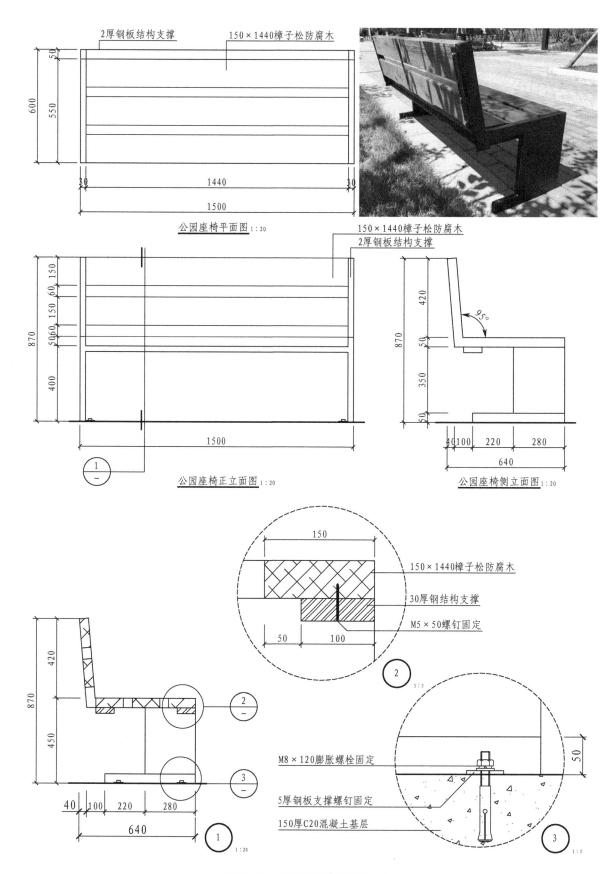

图11-44 公园座椅施工图（二）

11.6.1　步道施工图

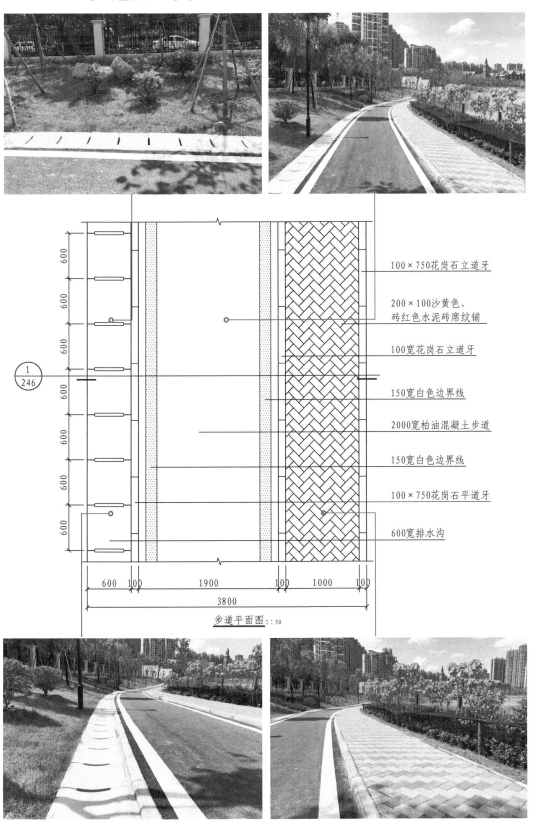

100×750花岗石立道牙

200×100沙黄色、
砖红色水泥砖席纹铺

100宽花岗石立道牙

150宽白色边界线

2000宽柏油混凝土步道

150宽白色边界线

100×750花岗石平道牙

600宽排水沟

步道平面图 1:50

图11-45　步道平面图

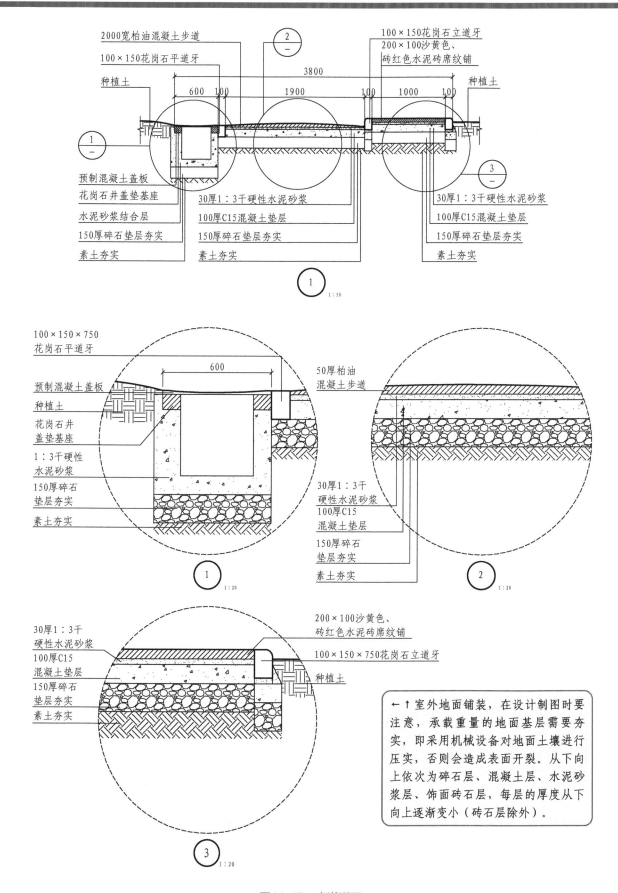

图11-46 步道详图

11.6.2 台阶施工图

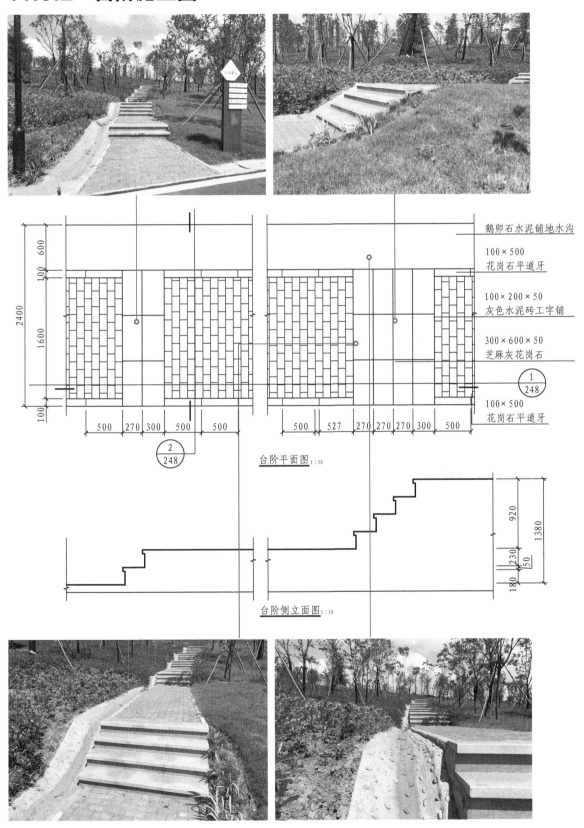

图11-47 台阶平面图与侧立面图

↓室外地面铺装虽然表面材料不同，但是基础设计都是大同小异，根据承载压力不同而进行设计。在装修设计领域，室外地面制图的构造详图设计比较简单，以承载普通行人与轻型车辆短暂通行为主。

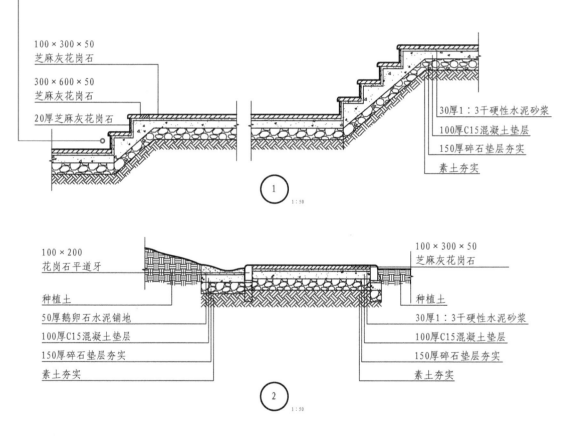

100×300×50
芝麻灰花岗石

300×600×50
芝麻灰花岗石

20厚芝麻灰花岗石

30厚1:3干硬性水泥砂浆
100厚C15混凝土垫层
150厚碎石垫层夯实
素土夯实

① 1:50

100×200
花岗石平道牙

100×300×50
芝麻灰花岗石

种植土
50厚鹅卵石水泥铺地
100厚C15混凝土垫层
150厚碎石垫层夯实
素土夯实

种植土
30厚1:3干硬性水泥砂浆
100厚C15混凝土垫层
150厚碎石垫层夯实
素土夯实

② 1:50

图11-48 台阶剖面图

11.6.3　景观地面施工图

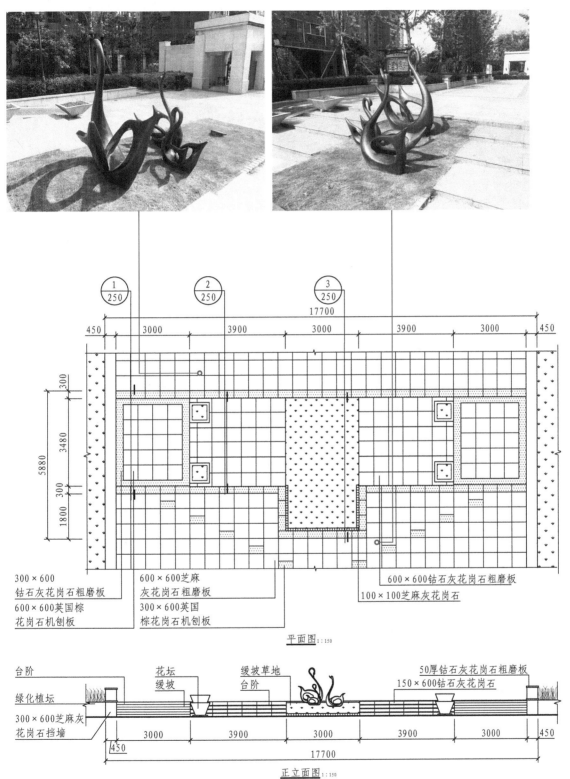

图11-49　景观地面平面图与正立面图

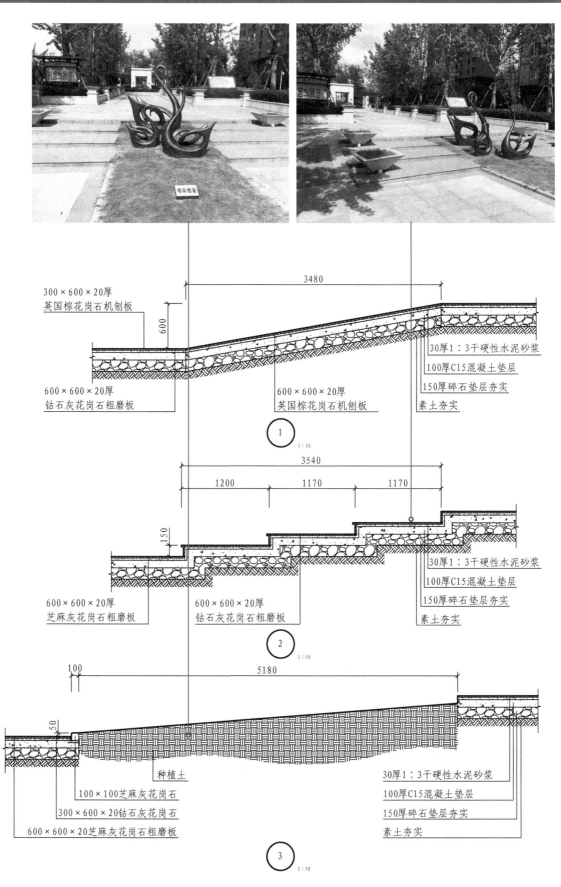

图11-50 景观地面剖面图

11.7.1　装饰花坛树池施工图

> ↓不规则形体的绘制方法需要掌握基本的几何学原理，当没有绘制完整圆形时，需要用半径标注来表示，一般不建议对圆弧进行偏移处理，应当计算好宽度，重新绘制弧形线条。中央表面铺装石材拼接缝隙尽量与周边铺装石材保持一致。经过剖切的剖面图在下一页，即252页，因此，在平面图上的引出符号中，下半部应当注明"252"，这种指引方式与规范的成套装订图纸一致。

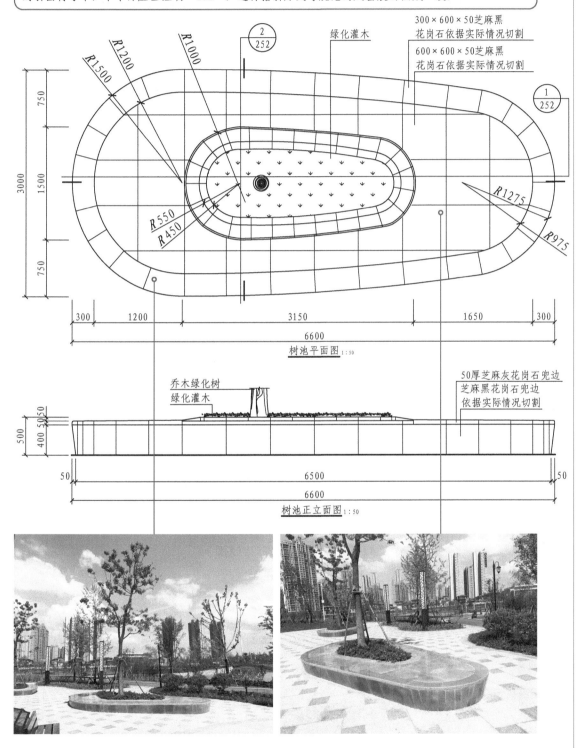

图11-51　树池平面图与正立面图

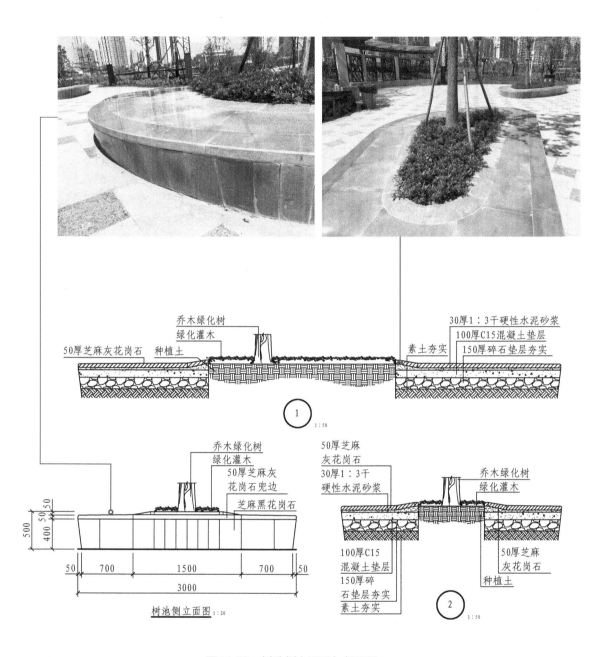

图11-52 树池侧立面图与剖面图

11.7.2 盖板树池施工图

↓盖板树池造型相对简单,主要构造为树池周边的围岩,这类花岗石成品石材的安装结构一定要明确,它位于种植土与周边地面构造之间,它的功能是保护种植土不被周边水泥砂浆与混凝土所污染,防止周边铺装材料滑坡,导致树池面积变小。盖板一般为金属或复合材料铸造而成,覆盖在种植土表面。

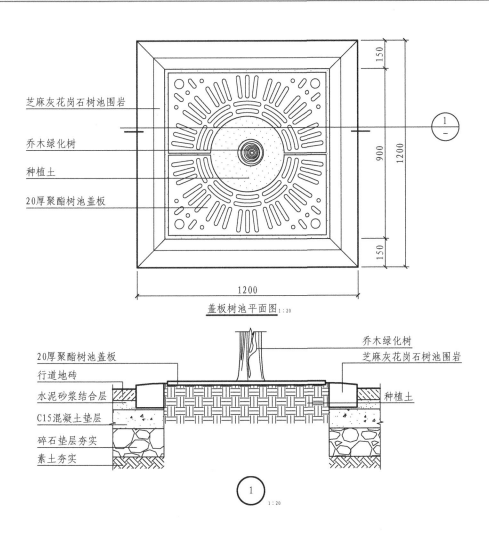

芝麻灰花岗石树池围岩
乔木绿化树
种植土
20厚聚酯树池盖板

盖板树池平面图 1:20

20厚聚酯树池盖板
行道地砖
水泥砂浆结合层
C15混凝土垫层
碎石垫层夯实
素土夯实

乔木绿化树
芝麻灰花岗石树池围岩

种植土

1
1:20

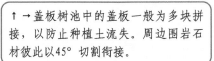

↑→盖板树池中的盖板一般为多块拼接,以防止种植土流失。周边围岩石材彼此以45°切割衔接。

图11-53 盖板树池施工图

11.7.3 砌筑树池施工图

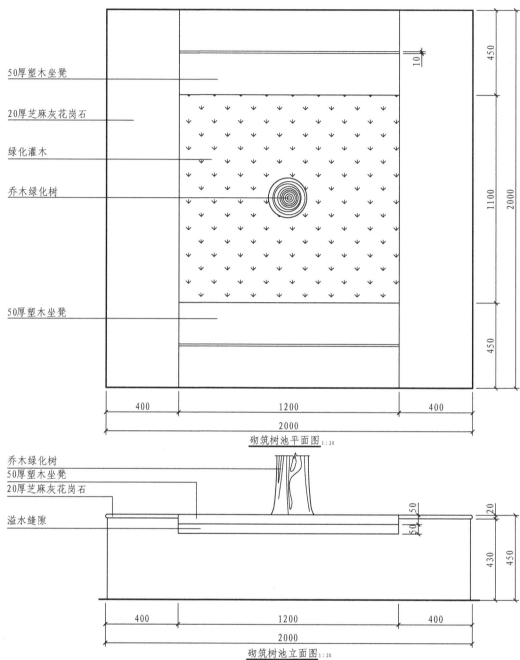

50厚塑木坐凳

20厚芝麻灰花岗石

绿化灌木

乔木绿化树

50厚塑木坐凳

砌筑树池平面图 1:20

乔木绿化树
50厚塑木坐凳
20厚芝麻灰花岗石

溢水缝隙

砌筑树池立面图 1:20

↑→砌筑树池构造简单，设计与绘制
图纸时要注意砌筑围合体的高度，要
能够满足人在户外休息使用的要求。

图11-54　砌筑树池施工图

11.7.4　移动树池施工图

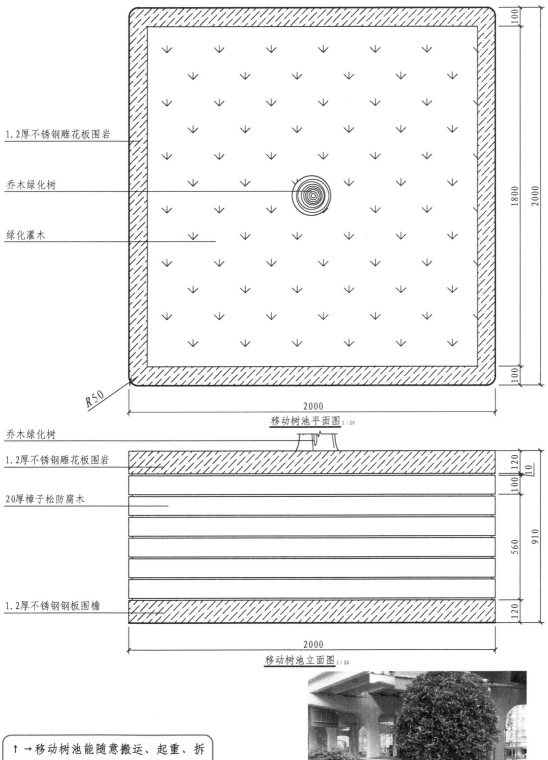

1.2厚不锈钢雕花板围岩

乔木绿化树

绿化灌木

R50

移动树池平面图 1:20

乔木绿化树

1.2厚不锈钢雕花板围岩

20厚樟子松防腐木

1.2厚不锈钢钢板围檐

移动树池立面图 1:20

↑→移动树池能随意搬运、起重、拆装，但为了满足植物根部发育，因此高度要有保障。表面配置多种材料进行装饰，满足不同场合摆放的要求。

图11-55　移动树池施工图

11.8.1 弧形廊亭施工图

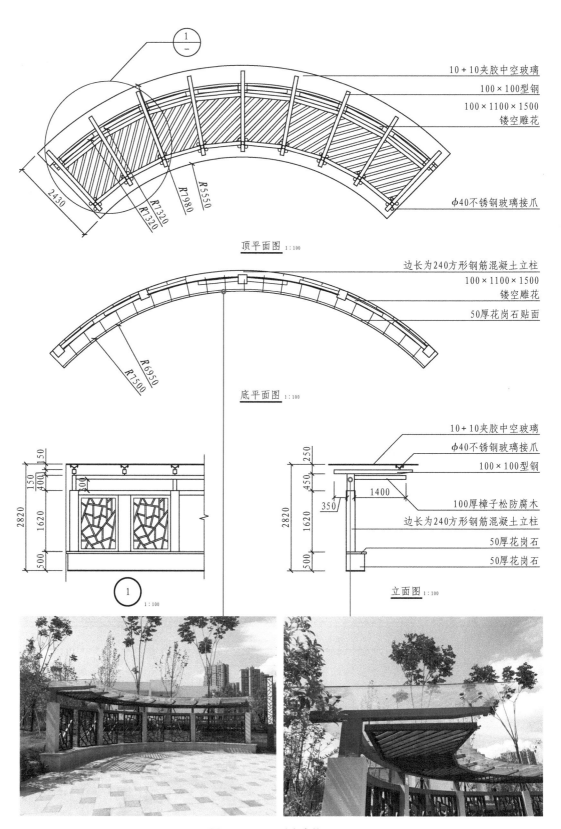

图11-56 弧形廊亭施工图

11.8.2 穿行廊亭施工图

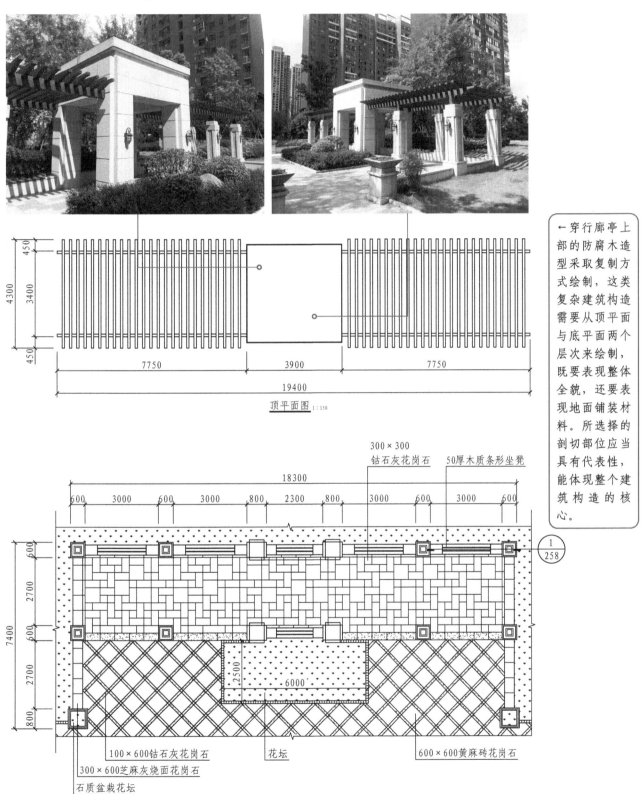

顶平面图 1:150

300×300
钻石灰花岗石   50厚木质条形坐凳

100×600钻石灰花岗石   花坛   600×600黄麻砖花岗石
300×600芝麻灰烧面花岗石
石质盆栽花坛

底平面图 1:150

→穿行廊亭上部的防腐木造型采取复制方式绘制，这类复杂建筑构造需要从顶平面与底平面两个层次来绘制，既要表现整体全貌，还要表现地面铺装材料。所选择的剖切部位应当具有代表性，能体现整个建筑构造的核心。

图11-57 穿行廊亭顶平面图与底平面图

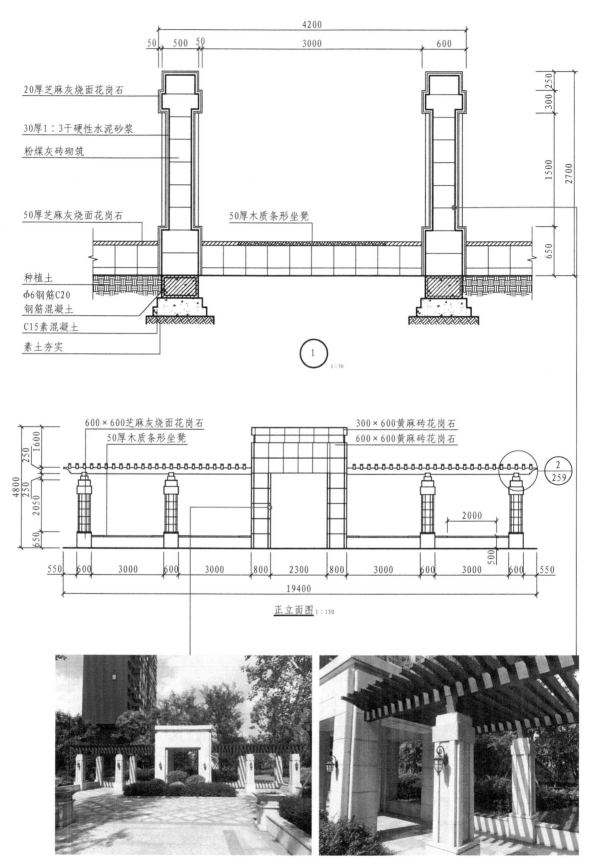

图11-58 穿行廊亭剖面图与正立面图

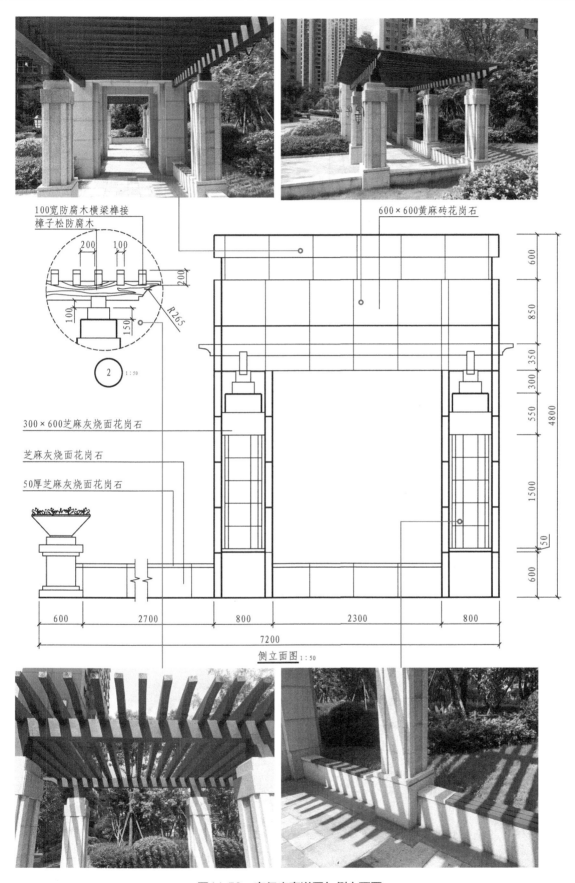

图11-59 穿行廊亭详图与侧立面图

11.9

端庄稳重的门房建筑施工图

↓→门房建筑是室外装修设计图中最复杂的构造，涉及一定的建筑学常识，但是整体构造仍然以装饰装修为主。建筑体量不大，可以全部采用钢筋混凝土浇筑成型，合理选配钢筋与混凝土级别标号，表面外挂或贴石材，装修施工图着重表现地面铺装与绿化植物。表面所铺装的材料规格要清晰标注。

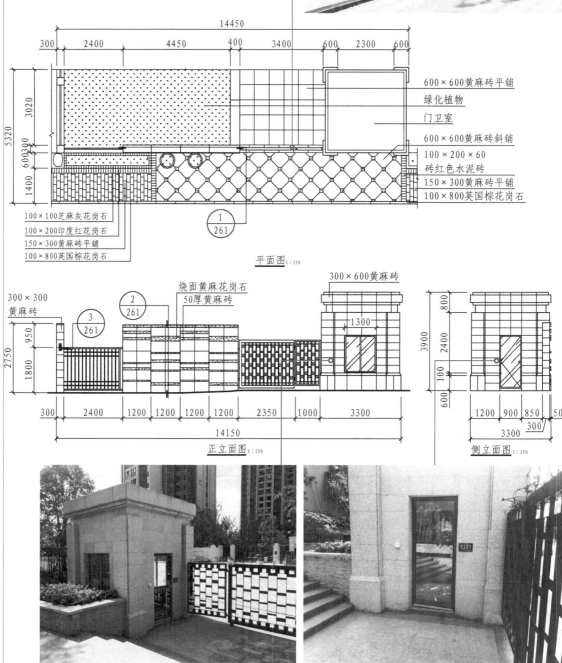

600×600黄麻砖平铺
绿化植物
门卫室
600×600黄麻砖斜铺
100×200×60砖红色水泥砖
150×300黄麻砖平铺
100×800英国棕花岗石

100×100芝麻灰花岗石
100×200印度红花岗石
150×300黄麻砖平铺
100×800英国棕花岗石

平面图 1:150

300×300黄麻砖

烧面黄麻花岗石
50厚黄麻砖

300×600黄麻砖

正立面图 1:150

侧立面图 1:150

图11-60 门房建筑平面图与立面图

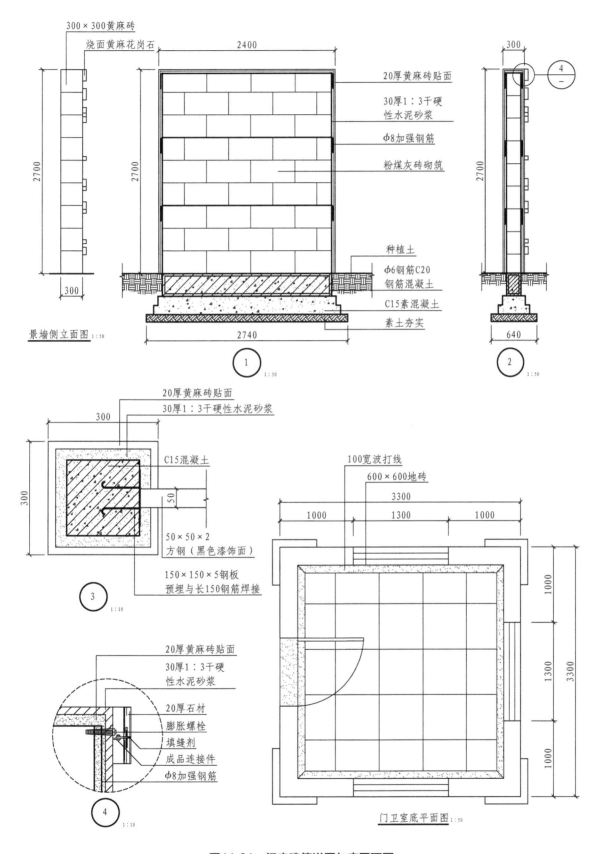

300×300黄麻砖
烧面黄麻花岗石

2400

20厚黄麻砖贴面

30厚1：3干硬性水泥砂浆

φ8加强钢筋

粉煤灰砖砌筑

2700

2700

种植土

φ6钢筋C20钢筋混凝土

C15素混凝土

素土夯实

景墙侧立面图 1：50

300

2740

①
1：50

300

④

2700

640

②
1：50

20厚黄麻砖贴面
30厚1：3干硬性水泥砂浆

300

C15混凝土

300

50

50×50×2方钢（黑色漆饰面）

150×150×5钢板预埋与长150钢筋焊接

③
1：10

20厚黄麻砖贴面
30厚1：3干硬性水泥砂浆

20厚石材
膨胀螺栓
填缝剂
成品连接件
φ8加强钢筋

④
1：10

100宽波打线
600×600地砖

3300

1000   1300   1000

1000

1300

3300

1000

门卫室底平面图 1：50

图11-61 门房建筑详图与底平面图

11.10

秀丽多姿的喷泉施工图

↓喷泉构造比较简单，内部水泵可以直接安装成品件。喷泉的设计重点在于外观装饰造型，水从高处向低处流，途径的构造要精细设计，内部构造为砖砌造型，外表铺贴石材与瓷砖，注重地面砖石铺装材料与绿化搭配。水流的跌落分为多阶，每阶高度要控制得当，过大或过小都会影响水流的观赏形态。

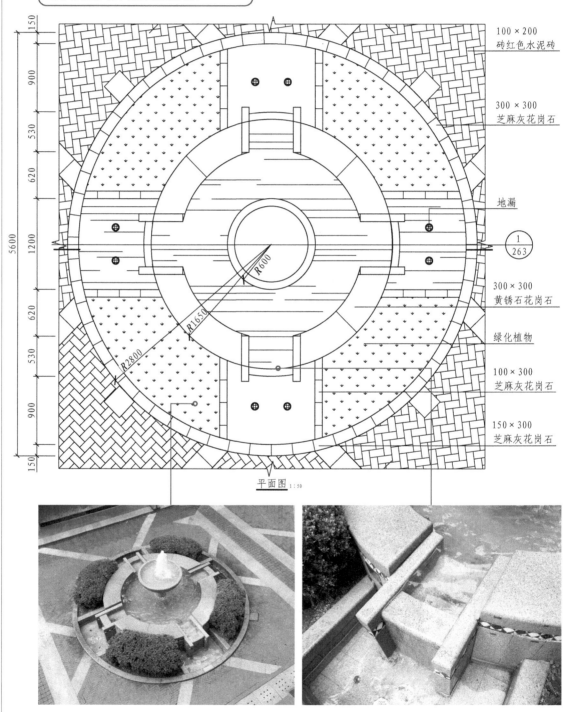

100×200
砖红色水泥砖

300×300
芝麻灰花岗石

地漏

300×300
黄锈石花岗石

绿化植物

100×300
芝麻灰花岗石

150×300
芝麻灰花岗石

平面图 1:50

R600
R1650
R2800

图11-62 喷泉平面图

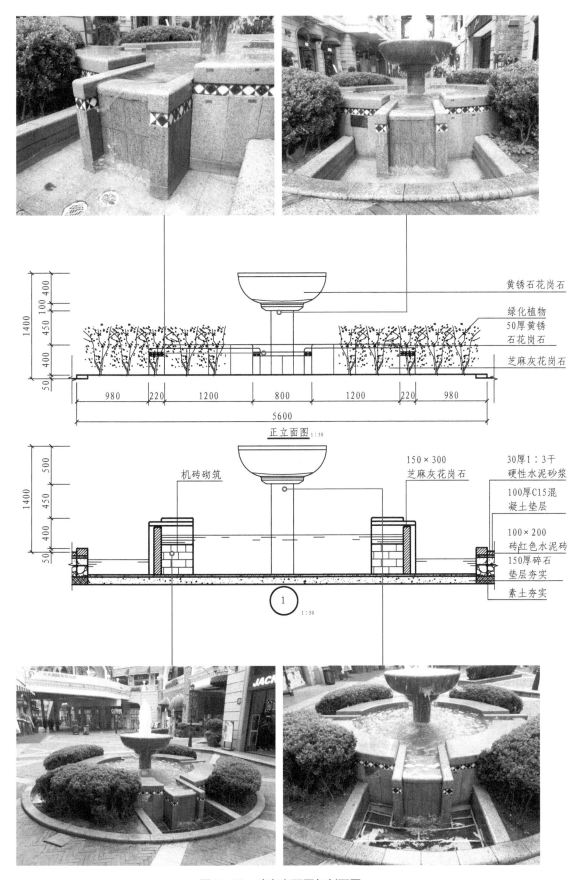

图11-63 喷泉立面图与剖面图

参考文献

[1]中华人民共和国住房和城乡建设部. 房屋建筑制图统一标准：GB／T 50001—2017[S]. 北京：中国建筑工业出版社，2018.

[2]中华人民共和国住房和城乡建设部. 建筑制图标准：GB／T 50104—2010[S]. 北京：中国建筑工业出版社，2011.

[3]中华人民共和国住房和城乡建设部. 总图制图标准：GB／T 50103—2010[S]. 北京：中国计划出版社，2011.

[4]中华人民共和国住房和城乡建设部. 建筑给水排水制图标准：GB／T 50106—2010[S]. 北京：中国建筑工业出版社，2010.

[5]中华人民共和国住房和城乡建设部. 暖通空调制图标准：GB／T 50114—2010[S]. 北京：中国建筑工业出版社，2011.

[6]中华人民共和国国家发展和改革委员会. 水电水利工程电气制图标准：DL／T 5350—2006[S]. 北京：中国电力出版社，2006.

[7]郭志强. 装饰工程节点构造设计图集[M]. 南京：江苏凤凰科学技术出版社，2018.

[8]曾华斌. 室内设计施工图绘制[M]. 北京. 经济管理出版社，2015.

[9]薛建. 装修设计与施工手册[M]. 北京：中国建筑工业出版社，2004.

[10] 安勇，傅忠成. 室内建筑施工图典：办公空间（2）[M]. 长沙：湖南科学技术出版社，2005.

[11] 张琪. 室内装修材料与施工工艺[M]. 北京：化学工业出版社，2014.

[12] 樊思亮，李岳君，杨利. 室内细部CAD施工图集Ⅱ[M]. 北京：中国林业出版社，2014.

[13] 钟友待，钟仁泽. 室内装修木工常用施工大样[M]. 南昌：江西科学技术出版社，2018.

[14] 高祥生.《房屋建筑室内装饰装修制图标准》实施指南[M]. 北京：中国建筑工业出版社社，2011.

[15] 沈百禄. 室内装饰设计1000问[M]. 北京：机械工业出版社，2012.

[16] 本书编委会. 装饰装修施工图识读[M]. 北京：中国建筑工业出版社，2015.

[17] 高诗墨. 室内施工200问[M]. 北京：机械工业出版社，2008.

[18] 李栋，施永富. 室内装饰施工与管理[M]. 南京：东南大学出版社，2005.